全国高职高专计算机教育“十二五”规划教材

计算机应用基础一体化项目教程

韩 军 李沙日娜 主 编

刘继英 刘建国 副主编

中国铁道出版社
CHINA RAILWAY PUBLISHING HOUSE

内 容 简 介

本书根据高等职业教育教学的特点，结合教学改革和应用实践的体会编写而成。

全书共分六个项目，每个项目中又细分为若干子任务，主要内容包括：计算机的组装与使用、Windows 7操作系统的使用、家庭Wi-Fi环境的建立和Internet应用、使用Word 2010制作个人求职简历、使用Excel 2010制作学生信息管理工作簿、使用PowerPoint 2010制作汽车类型常识介绍演示文稿等学生必会的计算机基础知识和操作技巧。

本书采用项目教学法组织内容，突出操作实践技能培养，以达到巩固基础知识和操作技能的目的。

本书适合作为高等职业院校计算机基础课程的通用教材，也可作为初学者的自学用书。

图书在版编目（CIP）数据

计算机应用基础一体化项目教程 / 韩军，李沙日娜主编. — 北京 : 中国铁道出版社，2015.9

全国高职高专计算机教育"十二五"规划教材

ISBN 978-7-113-20541-6

Ⅰ. ①计… Ⅱ. ①韩… ②李… Ⅲ. ①电子计算机－高等职业教育－教材 Ⅳ. ①TP3

中国版本图书馆CIP数据核字(2015)第198553号

书　　名：计算机应用基础一体化项目教程

作　　者：韩　军　李沙日娜　主编

策　　划：祁　云　　　　**读者热线：**400-668-0820

责任编辑：祁　云

编辑助理：汪　敏

封面设计：刘　颖

封面制作：白　雪

责任校对：汤淑梅

责任印制：李　佳

出版发行：中国铁道出版社（100054，北京市西城区右安门西街8号）

网　　址：http://www.51eds.com

印　　刷：三河市宏盛印务有限公司

版　　次：2015年9月第1版　　2015年9月第1次印刷

开　　本：787 mm×1 092 mm　1/16　**印张：**13.5　**字数：**319千

印　　数：1～3 000册

书　　号：ISBN 978-7-113-20541-6

定　　价：29.00元

FOREWORD

前言

随着计算机应用领域的不断扩大，功能的不断增加，计算机应用技术作为一项必须具备的技能，使计算机基础教育成为教学中的重点。对高等职业院校计算机基础课程进行科学合理的课程改革，适应时代发展的需要变得十分迫切。针对高等职业院校学生的特点，包头铁道职业技术学院开展了“教学做一体化”的课程改革项目，重点在于将教学主体放在学生身上，充分发挥学生的主观能动性，分组完成项目，教师主要起引导和帮助的作用，弱化讲授的过程。因此，开发适应实际需要的教学方式和教材，是本书编写的主要目的。另外，随着计算机技术的发展，Windows 7操作系统和Microsoft Office 2010已成为目前计算机应用的主要版本，所以本书中项目以Windows 7操作系统和 Office 2010 为基础展开。本书适合作为高等职业院校非计算机专业的教材，适用于所有高职高专计算机应用基础课程的教学。

根据计算机课程理论是基础，操作是目标的特点，本书采用了项目导向、任务驱动的教学模式，在项目实施中包含若干个任务，在完成任务的同时，系统地讲解相关理论知识，使学生知其然更知其所以然。

本书共分六个项目：项目一通过组装一台计算机的全过程，了解计算机的硬件和连接方式、操作系统和软件的安装方法，以及文字录入等基础内容；项目二通过相关的任务掌握 Windows 7 系统的基础操作方法、操作系统的管理和优化，重点讲解文件系统管理，以及利用控制面板实现系统工作环境的设置等；项目三是建立家庭中的 Wi-Fi 无线网络环境，以及 Internet 的应用技巧，让学生了解网络设备、局域网组建、无线网络的连接、Internet 等相关知识。项目四至项目六重点介绍 Microsoft Office 2010 中三个常用软件 Word、Excel 和 PowerPoint 的使用，通过制作个人简历、学生管理工作簿和某汽车常识介绍演示文稿这三个项目，让学生充分体会软件的功能和操作技巧。同时也安排了三个相对应的实训：制作奥运会金牌及知识简介文档、某汽车公司销售管理、制作一份简单美观的个人简历，从而让学生所学的知识得以巩固，这种“教、学、做”一体化的教学模式，是提高高职学生计算机操作技能的有效方法。

在高职院校教学计划中，计算机应用基础课程是各专业必修的基础课，本书按 64 课时（包括授课课时和实训课时）安排项目实施过程，具体安排如下表：

项　　目	授课课时	实训课时
项目一：计算机的组装与使用	2	6
项目二：Windows 7 操作系统的使用	2	4
项目三：家庭 Wi-Fi 环境的建立和 Internet 应用	2	6
项目四：使用 Word 2010 制作个人求职简历	2	10
实训 A　制作奥运会金牌及知识简介文档		4
项目五：使用 Excel 2010 制作学生信息管理工作簿	2	8
实训 B　制作某汽车公司销售管理工作簿		4
项目六：使用 PowerPoint 2010 制作汽车类型常识介绍演示文稿	2	6
实训 C　制作一份简单美观的个人简历		4

本书由韩军、李沙日娜任主编，刘继英、刘建国任副主编。其中，项目一由刘继英编写，项目二、项目五由李莎日娜编写，项目三、项目四由韩军编写，项目六由刘建国编写。全书由韩军负责整理和审稿，刘继英负责校对。

在本书的编写过程中得到王健、郭虎妹、张建业老师的大力支持，在此表示感谢。

由于技术不断进步及编写过程中的疏漏，书中不足之处，恳请广大读者批评指正。

编者

2015.6

CONTENTS

目 录

项目一 计算机的组装与使用

学习目标

① 了解计算机的概念、系统的构成、PC 的种类及应用。

② 熟悉计算机硬件的选购方法，并识别硬件。

③ 熟练掌握计算机硬件的组装过程。

④ 熟练掌握系统软件的安装和使用。

⑤ 熟练掌握应用软件的安装和卸载。

⑥ 熟练掌握文字录入方法。

项目描述

包头铁道职业技术学院电算中心准备改进一批计算机，现需要采购计算机硬件进行组装，对裸机安装系统软件和应用软件等，最终目的是使组装的计算机正常工作，培养学生理论联系实际的优良学风，提高学生的实践技能。

项目分析

该项目要求学生识别计算机硬件、组装计算机、安装系统软件及应用软件，最终保证计算机正常工作。首先要求组装者能够对市场上销售的各种各样的计算机硬件进行识别，再按照计算机的组装步骤与规范对计算机硬件进行组装，然后安装操作系统软件及常用工具软件，计算机才能正常工作。

本项目要完成以下任务：

任务一：选购计算机

任务二：台式计算机硬件的组装

任务三：系统软件的安装与使用

任务四：应用软件的安装与卸载

任务五：文字录入

相关知识点

① 计算机硬件和软件系统的组成，计算机的种类及应用。

② 常用硬件设备的外观、功能和性能指标。

③ 计算机硬件的组装过程和方法。

④ Windows 7 操作系统的安装和使用。

⑤ 应用软件的安装和卸载方法。

⑥ 中文输入法。

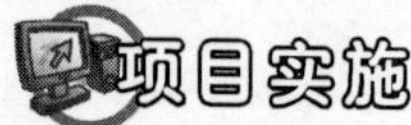

任务一　选购计算机

任务描述

利用课堂所学的计算机系统构成及硬件知识，对包头当地市场进行调查，了解当前 PC 的配置和个性化计算机需求的配置，通过不同途径识别各种型号的硬件产品，填写配置清单，并进行选购，从而提高学生快速跟踪市场行情进行计算机最优配置选择的能力。

任务实施

① 了解 PC 的种类及应用。

② 选购并识别计算机硬件。

计算机（Computer）是一种能接收输入信息，并对输入信息进行快速、高效的加工、处理，然后把处理结果输出的现代化智能电子设备。

一个完整的计算机系统由硬件系统和软件系统构成，没有安装任何软件的计算机称为裸机。硬件系统是指构成计算机的物理设备，即具有输入、存储、计算、控制和输出功能的实体部分。软件系统是指系统中的程序以及开发、使用和维护程序所需的所有文档的集合。硬件和软件是计算机系统中不可分离的两部分，计算机依靠硬件和软件的协调工作来完成给定的任务。

计算机系统结构图如图 1-1 所示。

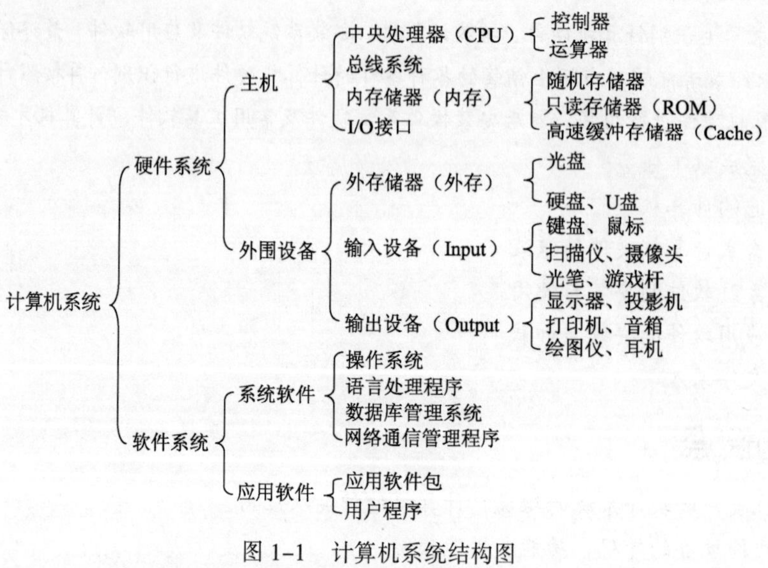

图 1-1　计算机系统结构图

一、PC的种类及应用

1. PC的种类

（1）品牌机和兼容机

品牌机是指厂商将计算机的所有配件组合在一起，然后作为一个整体出售的计算机系统。兼容机是指通过选购单独的计算机配件，再将它们组合在一起形成的计算机系统，该方式适合那些具备一定计算机知识，且希望可以根据自己的需要进行升级的用户。

（2）台式计算机和笔记本式计算机

台式计算机是一种各个配件相互独立的计算机系统，其散热性和扩展性通常较好。笔记本式计算机又称手提计算机或便携式计算机，是将计算机主机、显示器以及键盘和鼠标等集合在一起组成的计算机系统，通常体积小、质量轻。

常见的台式计算机硬件外观如图1-2所示。

常见的笔记本式计算机外观如图1-3所示。

图1-2　台式计算机外观

图1-3　笔记本式计算机外观

2. 计算机的应用

① 家庭娱乐用户。

② 文件办公用户。

③ 计算机游戏爱好者。

二、选购计算机硬件

1. 填写计算机硬件配置清单

通过对目前市场进行调查，列出了一个常用的家庭娱乐级的配置清单，如表1-1所示。

表1-1　家庭娱乐级用户

硬　件	品牌型号	市场价
机箱	游戏悍将刀锋3标准黑装	199元
电源	ANTEC VP450P	259元
显示器	AOC E2270 SWN 21.5英寸宽屏LED背光液晶显示器（黑色）	729元
主板	技嘉GA-B85-HD3rev.1.x	599元
CPU	Intel酷睿i3 4150	759元
内存	金士顿DDR3 1600 MHz（8 GB）	310元
固态硬盘	三星SSD 840EVO（120 GB）	520元
显卡	华硕战骑士GTX750-FML-1GD5	800元
总价：4175元		

这套硬件配置的优点：i3 系列处理器、B85 主板、8GB 的内存没有任何问题；SSD 固态硬盘可以加快开机的速度和一些数据的传输；机箱电源可以满足整套平台的稳定运行。缺点：如果作为商务办公型主机，120GB 的固态硬盘是远远不够的，可以换成一块大容量的机械硬盘，或者在光驱位再插一块机械硬盘。

2．家庭娱乐级各硬件的技术指标及接口类型

（1）机箱

机箱分为卧式和立式两种（现在市场上基本只有立式机箱）。机箱的正面一般有电源开关、复位按钮、光盘驱动器接口、指示灯、USB 接口等。

游戏悍将刀锋 3，如图 1–4 所示，标准机箱主要技术指标如下：

① 机箱类型：台式机箱（中塔）。

② 机箱样式：立式。

③ 适用主板：ATX 板型。

④ 电源设计：上置电源。

⑤ 显卡限长：280 mm。

⑥ CPU 散热器：限高 145 mm。

⑦ 前置接口：USB 3.0 接口 × 1；USB 2.0 接口 × 2。

（2）电源

电源为计算机的各个部件提供动力，稳定的电源是微机各部件正常运行的保证。电源中一般都配有散热风扇，使得电源内部的温度不会太高。

ANTEC（安钛克）VP450P，如图 1–5 所示，主要技术指标如下：

① 电源类型：台式机电源。

② 额定功率：450 W。

③ 风扇：12 cm 静音风扇。

④ 电源尺寸：86mm × 150mm × 140mm。

图 1–4　游戏悍将刀锋 3 标准黑装立式机箱

图 1–5　ANTEC VP450P 电源

（3）显示器

显示器是计算机硬件必不可少的输出设备。常见的有阴极射线管（CRT）显示器和液晶显示器（LCD）两种，现在市场上基本都是液晶显示器。

AOC 21.5 英寸宽屏 LED 显示器，如图 1-6 所示，主要技术指标如下：

① 产品类型：LED 显示器（广视角显示器）。

② 屏幕尺寸：21.5 英寸。

③ 屏幕比例：16∶9（宽屏）

④ 最佳分辨率：1 920×1 080 像素

⑤ 点距：0.2482（H）×0.2482（V）mm。

图 1-6　AOC 液晶显示器

（4）主板

主板是微机最基本也是最重要的部件，安装了组成计算机的主要电路，具有扩展槽和各种接插件。微机质量很大程度上取决于主板质量。

技嘉 GA-B85-HD3rev.1.x 主板主要组成结构如图 1-7 所示。

图 1-7　技嘉 GA-B85-HD3rev.1.x 主板

① 集成芯片：声卡/网卡。

② 芯片厂商：Intel。

③ 主芯片组：Intel B85 芯片组。

④ 显示芯片：CPU 内置显示芯片（需要 CPU 支持）。

⑤ 音频芯片：集成 Realtek ALC892 8 声道音效芯片。

⑥ 网卡芯片：板载千兆网卡。

（5）CPU

CPU（Central Processing Unit，中央处理器）是计算机中最关键的部件，由控制器和运算器两部分组成。

Intel 酷睿 i3 4150 CPU 外观如图 1-8 所示，主要性能指标如下：

图 1-8　Intel 酷睿 i3 4150 CPU

① CPU 字长：内部各寄存器之间一次能够传递的数据位。

② 位宽：与外围设备之间一次能够传递的数据位，通常用 CPU 字长和位宽来描述 CPU。

③ CPU 频率：3.5 GHz，DMI2 总线。

④ CPU 插槽：插槽类型 LGA 1150，针脚数目 1150 pin。

⑤ CPU 内核：双核心，四线程。

⑥ CPU 缓存：3 MB 三级缓存。

（6）存储器

存储器是有记忆功能的部件，用来存储程序和数据，可分为内存储器和外存储器。内存储器直接和 CPU 相连，存放当前要运行的程序和数据，故也称主存储器；外存储器又称辅助存储器，主要用于保存暂时不用但又需长期保留的程序或数据，存储容量大，存放在外存的程序必须调入内存才能运行。常见的外部存储器有光盘、硬盘、移动存储产品等。

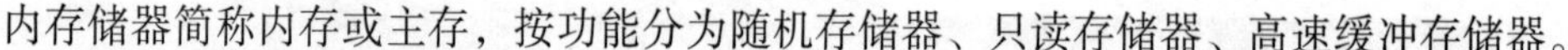

内存储器简称内存或主存，按功能分为随机存储器、只读存储器、高速缓冲存储器。

① 随机存取存储器（Random Access Memory，RAM）：通常指计算机主存，CPU 对它们既可读出又可写入数据。

② 只读存储器（Read Only Memory，ROM）：CPU 对它们只取不存，其信息用户无法修改，断电时信息不会丢失。

③ 高速缓冲存储器（Cache）：介于 CPU 和内存之间的一种可高速存取信息的芯片，用于解决它们之间的速度冲突问题。

金士顿 DDR3 1600 MHz（8GB）内存条，如图 1-9 所示。主要技术指标如下：

① 适用类型：台式机。

② 内存容量：8 GB。

③ 内存类型：DDR3。

④ 内存主频：1 600 MHz。

⑤ 针脚数：240 pin。

图 1-9　金士顿 DDR3 1600 MHz（8GB）——内存

（7）硬盘

硬盘是计算机中主要的外存储器，是系统永久保存信息的存储设备，用于存放系统文件和用户的应用程序数据。它具有存储容量大、存取速度快、可靠性高等优点，分为普通硬盘和固态硬盘。固态硬盘一般用于安装系统，这样在上网、开机、简单的使用上速度得到明显的提高；对于游戏玩家或者视频制作、图片制作等，可以选择把自己常用的软件安装在固态硬盘上，从而使得性能最大化。固态硬盘具有体积小、质量轻、启动快、无噪声等优点；具有成本高、容量低等缺点。

三星 SSD 840EVO（120 GB）固态硬盘，如图 1-10 所示，主要技术指标如下：

① 适用类型：台式机。

② 硬盘尺寸：3.5 英寸。

③ 硬盘容量：1000 GB。

④ 盘片数量：1 片。

⑤ 单碟容量：1000 GB。

⑥ 磁头数量：2 个。

⑦ 缓存容量：64 MB。

⑧ 转速：7 200 r/min。

⑨ 接口类型：SATA3.0。

⑩ 接口速率：6 Gb/s。

图 1-10 三星 SSD 840EVO（120GB）固态硬盘

（8）显卡、声卡、网卡

显卡又称视频卡、视频适配器、图形卡、图形适配器和显示适配器等，它是主机与显示器之间连接的“桥梁”。显示器的显示内容和显示质量的高低主要由显卡的性能决定，其按结构形式分为独立显卡和集成显卡两种。

声卡（Sound Card）也称音频卡，是多媒体技术中最基本的组成部分，其基本功能是把来自传声器（俗称话筒）、磁带、光盘的原始声音信号加以转换，输出到耳机、扬声器（俗称音箱）、扩音机、录音机等声响设备，或通过音乐设备数字接口（MIDI）使乐器发出美妙的声音。按结构形式分为独立声卡和集成声卡两种。

网卡又称网络适配器，是局域网中最基本的部件之一，它是连接计算机与网络的硬件设备。无论是双绞线连接、同轴电缆连接还是光纤连接，都必须借助于网卡才能实现数据的通信。按结构形式分为独立网卡和集成网卡两种。

华硕战骑士 GTX750-FML-1GD5 显卡，如图 1-11 所示。

图 1-11 华硕战骑士 GTX750-FML-1GD5 显卡

主要技术指标如下：

① 显卡芯片：GeForce GTX 750。

② 核心频率：1020/1085 MHz。

③ 显存频率：5 010 MHz。

④ 显存容量：1 024 MB。

⑤ 显存位宽：128 bit。

⑥ 散热方式：散热风扇。

对于计算机游戏爱好者用户，基于以上配置清单，主要更换以下硬件即可：

① CPU：Intel 酷睿 i5-4590（散装），1 115 元。

② 硬盘：如果认为一块固态硬盘容量小，可以换成一块大容量的普通硬盘，也可以在光驱位直接再插一块普通硬盘，两块硬盘即能保证容量，又能实现性能的最大化。

③ 显卡：微星 N760 GAMING 2G（技术指标：核心频率 1085/1150 MHz、显存频率 6 008 MHz、RAMDAC 频率 400 MHz，显存类型 GDDR5、显存容量 2 048 MB、显存位宽 256 bit、最大分辨率 2 560×1 600 像素；使用散热风扇+热管散热），1 599 元。

④ 散热器：九州风神冰刃 100，40 元。

配置点评：在依赖度上，四核四线程的酷睿 i5 就已经足够，搭配的九州风神冰刃 100 可以轻松将处理器稳定控制；在显卡方面，微星 N760 GAMING 2G 独显的性能功耗相当低，提供的显卡供电还能为显卡超频所用；在内存方面，加大内存条的容量即可（可以更换一根大容量的内存条或者插两根内存条）。

任务二　台式计算机硬件的组装

任务描述

根据包头铁道职业技术学院电算中心的计算机性能要求，按照计算机组装的流程，在教师的指导下，正确组装计算机并进行 BIOS 设置。也可以在老师的指导下，分组制定各种装机方案，每组选派一名代表上台讲解该方案的采用理由和亮点，然后根据已确定的装机方案，通过观察老师示范、视频和课件演示，完成计算机硬件组装，从而提高学生完成每一工作步骤的综合职业能力。

任务实施

① 组装前的准备工作。

② 组装流程。

一、组装前的准备工作

在进行计算机的组装之前，必须准备好所配置的各部分硬件以及所需要的工具。为了顺利地组装好计算机，应按照下列步骤做好准备工作：

1. 准备好安装场地

安装场地要宽敞、明亮，桌面要平整，电源电压要稳定。在组装多台计算机时，最好一台使用一个场地，以免拿错配件。

2. 准备好安装工具

主要的工具有："十"字型和"一"字型螺丝刀各一把（最好选择带有磁性的）、剪刀一把、尖嘴钳一把、平夹子（镊子）一把、万用表一块。

① 螺丝刀：尽量选用带磁性的螺丝刀，这样可以降低安装的难度。

② 尖嘴钳：主要用于拧比较紧的螺钉，如在机箱内部固定主板时可能会用到尖嘴钳。

③ 镊子：在拔插主板或硬盘上的跳线时需要用。

④ 万用表：用来检测计算机配件的电阻、电压和电流是否正常，以及检查电路是否有问题。

3. 组装过程中的注意事项

（1）防止静电。

（2）防止液体进入计算机内部。

在装机时严禁液体进入计算机内部的板卡，注意不要将水杯等摆放在机器附近，因为这些液体可能造成短路使器件损坏。

（3）不可粗暴安装。

（4）通电后不可触摸机箱内部部件。

二、组装计算机的流程

在组装计算机之前，必须准备好计算机组装所需要的配件，虽然不同的计算机配件的组成可能有所不同，有的可能会多一些或者少一些元件，但是基本的安装过程是相似的。只要按照安装步骤去做，就可以顺利地把计算机组装起来，并可以减少出错的概率。

1. 给主板安装 CPU 及风扇

（1）安装 CPU

将 CPU 的两个凹脚和第一针脚对准主板 CPU 插座上的两个凸角和第一针脚插入即可，若方向错误，CPU 将无法放入 CPU 插槽内。

（2）安装 CPU 风扇

① 在 CPU 顶部表面均匀地涂抹散热膏（导热硅脂）或者加块散热垫，然后将风扇安装在风扇支架上，使之紧贴 CPU。

② 将风扇电源线连接到主板上，具体操作步骤如图 1-12 所示。

图 1-12 安装 CPU 和风扇

2. 给主板安装内存

① 将内存条从包装盒里拿出，用手抓住边缘。

② 在主板上找到内存插槽、用手轻轻将内存插槽两边的扣具打开。

③ 将内存条按插槽上的定位垂直插入内存插槽中，双手在内存条两端均匀用力，使得两边的扣具能将内存牢牢卡住，具体操作步骤如图 1–13 所示。

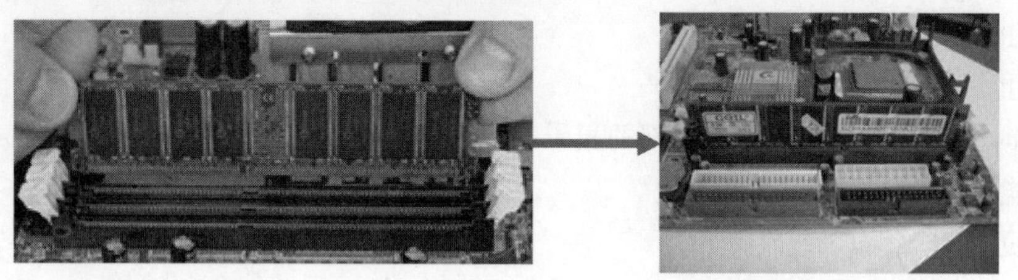

图 1–13　安装内存

3. 把主板安装到机箱内

① 将机箱平放，将主板小心地放入机箱进行比照，看看需要在机箱哪些位置安装固定金属螺钉柱或塑料钉。

② 在机箱底部的螺钉孔里面装上定位螺钉。

③ 把主板放在底板上，让主板的键盘口、鼠标口、串并口及 USB 接口和机箱背面挡片的孔对齐，主板要与底板平行，不能搭在一起，否则容易造成短路，最后使用螺丝刀将主板上的螺钉拧紧，具体操作步骤如图 1–14 所示。

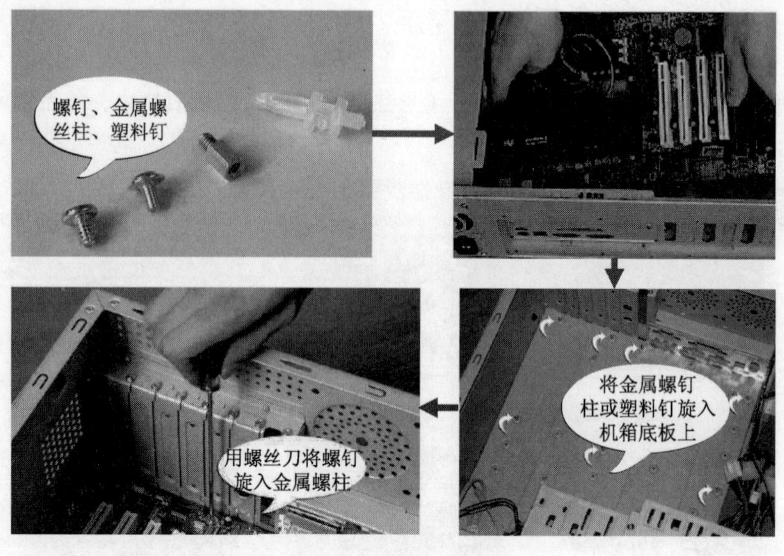

图 1–14　安装主板

4. 安装硬盘、光驱

（1）安装硬盘

一般使用的硬盘都是 IDE 接口的，并且是以并行接口（PATA）的硬盘为主。通常计算机的主板上都集成两个 IDE 控制器，每个 IDE 控制器提供一个 IDE 接口。

① 设置跳线。如果安装两块硬盘，就需要在安装前先设置跳线。硬盘在出厂时，一般都将

其默认设置为主盘，跳线连接在 Master 的位置，如果计算机上已经有了一个作为主盘的硬盘，现在要连接一个作为从盘，就需要将跳线连接到 Slave 的位置。

② 安装硬盘。SSD 固态硬盘一般都是 2.5 英寸的，需要使用托架把 2.5 英寸的固态硬盘转换成 3.5 英寸，托架上有 4 个突出的位置，一边两个，对准螺钉位卡紧，另外注意托架上的文字标识（一般显示电路板朝哪个方向）。其他安装方法和机械硬盘一样，也是分为供电口和数据口，如果是笔记本拓展可以放在光驱位，如果是机械硬盘替换可以直接接口对应替换即可，具体操作步骤如图 1–15 所示。

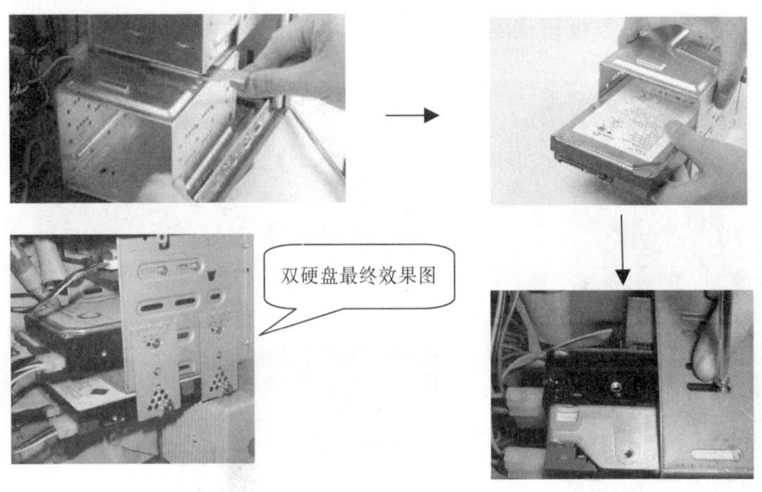

图 1–15　安装硬盘

（2）安装光驱

① 取下机箱前面用于安装光驱的挡板，将光驱反向插入机箱的 5.25 英寸槽位。

② 确认光驱的前面板与机箱对齐平整，在光驱的每一侧用两个螺丝初步固定，具体操作步骤如图 1–16 所示。

随着计算机网络化的快速发展，光驱的使用率逐渐降低，计算机可以不用安装光驱，不使用光盘了。

图 1–16　安装光驱

5. 给机箱安装电源

电源通常放置在机箱后部的上端。先将电源放进机箱后部安装电源的位置，将电源上的螺孔与机箱上的螺孔对正，再将 4 个螺钉孔对齐，最后拧上螺钉。在安装的过程中注意电源安装的方向，具体操作步骤如图 1–17 所示。

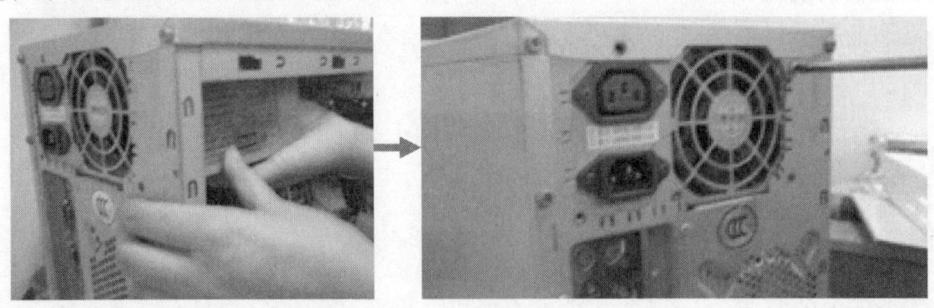

图 1–17　安装电源

6. 安装显卡

计算机中有许多的适配卡，如：显卡、声卡、网卡、Modem 卡、电视卡、SCSI 借口卡、IDE 接口卡，它们都是通过主板上的 AGP、PCI 或 ISA 总线插槽与主板相连接的。

① 在主板上找到显卡对应的插槽。卸下机箱上与这个插槽对应的防尘片上的螺钉，取下防尘片。

② 按下 AGP 插槽末端的防滑扣。

③ 将显卡的金手指小心地插入显卡插槽，然后压下显卡，使之紧密插入显卡插槽。

④ 用螺钉将显卡金属挡板顶部的缺口固定在机箱条形窗口的螺钉孔上，具体操作步骤如图 1-18 所示。

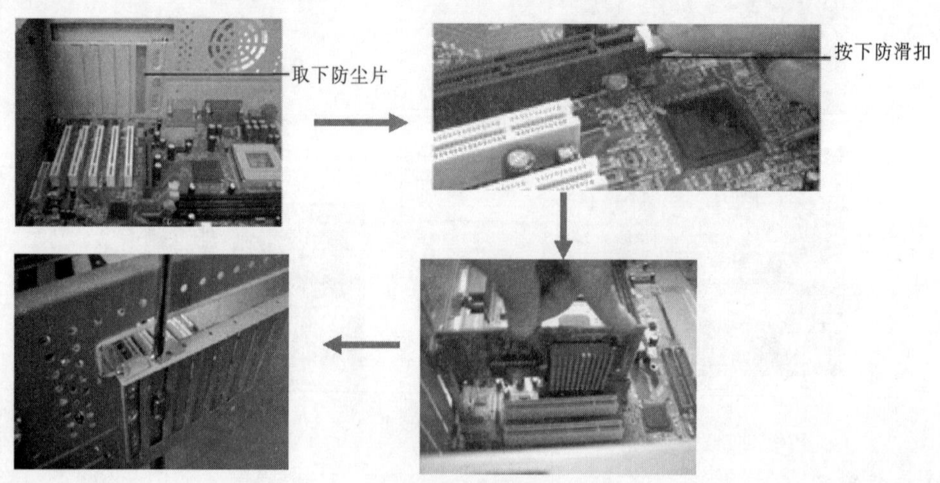

图 1-18 安装显卡

7. 连接机箱内部的信号线

在机箱内部还有许多连线，如硬盘的电源指示灯、开关电源和重启开关以及前置 USB 接口连接等。

8. 进行键盘、鼠标、显示器和电源的连接

主机安装完成以后，还需把键盘、鼠标、显示器、音箱等外围设备（简称外设）同主机连接起来。

9. 通电测试系统是否正常

如果正常，并听到“嘀”的一声，并且屏幕上显示自检信息，这时关掉电源继续安装；如果不正常，要根据报警声检查内存、显卡或者是其他设备是否正确安装。

10. 安装机箱的侧面板

用螺丝刀等工具把机箱的侧面板安装好。

任务三 系统软件的安装与使用

通过前两个任务的完成，计算机已经成为裸机，但是还不能完成任何工作，必须安装计算机

系统软件才能正常运行。系统软件的安装有多种方式，可以通过光盘、U 盘启动等方式进行安装。现在很多用户使用不带光驱，或者有光驱但是没有安装光盘的计算机，需要安装系统时，可以使用 U 盘作为启动盘来安装操作系统。网络上有很多制作 U 盘启动盘的制作工具，例如：大白菜超级 U 盘启动盘制作工具、老毛桃 WINPE 制作工具、U 大师制作工具、通用 U 盘制作工具以及 U 深度制作工具等，学生可以选择任意一种工具制作 U 盘启动盘。首先，从百度搜索下载任意一款制作工具，然后安装到计算机里，利用这个工具软件制作一个 U 盘启动盘；其次，利用 U 盘启动盘安装 Windows 7 操作系统；再次，检验计算机能否正常开机运行。通过该任务的完成从而提高学生利用网络搜索资料、下载软件的能力，以及学生的自主学习能力。

任务实施

① 下载 U 深度 V3 制作工具。

② 安装 U 深度 V3 制作工具。

③ 用 U 深度 V3 制作工具制作 U 盘启动盘。

④ 下载 Windows 7 操作系统镜像文件到 U 盘启动盘。

⑤ 用制作好的 U 盘启动盘安装 Windows 7 操作系统。

⑥ Windows 7 系统的基本操作。

下面就介绍一下怎么使用 U 深度 V3 制作工具制作 U 盘启动盘。

一、下载 U 深度 V3 制作工具

借用一台可以正常使用的计算机，打开 360 安全浏览器，在搜索框中输入“U 深度官网”进行百度搜索（或者直接输入网址“http://www.ushendu.com/”），然后在“U 深度 U 盘启动盘制作工具”的下面，单击“下载装机版”进行下载，把 U 深度 V3.0 安装包下载到计算机中，建议将安装包下载到系统桌面上，可以方便用户进行使用。

二、安装 U 深度 V3 制作工具

操作步骤：

① 双击打开“U 深度 V3 制作工具.exe”文件，运行该文件，进行安装，如图 1-19 所示。

图 1-19　U 深度 V3 安装文件界面

② 单击“立即安装”，如图 1-20 所示。

图 1-20　U 深度 V3 立即安装界面

③ 单击“浏览”按钮，选择安装路径，同时可以创建桌面快捷方式及开始菜单快捷方式，如图 1-21 所示。

图 1-21　U 深度 V3 选择安装路径界面

④ 出现正在安装界面，显示安装进度，如图 1-22 所示。

图 1-22　U 深度 V3 正在安装界面

⑤ 安装完成，单击“立即体验”，开始制作 U 盘启动盘，如图 1-23 所示。

图 1-23　U 深度 V3 安装完成界面

三、用 U 深度 V3 制作工具制作 U 盘启动盘

操作步骤如图 1-24 所示。

图 1-24　U 深度 V3 制作 U 盘启动盘界面

① 打开运行最新版 U 深度 V3.0 U 盘启动盘制作工具，单击“U 盘启动”，选择“请插入需要制作启动盘的 U 盘”，这时插入准备好的 U 盘，该制作工具会自行识别插入计算机的 U 盘，用户可以根据需要选择不同设置，然后单击“一键制作启动 U 盘”按钮。

模式介绍：

- HDD 模式是硬盘仿真模式，兼容性较高，但是部分老式计算机并不支持此模式。
- ZIP 模式是大容量软盘仿真模式，早期的旧款式计算机所包含的可选模式。
- FAT32 是分区格式，并且比 FAT16 优异，FAT16 分区最大仅可以到 2 GB。

分配选项：

即可以根据个人需求进行启动盘容量分配。

参数介绍：

- NTFS 则是目前常见的文件系统格式，可支持单文件 4 GB 以上的复制，还能通过目录和文件许可实现安全性。
- CHS 可用于某些不能自动检测模式的 BIOS 设置参数。

② 出现如图 1-25 所示的警告对话框，警告用户在制作 U 盘启动盘时将会格式化 U 盘，U 盘中的所有数据将会清空，可将 U 盘中的所有文件存储至本地磁盘进行备份，确认无误后单击“确定”按钮即可开始制作。

图 1-25　使用 U 深度 V3“制作 U 盘启动盘”界面

③ 制作完成后，出现提示框，询问用户是否可以通过软件自带的“启动模拟器”（也叫虚拟计算机）进行 U 盘启动盘的启动测试操作，单击“是”按钮开始测试，否则不测试，如图 1-26 所示。

四、下载 Windows 7 操作系统镜像文件到 U 盘

打开 360 安全浏览器，在搜索框中输入“Win7 操作系统安装包”进行百度搜索，单击任意一个打开网页，根据计算机的硬件配置选择 32 位或 64 位进行下载。然后，将下载好的系统镜像文件解压出来，再将扩展名为 GHO 的文件复制到 U 盘的 GHO 文件夹中，如图 1-27 所示。

提示：不要将系统镜像文件直接解压到 U 盘中，应该将镜像文件解压到计算机的磁盘后进行复制工作。

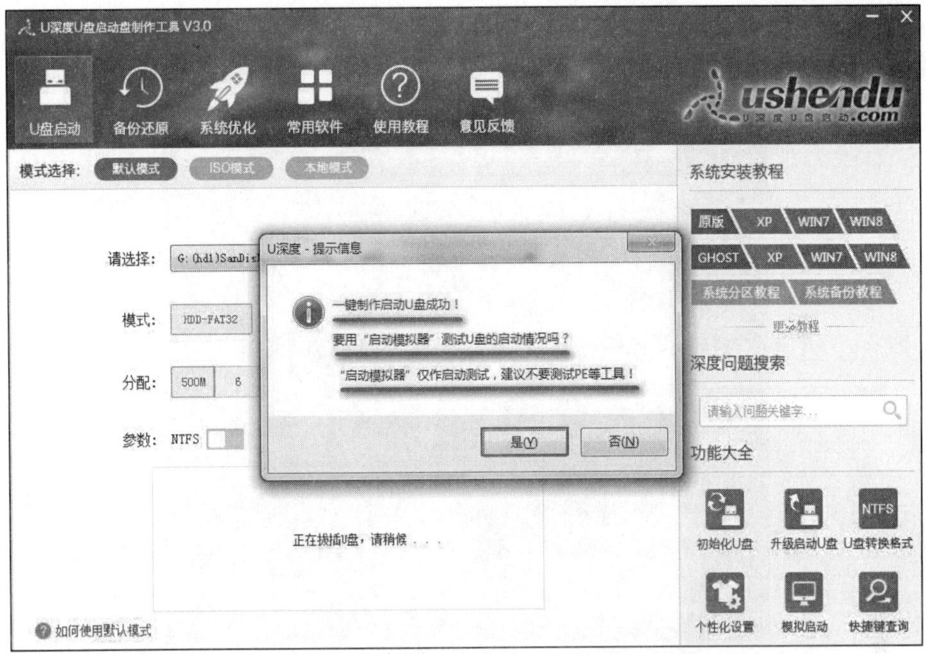

图 1–26　U 深度 V3“制作 U 盘启动盘”界面

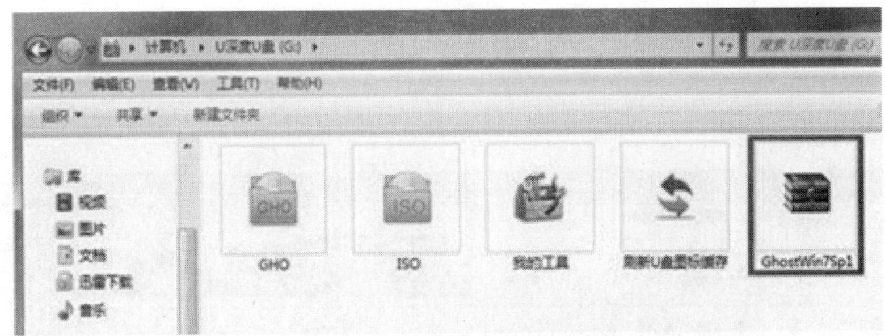

图 1–27　将 Windows 7 系统镜像文件下载到计算机界面

五、用 U 盘启动盘安装 Windows 7 操作系统

① 将制作好的 U 盘插入到计算机的 USB 接口处，开启计算机按下相应的快捷键（通常情况是【F2】键），即可选择计算机的启动顺序，选择 USB HDD 模式即可，如图 1–28 所示。

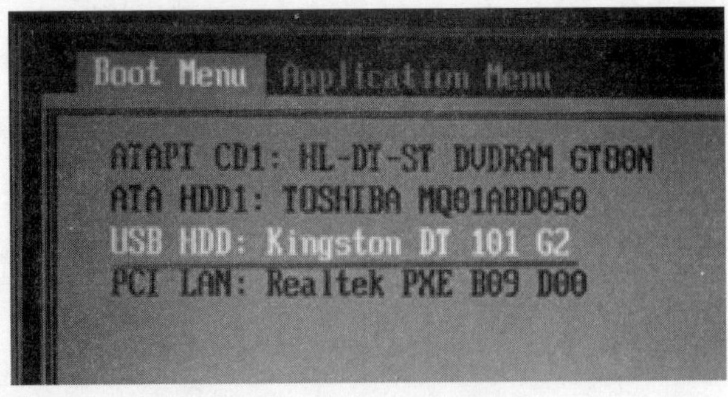

图 1–28　“U 盘启动”界面

② 出现计算机启动界面，选取“【02】运行 U 深度 Win8PE 装机维护版（新机器）”选项，按【Enter】键确认，如图 1–29 所示。

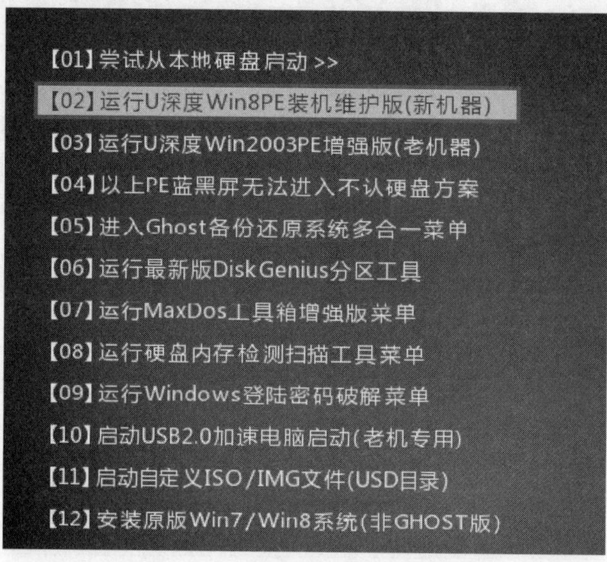

图 1–29　使用 U 盘启动装机界面

③ 进入 PE 系统，利用 Diskgeniu 分区工具给硬盘进行分区（提示步骤：单击系统桌面上“分区工具 Diskgenius”进入分区管理界面），单击分区管理界面上方菜单栏的“快速分区”开始建立磁盘分区，如图 1–30 所示。

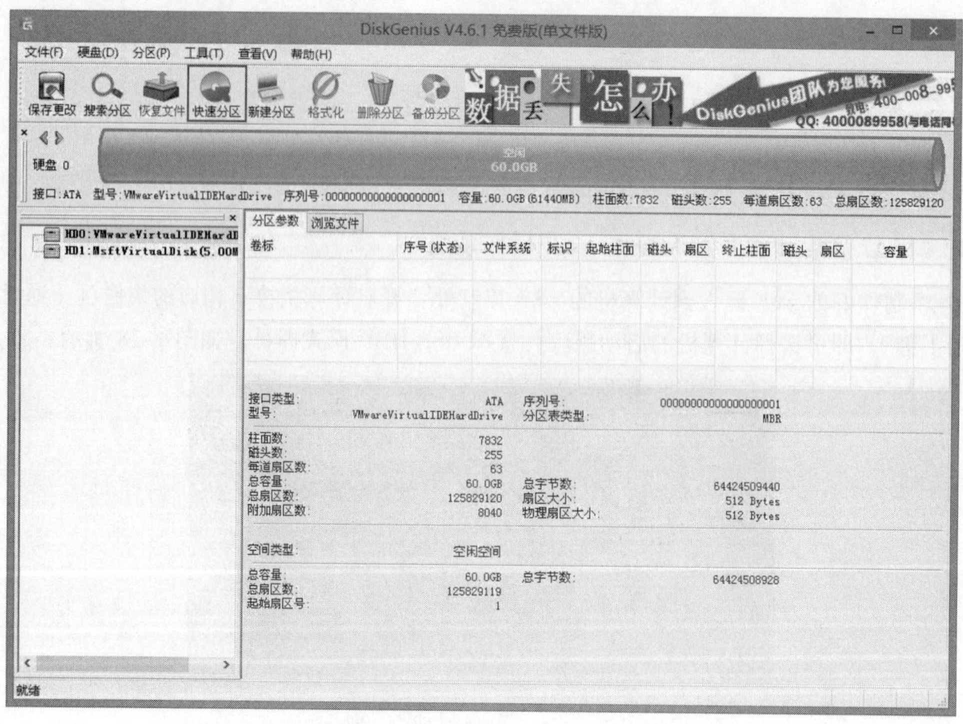

图 1–30　硬盘【快速分区】界面

④ 快速分区窗口将硬盘划分成 3 个分区，按照需求在“分区数目”中选择硬盘分区个数，在“高级设置”中对各个硬盘大小进行调整，普通用户可以勾选窗口下方“对齐分区到此扇区的整数倍”（该选项是 SSD 固态硬盘用户需要进行的调整设置），然后单击“确定”按钮，如图 1-31 所示。

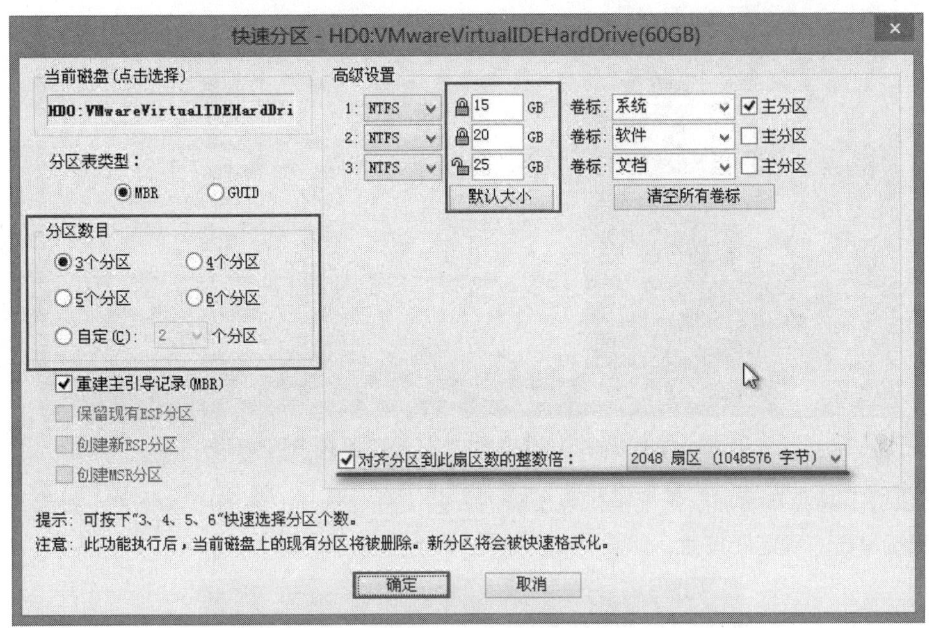

图 1-31　Diskgeniu 工具的“快速分区”对话框

⑤ DG 分区工具开始对硬盘进行分区。硬盘分区结束后，DG 分区工具会自动给划分好的硬盘分区分配分区磁盘盘符，如图 1-32 所示。

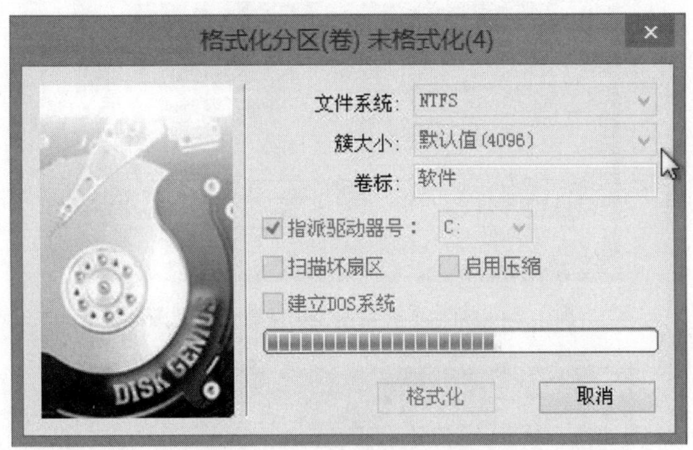

图 1-32　指定“分区磁盘盘符”对话框

⑥ 单击 PE 系统桌面上的“U 深度 PE 装机工具”，单击“浏览”选择 U 盘中存放的 Windows 7 系统镜像文件，如图 1-33 所示。

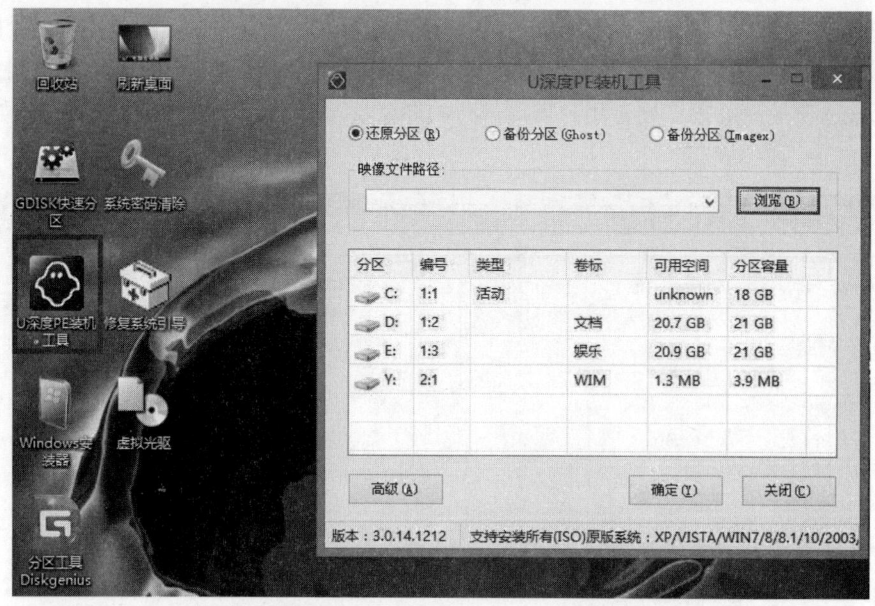

图 1-33　选择 U 盘中的 Windows 7 系统镜像文件

⑦ 装机工具会自动加载系统镜像包所需的安装文件，选择安装的磁盘分区，如果不进行修改，可直接单击“确定”按钮，如图 1-34、图 1-35 所示。

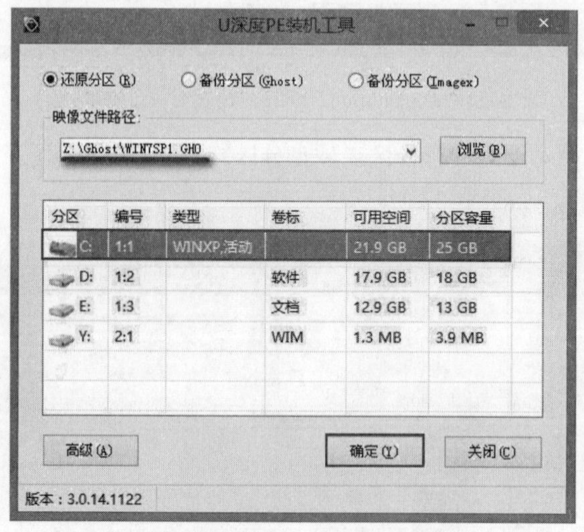

图 1-34　加载系统镜像包的安装文件到磁盘

图 1-35　是否确定加载系统镜像包的安装文件到磁盘

⑧ 等待磁盘完成格式化后，将会进行 Windows 7 镜像文件安装，如图 1–36 所示。

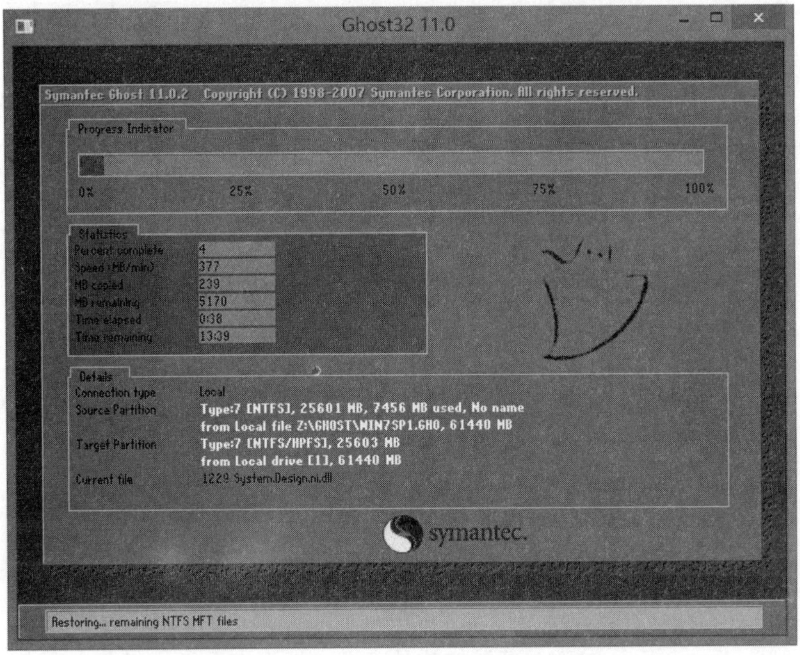

图 1–36　安装 Windows 7 镜像文件界面

⑨ 完成上述操作后，只需重启计算机进行后续设置，然后就能进入 Windows 7 系统。

六、Windows 7 系统的基本操作

1. 开、关机的方法

（1）开机

① 先开外设（如显示器等），再开主机——主机箱电源开关。

② 如果在计算机运行过程中出现死机现象，即无论是操作键盘还是鼠标，屏幕都没有任何反应，可执行如下操作：按【Ctrl+Alt+Del】组合键，在弹出的对话框中取消所有的任务，重新启动到桌面；如果还不行，按主机上的 Reset 按钮，重新启动计算机；若以上操作都无效，按主机电源按钮，关闭主机，稍等片刻，重新开机。

（2）关机

Windows 是一个多任务操作系统，而且有一些程序在后台运行，在桌面无法看到。因此关闭计算机不能简单地切断电源，否则会丢失某些程序的数据、运行结果，或者不能释放硬盘空间。因此，应该在退出所有运行的程序后，再关闭计算机。

操作步骤如下：如果要关闭计算机，单击屏幕左下角的“开始”按钮，在打开的“开始”菜单中单击“关闭”按钮；如果要重新启动，则单击“重新启动”按钮；如果单击“待机”按钮，则进入节省功能消耗的待机状态。

2. Windows 7 系统界面构成

正常启动 Windows 7 操作系统后，系统显示登录界面，上面列出已经创建好的用户账号：对于没有设置密码的账户，只需单击相应的用户图标，即可进行登录；对于设置密码的账户，单击

相应的用户图标时会弹出一个文本框，输入正确的密码后才能进行登录，如图 1-37 所示。

图 1-37 Windows 7 登录界面

登录进入 Windows 7 后，屏幕上显示的就是桌面，桌面由图标、任务栏和桌面背景构成。用户可以在桌面上放置经常使用的应用程序和文件夹图标，也可以根据自己的需要添加各种快捷图标，在使用时，双击图标就能够快速启动相应的应用程序或打开相应的文件，如图 1-38 所示。

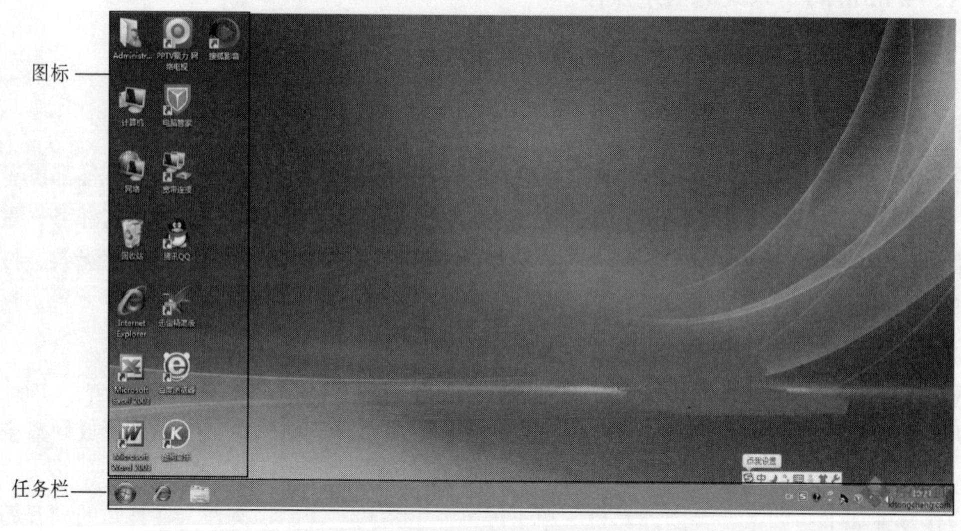

图 1-38 Windows 7 系统桌面构成

3．鼠标的使用

鼠标是计算机不可缺少的一个输入设备，使用鼠标可以非常方便、灵活、快捷地选中某个对象或操作命令。其常用操作如下：

① 指向：在桌面上移动鼠标，使屏幕的指针移动到目的位置，一般用于激活对象或显示工

具提示信息。

② 单击：分为单击左键和右键两种。单击左键通常用来在屏幕上选中一个图标或菜单等，单击右键通常用来在鼠标指针的当前位置调出一个快捷菜单。

③ 双击：用于启动程序或打开对象窗口。

④ 拖动：用于移动对象或快捷方式的位置。

任务四 应用软件的安装与卸载

任务描述

通过前 3 个任务的完成，计算机已经能够正常开机运行，但是还不能按照要求完成工作，必须安装计算机应用软件（如杀毒软件、办公软件等）。应用软件的安装主要有 3 种方式：正版光盘安装、在线安装和离线安装。现在大多数用户都使用在线或离线安装两种方式。通过该任务的完成，从而提高学生有效利用网络资源的能力，以及实践操作能力。

任务实施

① Office 2010 软件的安装。

② 360 安全卫士的安装。

③ 金山打字通的安装。

④ 应用软件的卸载。

一、Office 2010 软件的安装

Microsoft Office 是微软公司开发的一套基于 Windows 操作系统的办公软件套装。常用组件有 Word、Excel、PowerPoint 等。Office 软件是办公自动化的“有力武器”，是家用办公的常用应用软件。下面以 Office 2010 为例介绍其安装步骤。

① 打开 360 安全浏览器，在搜索框中输入“Office 2010 安装包”进行百度搜索，然后在“Office 2010 官方下载免费完整版”的网页上单击“立即下载”进行下载，把“Office 2010”安装包下载到计算机中，双击 setup.exe 进行 Office 2010 应用软件的安装，如图 1-39 所示。

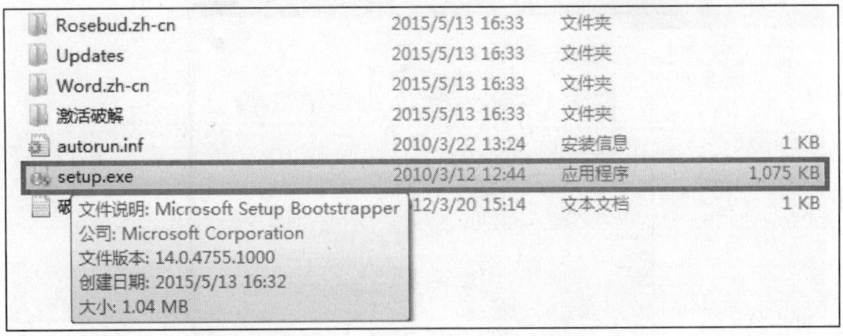

Rosebud.zh-cn	2015/5/13 16:33	文件夹	
Updates	2015/5/13 16:33	文件夹	
Word.zh-cn	2015/5/13 16:33	文件夹	
激活破解	2015/5/13 16:33	文件夹	
autorun.inf	2010/3/22 13:24	安装信息	1 KB
setup.exe	2010/3/12 12:44	应用程序	1,075 KB
破	12/3/20 15:14	文本文档	1 KB

文件说明: Microsoft Setup Bootstrapper
公司: Microsoft Corporation
文件版本: 14.0.4755.1000
创建日期: 2015/5/13 16:32
大小: 1.04 MB

图 1-39 Office 2010 安装文件窗口

② 出现安装程序界面，并询问是否接受 Office 2010 软件的安装协议，单击“我接受此协议的条款”继续，如图 1-40 所示。

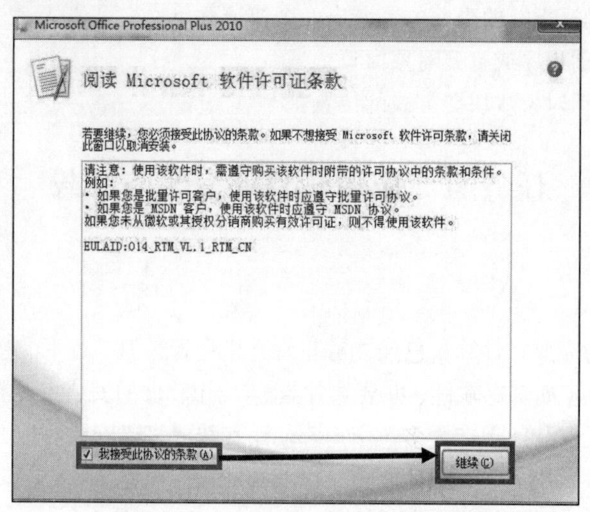

图 1-40 接受协议继续安装对话框

③ 单击“立即安装”，安装软件中所有组件，如果只安装软件中的部分组件（如 Word、Excel、PowerPoint 等），需要单击“自定义”按钮进行安装，如图 1-41 所示。

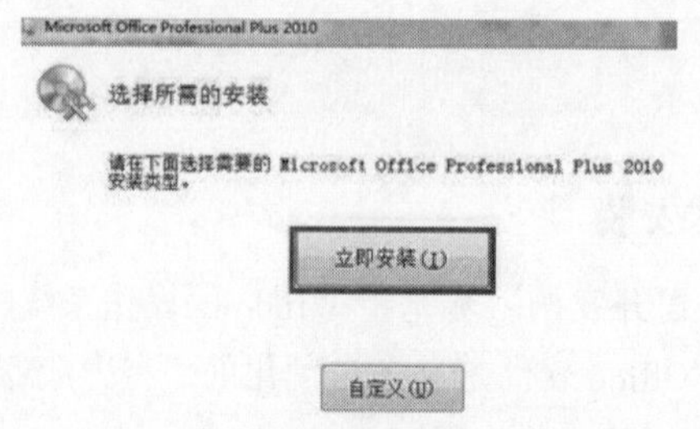

图 1-41 选择安装方式对话框

④ 出现“安装进度”界面，安装结束，单击“关闭”按钮退出，如图 1-42 所示。

⑤ 打开 Word 软件，此时是试用版，如果想长期使用，需要激活该软件。

图 1-42 Office 2010 安装完成对话框

二、360 安全卫士的安装

操作步骤如下：

打开 360 安全浏览器，在搜索框中输入“360 安全卫士”进行百度搜索，然后在“360 安全卫士下载官方下载”的网页上单击“立即下载”进行下载，把“360 安全卫士”的安装包（是一个扩展名为“.exe”的可执行文件）下载到计算机中，这时注意选择下载路径，下载完成后单击该文件进行安装，安装完成可以“立即体验”，如图 1–43～图 1–45 所示。

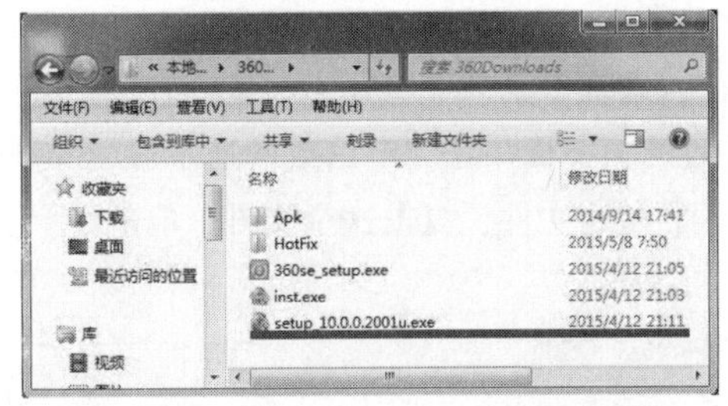

图 1–43　360 安全卫士安装文件窗口

图 1–44　360 安全卫士选择安装路径界面

图 1–45　360 安全卫士安装完成对话框

三、金山打字通的安装

金山打字通 2012 版是一款比较好用的软件，这里以“金山打字通 2012”为例讲解其安装过程，可分为在线和离线两种安装方式。

① 在线安装：就是利用网络，一边下载一边安装。

② 离线安装：先下载安装文件（或压缩包），打开可执行文件（或先解压，再打开可执行文件）进行安装。

操作步骤如下：

打开 360 安全浏览器，在搜索框中输入“金山打字通 2012”进行百度搜索，然后在“金山打字通 2012 官方正式版下载”的网页下面单击“电信或网通下载”等都可以进行下载，这时注意选择下载路径，下载完成后是一个在线文件，双击这个文件，单击“一键安装”，按照提示一步一步安装即可，如图 1-46～图 1-50 所示。

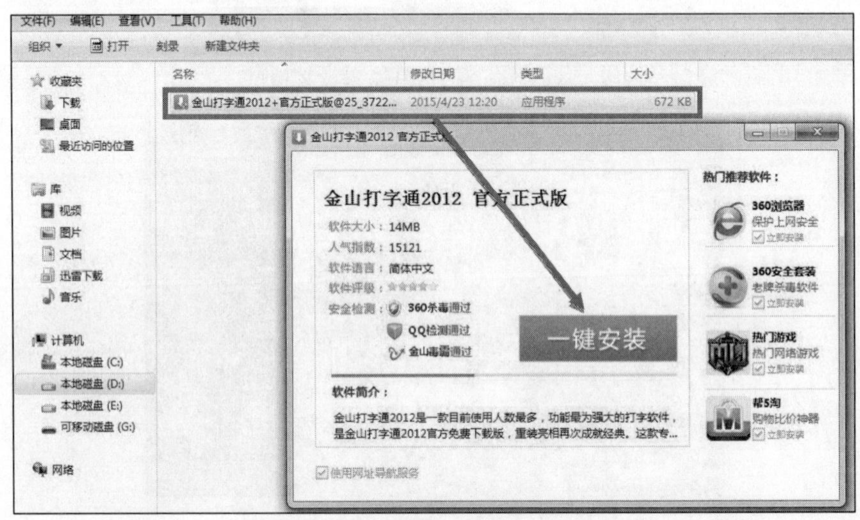

图 1-46　金山打字通在线安装界面

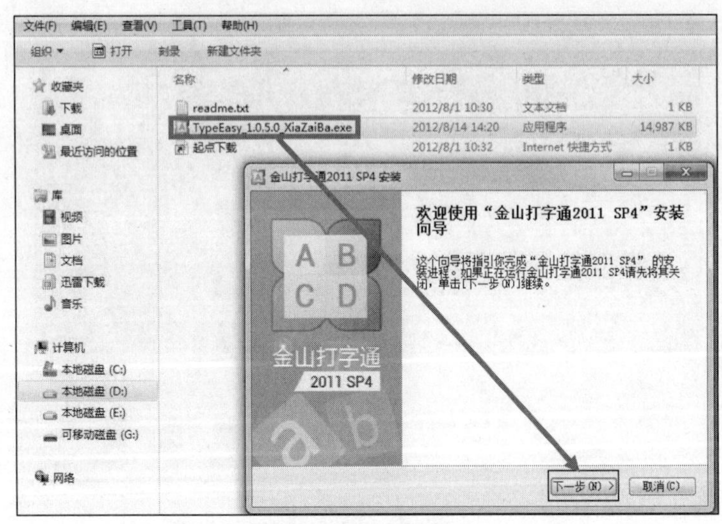

图 1-47　金山打字通“离线安装”界面

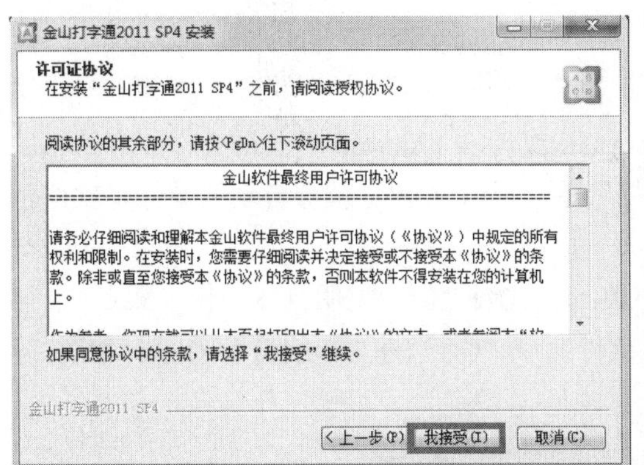

图 1-48　金山打字通安装界面

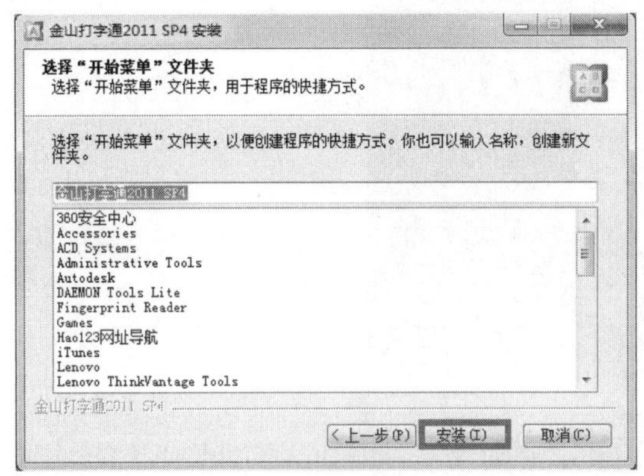

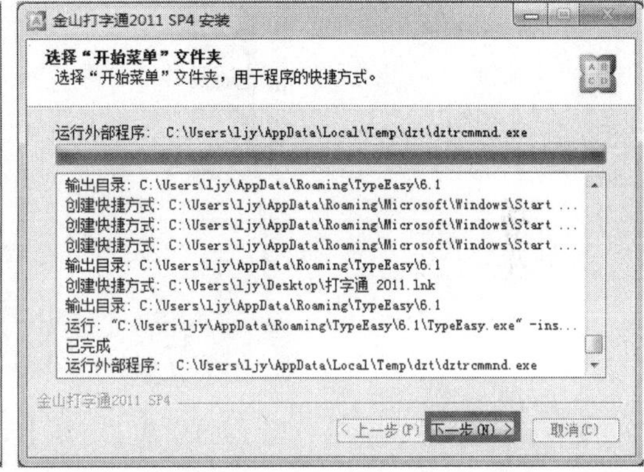

图 1-49　金山打字通安装过程界面

图 1-50　金山打字通安装完成界面

四、应用软件的卸载

为了提高系统的运行速度或者节约硬盘空间，可卸载一段时间内不再需要的软件。用户在安装软件时并非将所有安装文件都放置在一个文件夹里，可能部分文件被放到了其他文件夹，还有就是安装软件时应用程序必须向 Windows 7 操作系统注册，以及向"开始"菜单或"所有程序"菜单增加菜单项。因此，用户不能通过直接将该软件所在的文件夹删除的方法来卸载软件。下面介绍几种常用的软件卸载方式。

1. 通过软件自带的卸载程序

① 在软件的安装目录中，找到一个名为 Uninstall 或者以 Uninstall 开头的文件（有的软件会命名为 Unwise），单击这个文件，然后按照步骤提示单击 next 按钮，就会自动引导你将软件彻底删除干净。

② 通过"开始"菜单卸载。下面以卸载 QQ2015 正式版为例，说明具体操作步骤：

单击"开始"菜单→"所有程序"→"腾讯软件"→"QQ"→"卸载腾讯 QQ"，如图 1-51 所示。

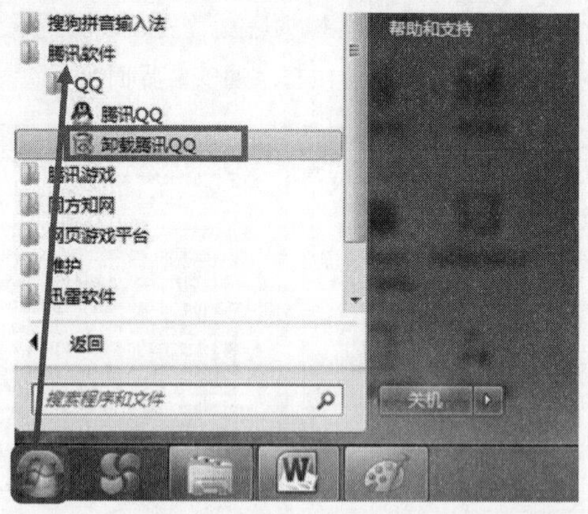

图 1-51 从【开始】菜单卸载 QQ2015 软件

2. 从控制面板卸载

在桌面上双击"计算机"，打开"计算机"窗口，单击"打开控制面板"，即可打开"控制面板"窗口，选择"所有程序"→"卸载程序"，选中"腾讯 QQ"，单击"卸载"按钮，选择"是"，如图 1-52～图 1-55 所示。

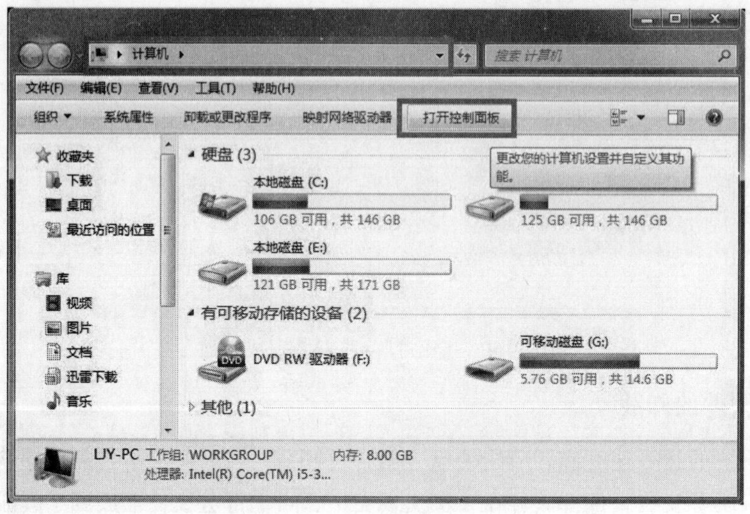

图 1-52 打开"控制面板"窗口

图 1-53　单击“卸载程序”按钮

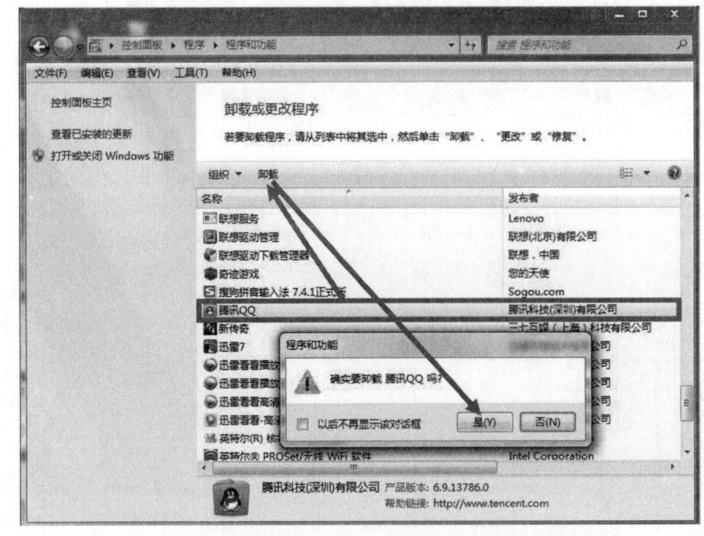

图 1-54　选择“腾讯 QQ”并删除界面

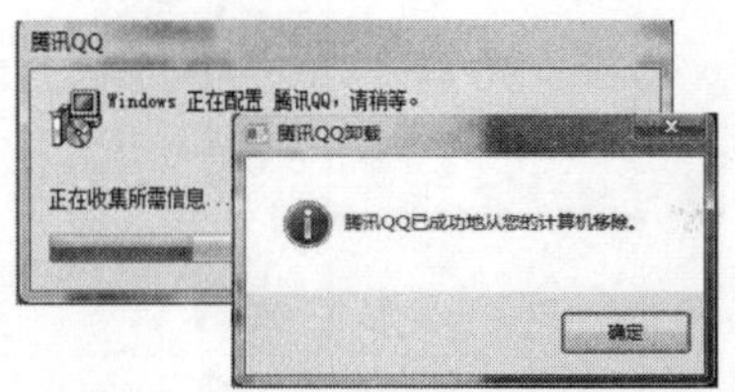

图 1-55　腾讯 QQ 卸载完成界面

3．利用第三方工具卸载软件

从“开始”菜单卸载和从控制面板卸载这两种卸载方法是用户平时使用最多、最简单的方法，但是缺陷在于其不能删除该软件对应的注册表键值。因此，这里推荐一种最新的卸载方式——通过第三方软件卸载。第三方卸载工具，比较常用的有 Windows 优化大师、完美卸载、360 安全卫士等。下面以卸载“QQ2015 正式版”为例简要介绍一下使用“360 安全卫士”卸载软件的方法。

提示：使用“360 安全卫士”卸装软件相对来说是比较彻底的，这就要求用户在卸载软件前，做好相关备份，例如备份 QQ 的用户文件。

在桌面上双击“360 桌面管家”快捷方式，打开“360 桌面管家”主界面，单击最上面的“软件卸载”按钮，下面列出软件列表，选择“腾讯 QQ”左边的复选按钮，单击“卸载”按钮，在弹出的对话框中单击“是”按钮，即开始卸载 QQ 软件，卸载完成显示“腾讯 QQ 已成功从您的计算机删除”，如图 1-56 和图 1-57 所示。

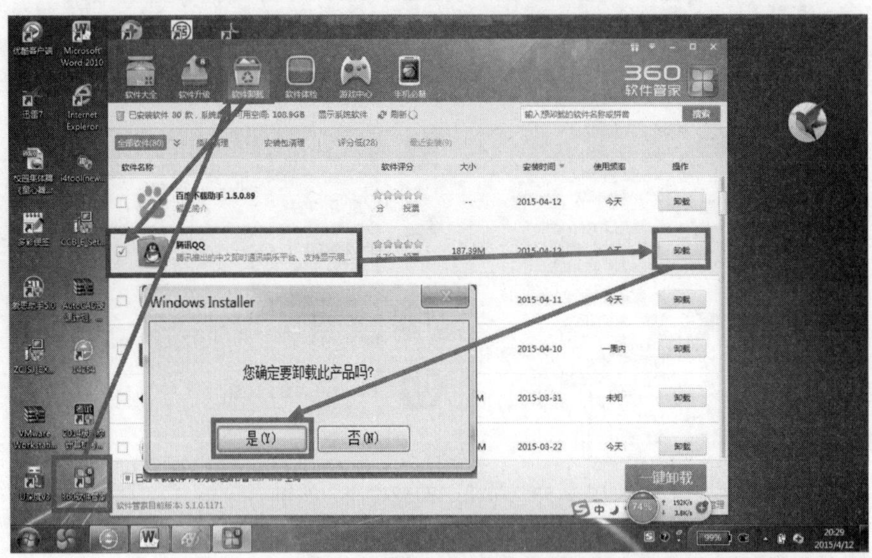

图 1-56 “360 桌面管家”的“软件卸载”界面

图 1-57 使用“360 桌面管家”卸载 QQ2015 完成界面

任务五　文 字 录 入

任务描述

为丰富学生的课余生活，让学生更好地掌握计算机的应用能力，营造较好的校园学习氛围，增强学生的就业能力，也为参加市、区级技能比赛做好选拔工作。包头铁道职业技术学院针对高职学生各举行一次文字录入比赛，比赛采用“金山打字通”软件（软件可即时显示输入字数、正确字数、错误字数、倒记时和得分），时间设定为 5 分钟，录入内容为指定文章，不限制输入法，对打字速度和打字质量均有严格要求。

① 键盘的使用。

② 键盘指法。

③ 中英文输入法的设置。

④ 软键盘的使用。

⑤ “金山打字通”的使用。

一、键盘的使用

键盘也是计算机不可缺少的一个输入设备，键盘通常由功能键区、主键盘区、编辑键区、辅助键区和状态指示灯组成，如图 1–58 所示。

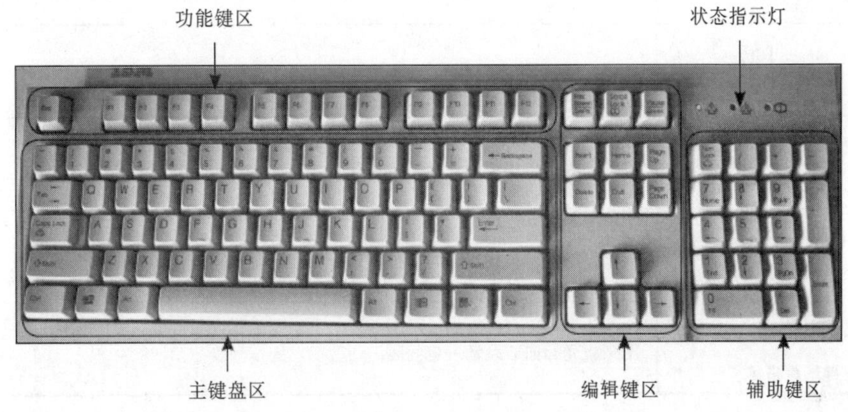

图 1–58　键盘的构成

1. 主键盘区

主键盘区是键盘的主要组成部分，是用户最常用的键盘区域，包括了数字键、字母键、常用运算符以及标点符号键，此外还包括回车键、空格键、上挡键、大写字母锁定键、退格键等，如图 1–59 所示。

① 数字键：有 0～9 共 10 个数字，敲击数字键可以输入相应的阿拉伯数字。

② 字母键：26 个，输入英文字母或汉字编码时用，敲击字母键可以输入相应的大小写英文字母。

图 1–59　主键盘区

③ 标点符号键：21 个，可以输入 32 个常用符号。

该键盘区其他常用按键及功能，如表 1-2 所示。

表 1-2　主键盘区其他常用按键及功能

键　名	主 要 功 能
【Enter】键 回车键	一般为确认输入的指令，在编辑文档时作为另起一行使用
【Space】键 空格键	按下该键可产生一个字符的空格
【Shift】键 上挡键	按下该键的同时再按下某双字符键即可输入该键的上档字符。该键共有 2 个。
【CapsLock】键 大写字母锁定键	当没有按下该键时，系统默认以小写字母输入，当按下该键后，键盘指示灯第二个会亮起，这时输入字母为大写
【Backspace】键 退格键	在编辑文档时按下该键，会删除光标所处位置的前一个字符
【Ctrl】键 控制键	该键一般不单独使用，与其他键配合起控制作用。该键共有 2 个
【Alt】键 转换键	该键一般不单独使用，与其他按键配合起转换作用。该键共有 2 个
【Tab】键 制表键或跳格键	用来将光标向右跳动一定间隔

2．功能键区

位于键盘的最上端，由【Esc】、【F1】～【F12】这 13 个键组成，如图 1-60 所示。

图 1-60　功能键区

该键区主要按键及功能如表 1-3 所示。

表 1-3　功能键区主要按键及功能

键　名	主 要 功 能
【Esc】键 返回键或取消键	用于退出应用程序或取消操作命令
【F1～F12】功能键	在不同程序中有着不同的作用

3．编辑键区

共有 13 个键，上面有 9 个，下面 4 个键为光标方向键，如图 1-61 所示。

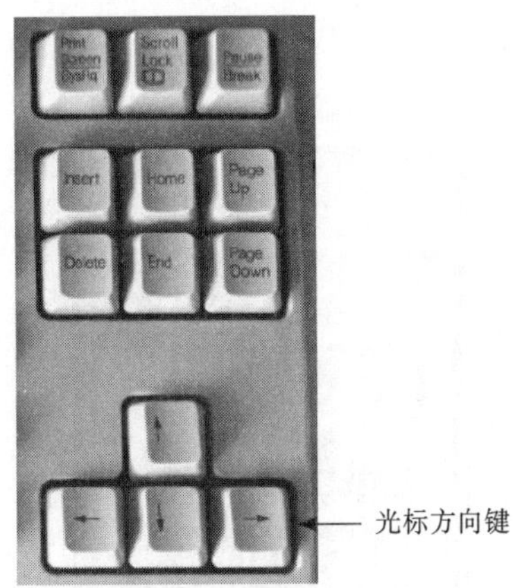

图 1-61　编辑键区

该键区主要按键及功能，如表 1-4 所示。

表 1-4　功能键区主要按键及功能

键　名	主 要 功 能
【Print Screen】键 屏幕复制键	将屏幕的当前画面以位图形式保存在粘贴板中。若使用【Shift+PrintScreen】组合键，打印机将屏幕上显示的内容打印出来，如使用【Ctrl+PrintScreen】组合键，则打印任何由键盘输入及屏幕显示的内容，直到再次按这两键
【Scroll Lock】键 屏幕锁定键	在阅读文档时，使用该键能非常方便地翻滚页面。当屏幕处于滚动显示状况时，若按下该键，键盘右上角的 Scroll Lock 指示灯亮，屏幕停止滚动，再次按此键，屏幕再次滚动
【Pause Break】键 强行终止键	按此键暂停屏幕的滚动同时按【Ctrl+PauseBreak】组合键，可以中止程序的执行
【Insert】键 插入键	在文档编辑时，用于切换插入和改写状态
【Delete】键 删除键	按下该键将删除光标所在位置的字符
【Home】键 行首键	按下该键，光标将移动到当前行的开头位置
【End】键 行尾键	按下该键，光标将移动到当前行的末尾位置
【Page Up】键 向上翻页键	按下该键，屏幕向上翻一页
【Page Down】键 向下翻页键	按下该键，屏幕向后翻一页
【→ ←↑↓】键 光标移动键	按下该键，光标将分别向 4 个方向移动

4．辅助键区

通常也叫作小键盘，用来进行输入数据等操作。在小键盘区上，大多数都是上下挡键，它们一般具有双重功能：一是代表数字键，二是代表编辑键。小键盘区的转换开关键是【Num Lock】键，如图 1-62 所示。

图 1-62　辅助键区

该键区主要按键及功能，如表 1-5 所示。

表 1-5　辅助键区主要按键及功能

键　名	主 要 功 能
【Num Lock】键 数字锁定键	按下此键，键盘右上方的 Num Lock 指示灯亮，小键盘输入的是数字。再按此键，指示灯灭为功能键

5．状态指示灯

位于键盘的右上方，由 CapsLock、ScrollLock、Num Lock 三个指示灯组成，如图 1-63 所示。

图 1-63　状态指示灯

二、键盘指法

键盘指法是指如何运用十个手指击键的方法，即规定每个手指分工负责击打哪些键位，以充分调动十个手指的作用，并实现盲打，从而提高击键的速度。正确的键盘指法能大大提高文字录入的效率，同时也有利于人们的身心健康。

1．键位及手指分工

键盘上的【A】、【S】【D】、【F】和【J】、【K】、【L】、【；】这 8 个键位定位基本键。在输入时，打字键区分成两个部分，左手击打左部，右手击打右部，且每个键位都有固定的手指负责，【F】键与【J】键是人们食指所放的位置，然后两个拇指放在空格键上，其余手指依次放在【D】、【S】、【A】与【K】、【L】【；】键上，如图 1-64 所示。

2．正确的打字姿势

① 手指负责分工明确。打字时，每个手指只负责相应的键位，不可混淆。

② 手腕平直，手指弯曲自然，击键只限于手指指关节，身体其他部分不得接触工作台或键盘。

③ 击键时，手抬起，只有要击键的手指才可伸出击键，不可压键或按键，击键之后手指要立刻回到基本键上，不可停留在已经击过的键位上。

④ 监视器宜放在键盘的正后方。

⑤ 初学打字时，要求击键准确，其次再求速度。

三、中、英文输入法的设置

1. 使用鼠标选择输入法

单击任务栏右下角的【输入法指示器】按钮，选择文字录入时要使用的输入法，如“搜狗拼音输入法”，如图 1–65 所示。

图 1–64　正确的键盘指法

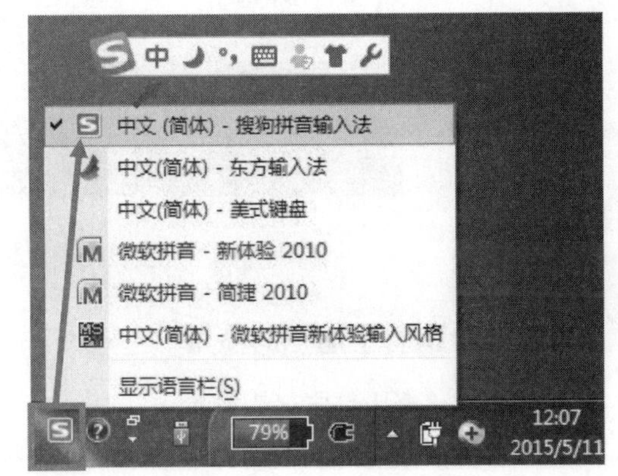

图 1–65　使用鼠标选择输入法

2. 使用键盘的快捷键选择输入法

①【Ctrl+Shift】：多种输入法之间轮流切换。

②【Ctrl+Space】：中、英文输入法之间切换。

③【Shift+Space】：全角、半角转换。

④【Ctrl+.】：中、英文标点符号之间切换。

3. 特殊标点的输入

① “、”：中文输入法中文标点下【\】键。

② “《》”：中文输入法中文标点下【Shift+,】组合键和【Shift+.】组合键。

③ “—”：中文输入法中文标点下【Shift+7】组合键和【Shift+ –】组合键。

④ “……”：中文输入法中文标点下【Shift+6】组合键。

四、软键盘的使用

软键盘是一个虚拟键盘。当出现软键盘时，硬键盘的布局此时和软键盘一致，单击硬键盘上的相应按键也可以输入软键盘上相应的符号；单击软键盘上的按键，相当于按硬键盘上相应的按键。

具体操作方法：在【软键盘】按钮上单击，弹出“软键盘”快捷菜单，单击【软键盘】或【特殊符号】选项可以改变软键盘的布局，从而快速输入各种符号，如图 1–66 所示。

图 1-66　打开“数字序号”软键盘对话框

五、“金山打字通”的使用

1. 启动“金山打字通”软件

① 双击桌面上的“金山打字通”软件快捷方式。

② 单击“开始”菜单→“所有程序”→“金山打字通”，即可启动该软件，软件界面如下：

单击窗口左边的按钮可以进行英文打字、拼音打字、五笔打字、速度测试以及打字游戏等练习，如图 1-67～图 1-72 所示。

图 1-67　“金山打字通”主界面

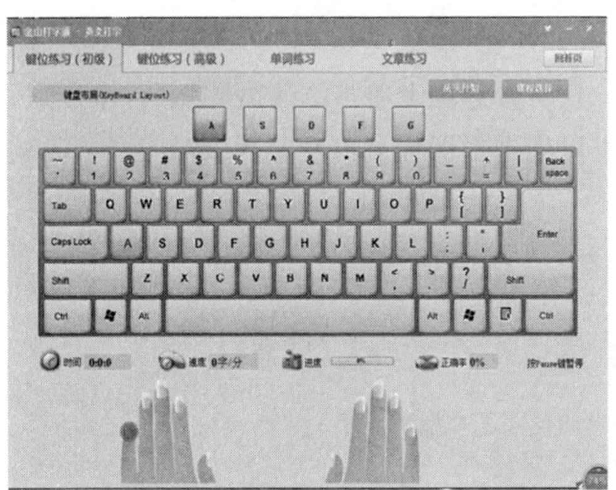

图 1–68　金山打字通“英文打字”对话框

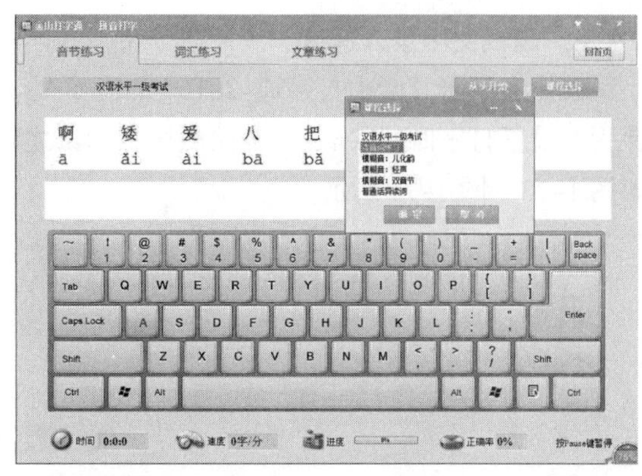

图 1–69　金山打字通“拼音打字”对话框

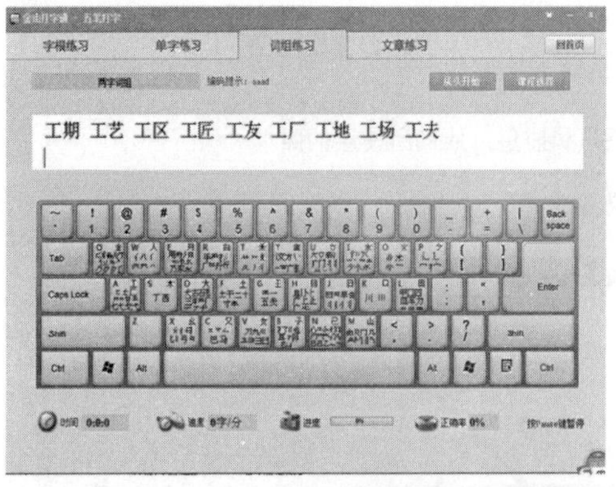

图 1–70　金山打字通“五笔打字”对话框

图 1–71　金山打字通“打字游戏”对话框

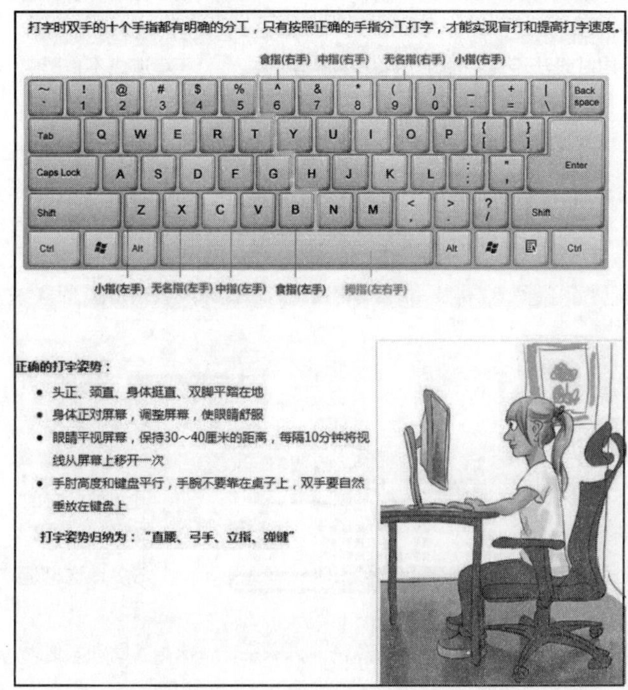

图 1–72　金山打字通“打字教程”界面

2．测试文字录入速度

桌面上双击“金山打字通 2011 SP4”快捷方式，在打开界面上单击“速度测试”，按照默认课程，设置打字时间 5 min，开始测试。测试之前还可以先选择课程，再设置测试时间开始测试，如图 1-73～图 1-75 所示。

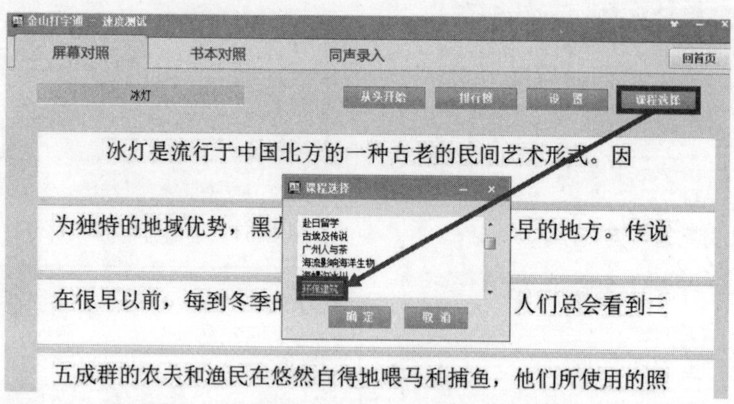

图 1-73　速度测试“课程选择”对话框

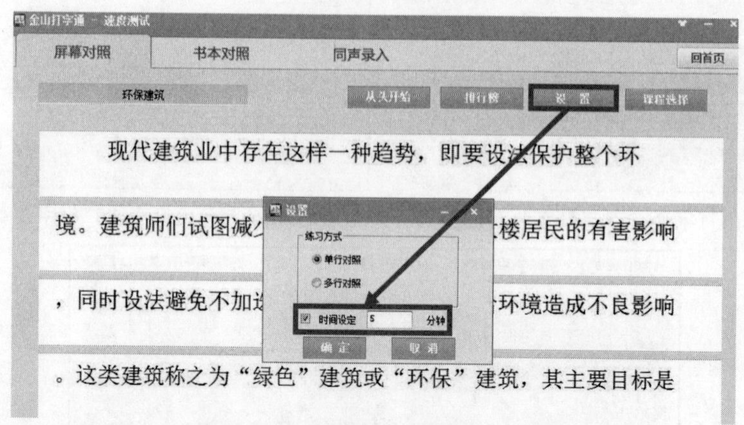

图 1-74　“设置时间”（5 分钟）对话框

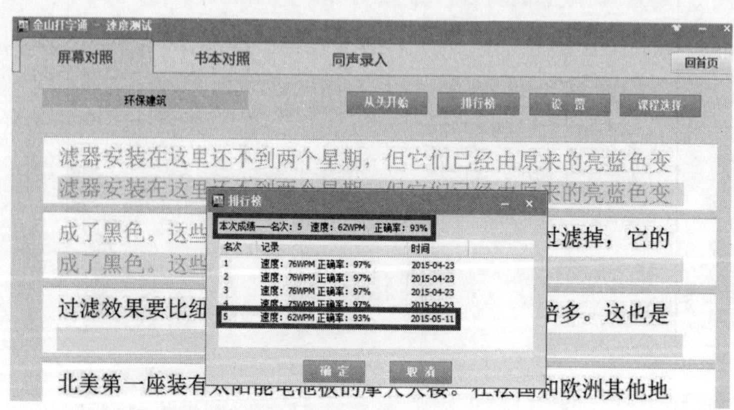

图 1-75　测试结果对话框

项目总结

通过完成本项目的5个任务，让同学们了解了计算机的概念及硬件系统的构成，PC的种类及应用；熟悉计算机的选购流程并能识别各硬件；掌握计算机硬件的组装过程；掌握Windows 7系统软件的安装及使用，常用应用软件的安装及卸载；使用键盘能快速录入文字等。对于硬件组装过程或者系统软件安装过程中出现的一些问题，也能通过查阅资料、网络搜索等方式自主解决，从而提高学生的实践操作能力和自主学习能力。

项目二

Windows 7操作系统的使用

学习目标

① 熟练管理文件和文件夹。

② 掌握库的使用方法。

③ 掌握计算机主题、桌面背景、屏幕保护程序、桌面小工具等个性化设置方法。

④ 掌握系统日期和时间设置方法。

⑤ 掌握360杀毒软件和安全卫士的使用方法。

操作系统是计算机中最基本的软件，所有应用程序的使用都必须在操作系统的支持下进行。Windows 7是微软公司推出的一款受欢迎的操作系统。安装好一台计算机后，需要熟悉计算机的“内部”并进行相关操作，从而可以更好地使用计算机。

项目描述

Windows 7是使用多个窗口操作的一种工作环境，也是目前PC上广泛使用的操作系统。在计算机中，所有被用户使用并提供服务的软件、硬件和数据统称为资源。Windows操作系统在计算机中完成着处理机管理、内存管理、外存管理和设备管理等资源管理任务。使用它每打开一个窗口，就是开始进行一项工作任务，要负责每个任务的内存分配、设备使用分配、数据处理等许多任务。对用户来说，需要执行菜单命令或双击对应的程序图标启动程序，或者双击要处理的文档、文件，然后由系统自动启动相应的程序和对应的文件。所以说，使用Windows最重要的是知道要使用文件的位置，熟悉启动程序的方法，以及设置系统各种属性的方法。随着深入学习计算机，为了使计算机更加适合自己的使用习惯，还特别需要了解计算机应用环境的一些设置方法和效果。

Windows 7有简易版、家庭普通版、专业版、企业版和旗舰版等几个不同的版本，每个版本针对不同的用户群体，具有不同的功能。

项目分析

本项目要完成以下任务：

任务一：文件和文件夹的管理

任务二：从网络中下载音乐和图片并进行管理

任务三：使用“写字板”，完成“再别康桥”作品

任务四：使用“画图”软件，完成“小鸡啄米”作品

任务五：库的创建、文件入库

任务六：设置个性化桌面

任务七：360 杀毒软件和安全卫士的使用

相关知识点

① 文件和文件夹的管理。

② 从网络中下载音乐和图片并进行管理。

③ 使用“写字板”，完成“再别康桥”作品。

④ 使用“画图”软件，完成“小鸡啄米”作品。

⑤ 库的创建、文件入库。

⑥ 设置个性化桌面。

⑦ 360 杀毒软件和安全卫士的使用。

项目实施

任务一 文件和文件夹的管理

任务描述

在计算机的使用过程中，会产生很多各种各样的文件，如果不对这些文件进行管理和分类，计算机内部将变得非常“混乱”，所以为了更好地使用计算机，需要对文件和文件夹进行管理。

任务实施

① 在计算机 E 盘中创建文件夹“学习资料”和“娱乐”，在文件夹“学习资料”中分别创建“计算机基础”“Windows 7”“网络”“Office 2010”等文件夹，并在文件夹“Windows 7”中创建两个文件夹，分别为“实例”和“作业”；在文件夹“娱乐”中创建文件夹“音乐”和“图片”。

② 在计算机中搜索包含“计算机”三个字的文件，将搜索到的所有文件复制到文件夹“计算机基础知识”中。

一、在计算机 E 盘中建立“学习资料”和“娱乐”等文件夹，形成树状结构

① 双击“计算机”图标，选择“E 盘”双击打开，如图 2-1 和图 2-2 所示。

② 在工作区空白处右击，在弹出的快捷菜单中选择“新建”→“文件夹”命令，如图 2-3 所示。

③ 此时在工作区出现一个新的文件夹，名称框是蓝色的，按【BackSpace】键删除“新建文件夹”，输入“学习资料”，按【Enter】键，这样，一个文件夹就建好了，如图 2-4 所示。

图 2-1　桌面

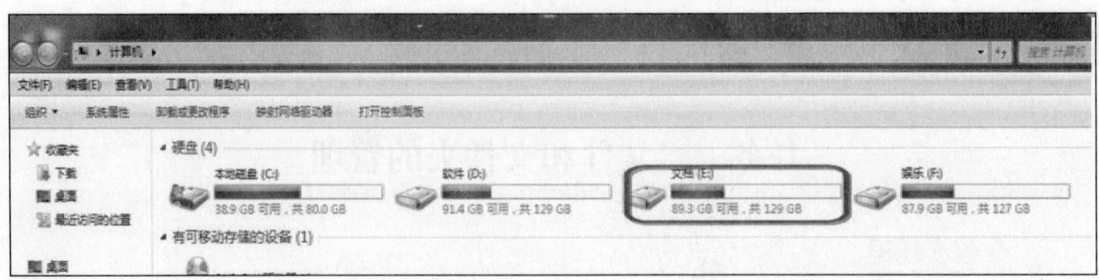

图 2-2　E 盘

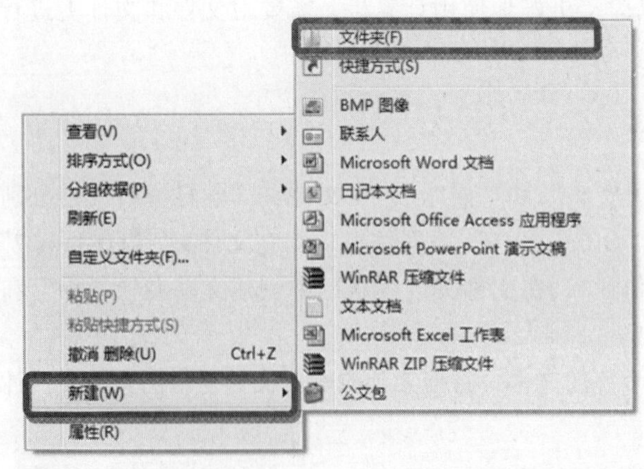

图 2-3　新建文件夹

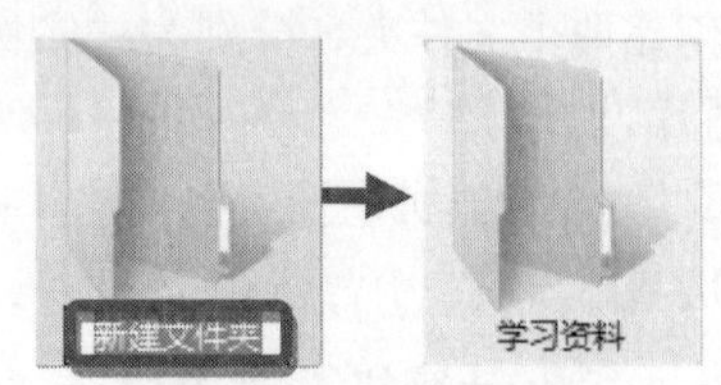

图 2-4　输入文件夹名

④ 用同样的方法创建文件夹“娱乐”“计算机基础”“Windows7”“网络”“Office2010”“实例”“作业”“图片”和“音乐”等文件夹，如图 2-5 所示。

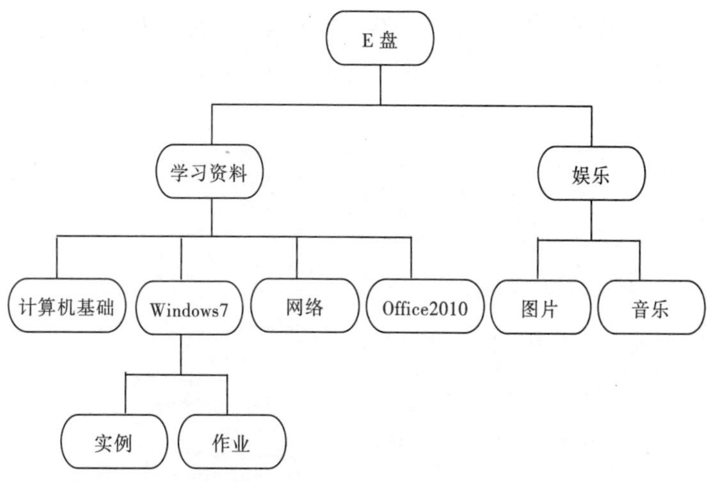

图 2-5　文件夹树状结构图

二、在计算机中搜索包含“计算机”三个字的文件，将搜索到的所有文件复制到文件夹“计算机基础知识”中

① 单击“开始”菜单，在搜索框中输入关键词“计算机”，可自动开始搜索，搜索结果会即时显示在搜索框上方的开始菜单中，并会按照项目种类进行分门别类，如图 2-6 所示。

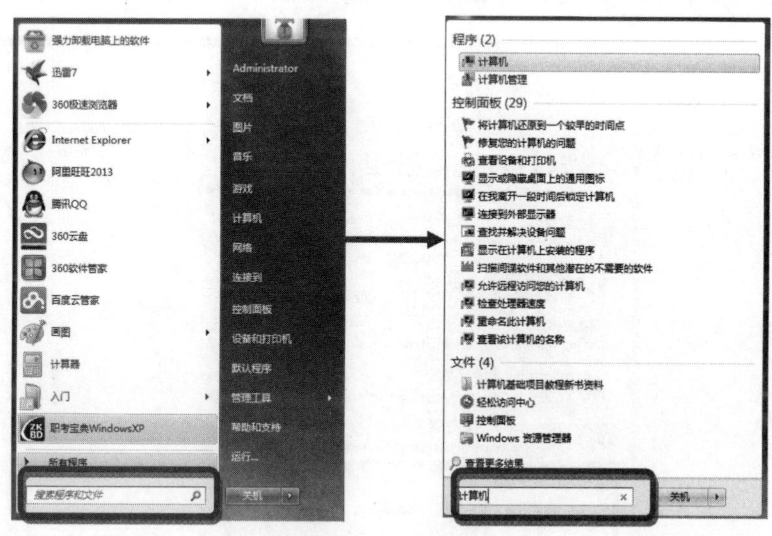

图 2-6　文件的搜索

② 选中所有文件，右击，从弹出的快捷菜单中选择“复制”命令，再打开文件夹“计算机基础知识”，在空白处右击，选择“粘贴”命令，即可完成，如图 2-7 所示。

操作提示：

① 搜索结果还可根据输入关键词的不同而变化，例如将关键词改成“文件”时，搜索结果会即刻改变，很是智能化。

② 当搜索结果充满开始菜单空间时，还可以点击“查看更多结果”，在资源管理器中看到更多的搜索结果，以及搜索到对象的数量。

③ 在 Windows 7 中还设计了再次搜索功能，即在经过首次搜索后，搜索结果太多时，可以再次进行搜索，可以选择系统提示的搜索范围，如库、家庭组、计算机等，也可以自定义搜索范围，如图 2-8 所示。

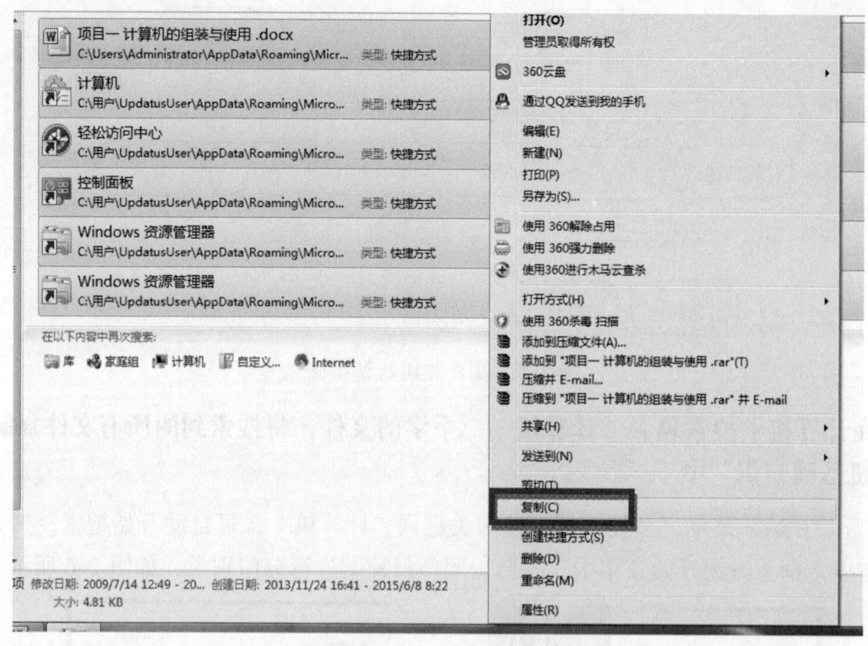

图 2-7 显示文件

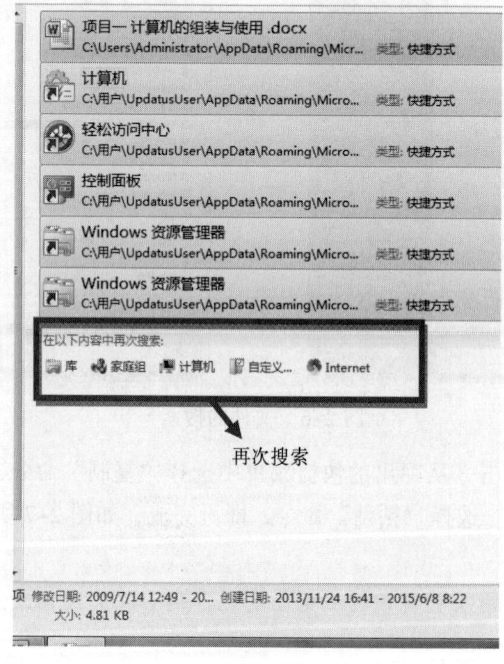

图 2-8 搜索文件

任务二　从网络中下载音乐和图片并进行管理

任务描述

计算机的功能之所以如此强大，是因为计算机与计算机之间可以通过网络实现资源的共享。用户在使用计算机时不仅可以使用本台计算机中的资源，还可以通过网络下载其他计算机中的资源。

任务实施

① 双击打开 360 浏览器，选择“音乐”选项卡并在搜索栏输入“我的中国心”（见图 2-9），搜索到该歌曲。

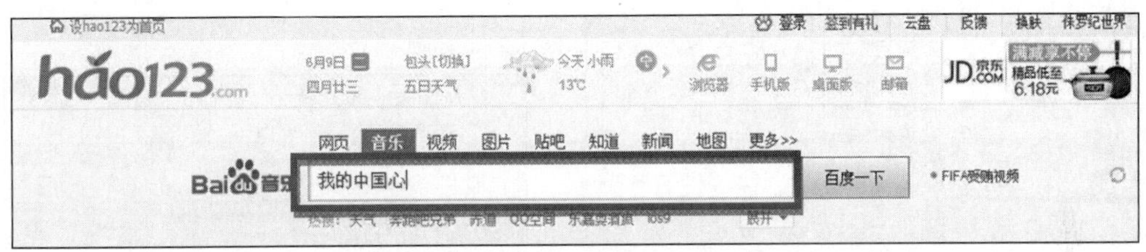

图 2-9　歌曲搜索

② 在搜索到的相关歌曲中选择一个，从歌曲名称右侧的按钮中选择“下载”按钮，打开音乐“下载”页面，进行下载，如图 2-10 所示。

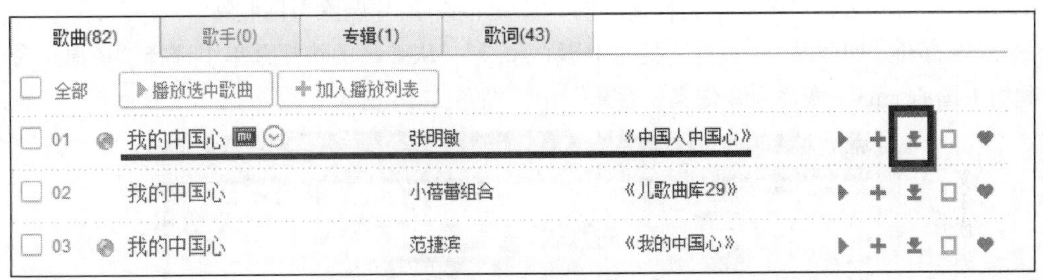

图 2-10　歌曲下载

③ 在“下载”页面选择“下载”按钮，打开“新建下载任务”，在“文件名”框中填写“我的中国心.mp3”，在“下载到”框中选择“娱乐\音乐”，将音乐存储到文件夹中，如图 2-11 所示。

④ 用类似的方法下载图片“长城.jpg”，保存到文件夹“图片”中。

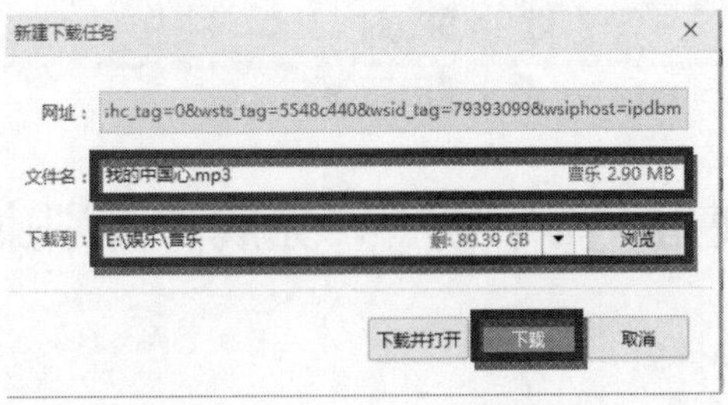

图 2-11　歌曲下载页面

⑤ 双击打开“计算机”，选择 E 盘，打开文件夹“娱乐\音乐”，选中文件“我的中国心.mp3”，

并右击，在弹出的快捷菜单中选择“删除”命令，如图 2-12 所示。

⑥ 选择“删除”命令后，出现“删除文件”对话框，在对话框中单击“是”按钮进行删除，如图 2-13 所示。

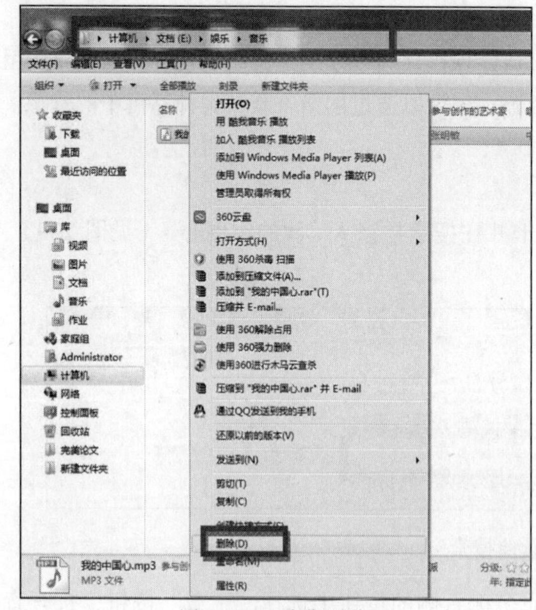

图 2-12 歌曲删除

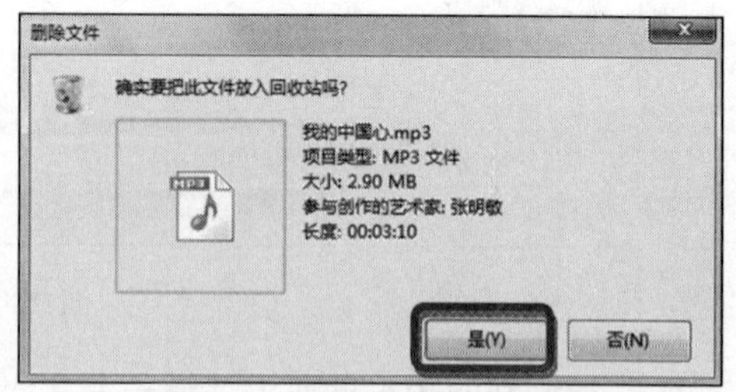

图 2-13 “删除文件”对话框

⑦ 用相同的方法将“图片”文件夹中的“长城.jpg”图片删除至回收站。

⑧ 双击打开“回收站”，右击“我的中国心.mp3”，从弹出的快捷菜单中选择“还原”命令，将“我的中国心.mp3”恢复到文件夹“音乐”中，如图 2-14 所示。

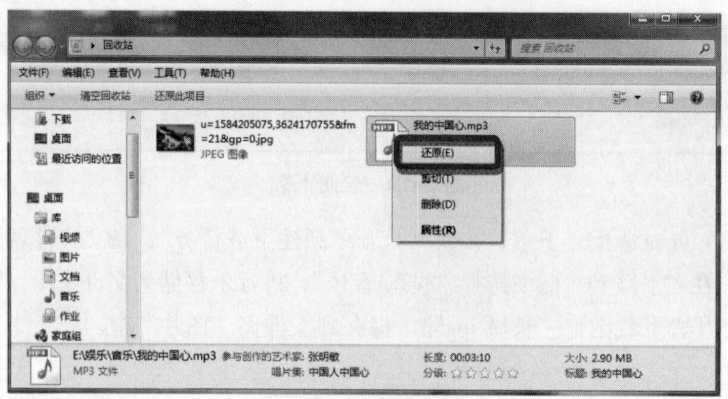

图 2-14 文件的还原

任务三 使用“写字板”，完成“再别康桥”作品

Windows 7 自带的写字板是十分简单快捷的文字处理程序。利用它可以进行输入文本、设置文本的格式、插入图片等编辑工作，将作品保存到文件夹“Windows 7\作业”中，效果如图 2-15 所示。

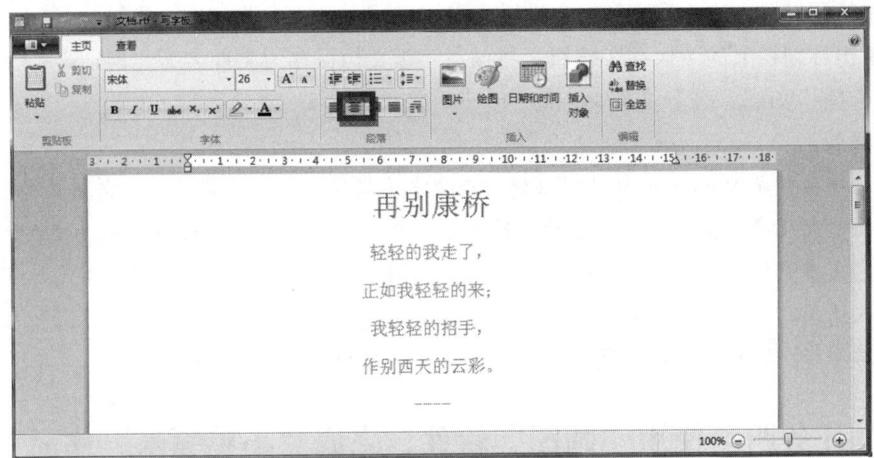

图 2-15 再别康桥效果图

① 选择“开始”→“所有程序”→“附件”→“写字板”命令，打开“写字板”应用程序，系统将自动新建一个“文档-写字板”的文件，在工作区中输入文字“再别康桥”，如图 2-16 所示。

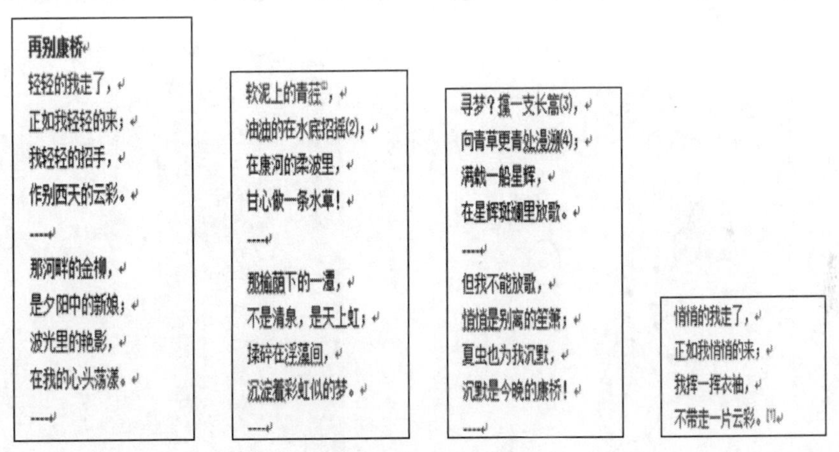

图 2-16 输入文字

② 将全部文字选中，选择工具栏中的“居中”按钮，将所有文字居中对齐，见图 2-15。

③ 选中题目，在“主页”选项卡的“字体”组中，设置字体格式：宋体、加粗、26 号、颜色为“职业蓝”，如图 2-17 所示。

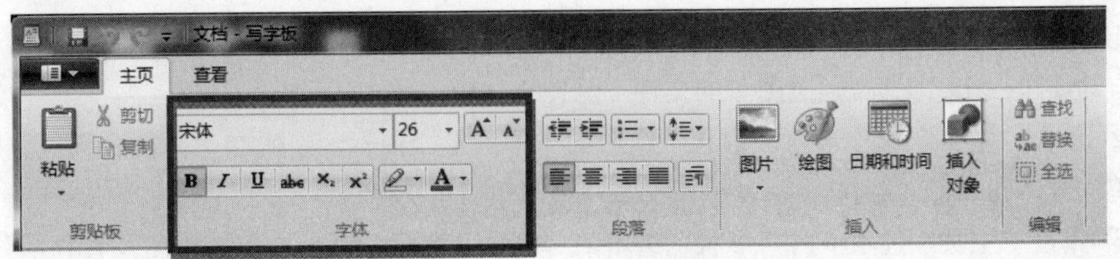

图 2-17 设置文字格式

④ 按标题设置方法，将文章内容设置为宋体、16 号、颜色为“职业浅绿”。

⑤ 单击标题栏上的“保存”按钮，将该写字板文档保存为文件名为“再别康桥.rtf”文件，存储位置选择“Windows 7”文件夹中的“作业”文件夹。

操作提示：

①“写字板”是 Windows 附件提供的一个文本编辑器，适于编辑具有特定格式的短小文档。写字板的功能比记事本强大，支持多种文件类型，包括.doc、.rtf、.wri、.txt 等，其默认的文件类型为多信息文本文件（.rtf）格式的文档。它编辑和保存的文档可以设置不同的字体和段落格式，还可以插入图形，具备了编辑较复杂文档的基本功能。

②“写字板”窗口主要由标题栏、选项卡、功能组和工作区四部分组成。

任务四　使用“画图”软件，完成“小鸡啄米”作品

任务描述

Windows 7 自带的“画图”程序是一个简单实用的图像编辑器，可用于绘制图像，也可以对计算机中保存的图像进行编辑修改，将作品保存在文件夹“Windows7\作业”中，效果如图 2-18 所示。

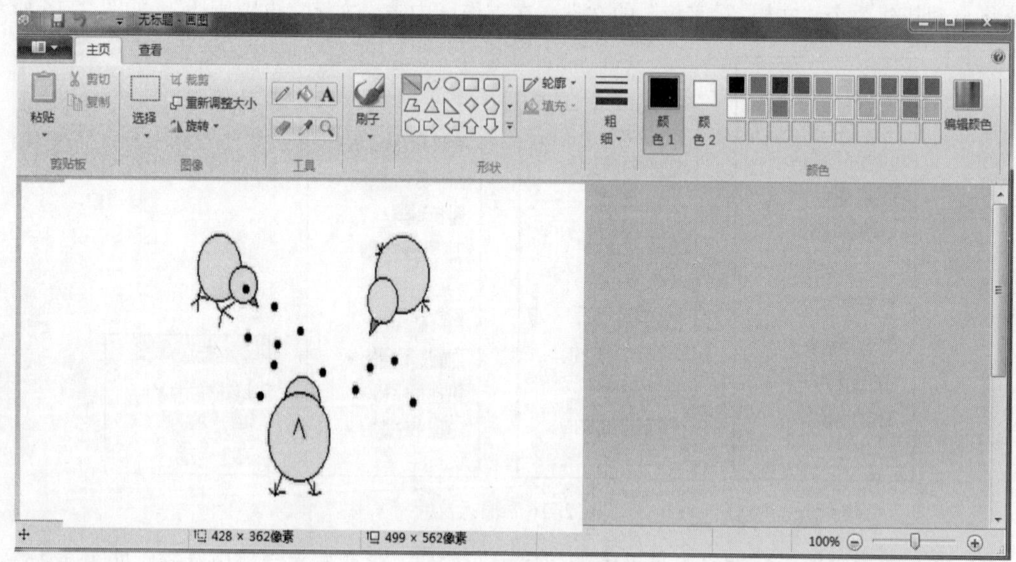

图 2-18　小鸡啄米效果图

任务实施

① 选择“开始”→“所有程序”→“附件”→“画图”命令，打开“画图”应用程序，系统将自动新建一个“无标题-画图”的文件（见图 2-18）。

② 单击“主页”选项卡内“形状”组中的“椭圆形”图标，在画布上画两个椭圆，完成一只小鸡的身体和头部的制作。

③ 单击“主页”选项卡内“形状”组中的“刷子”图标，画出小鸡的眼睛及食物部分。

④ 单击“主页”选项卡内“形状”组中的“直线”图标，画出小鸡的脚及嘴部分。

⑤ 单击“主页”选项卡内“形状”组中的“填充”图标，给小鸡的身体及头部分填充“黄”颜色，如图 2–19 和图 2–20 所示。

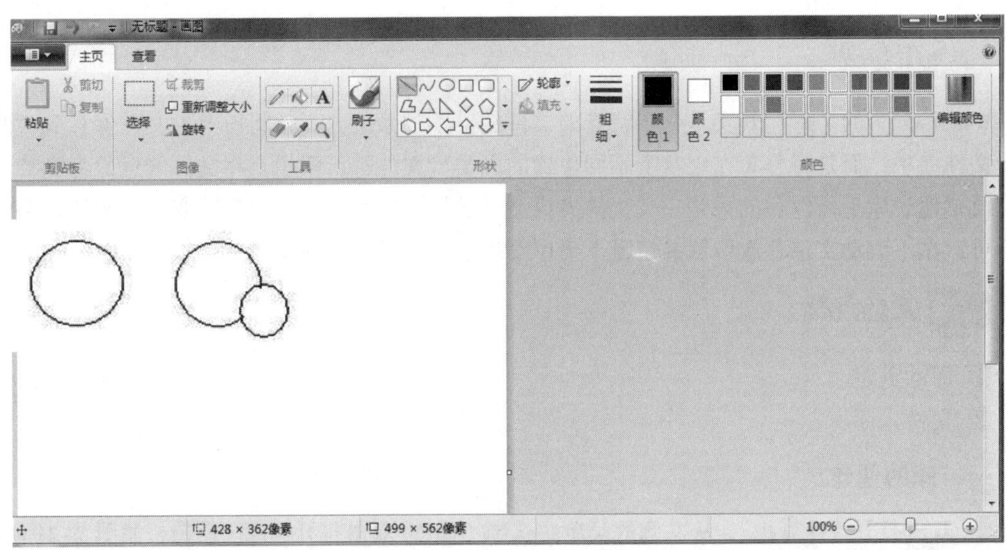

图 2–19　画图过程（1）

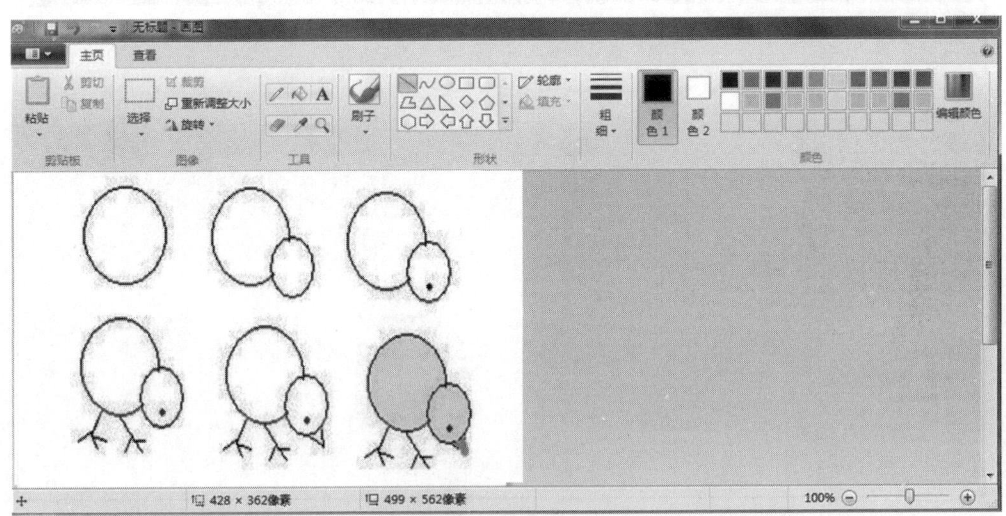

图 2–20　画图过程（2）

⑥ 用相同的方法画出另外两只，将三只小鸡按照效果图进行布局。

⑦ 单击标题栏上的“保存”按钮，将该图片保存为文件名为“小鸡啄米.png”的文件，存储位置选择文件夹“Windows 7”中的文件夹“作业”。

操作提示：

① “画图”工具是 Windows 附件中提供的可以绘制多种格式图片的画图工具，它所处理的图像以文件的形式保存起来，常见的图像文件有 BMP、JPG 和 GIF 等格式。

② “画图”窗口主要由标题栏、菜单栏、工具箱、绘图区等部分组成。

③ 若要将整个屏幕的图片都复制到剪贴板上可以按【PrintScreen】键。

任务五 库的创建、文件入库

任务描述

Windows 7 的“库”其实是一个特殊的文件夹，不过系统并不是将所有的文件保存到“库”这个文件夹中，而是将分布在硬盘上不同位置的同类型文件进行索引，将文件信息保存到“库”中，简单地说库里面保存的只是一些文件夹或文件的快捷方式，这并没有改变文件的原始路径，这样可以在不改动文件存放位置的情况下集中管理，提高了工作效率。

任务实施

① 库的创建。

② 文件入库。

一、库的创建

① 双击打开“计算机”，从左侧的菜单中选择“库”，双击打开“库”窗口，如图 2-21 所示。

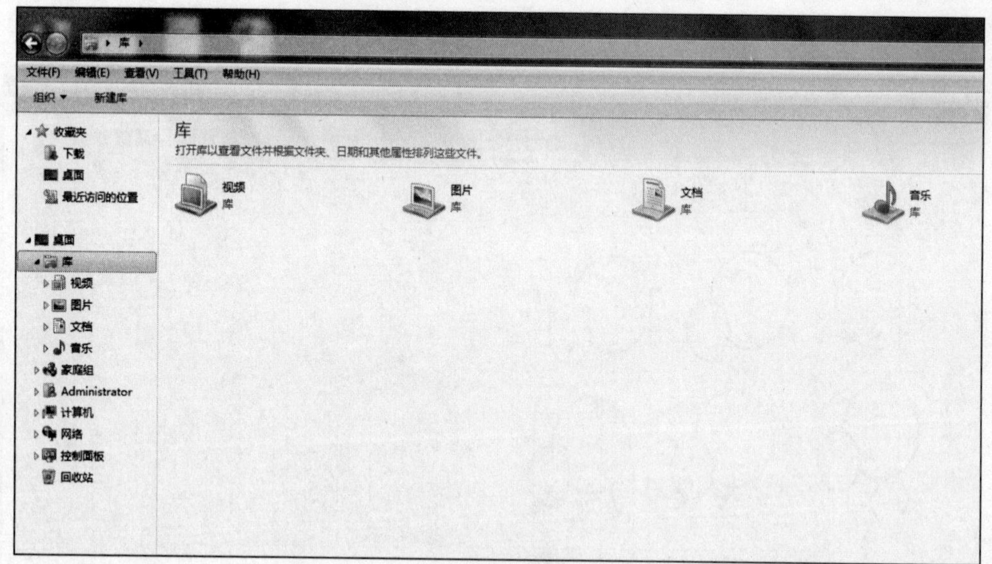

图 2-21 库

② 在空白处右击，从弹出的快捷菜单中选择“新建”→“库”命令，如图 2-22 所示。

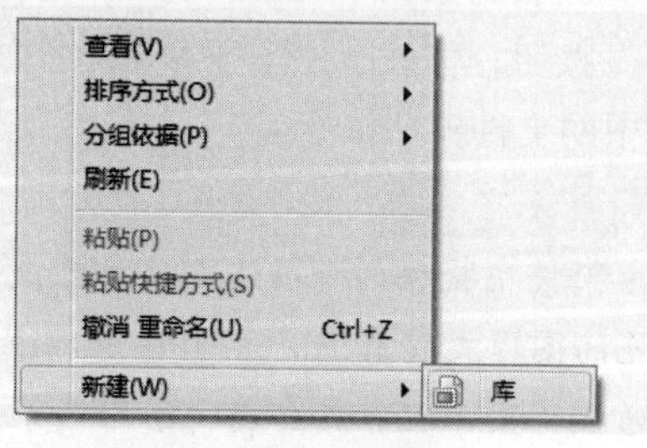

图 2-22 新建库

③ 使用重命名文件夹的方法将新建库的名称改为“作业”，如图 2-23 所示。

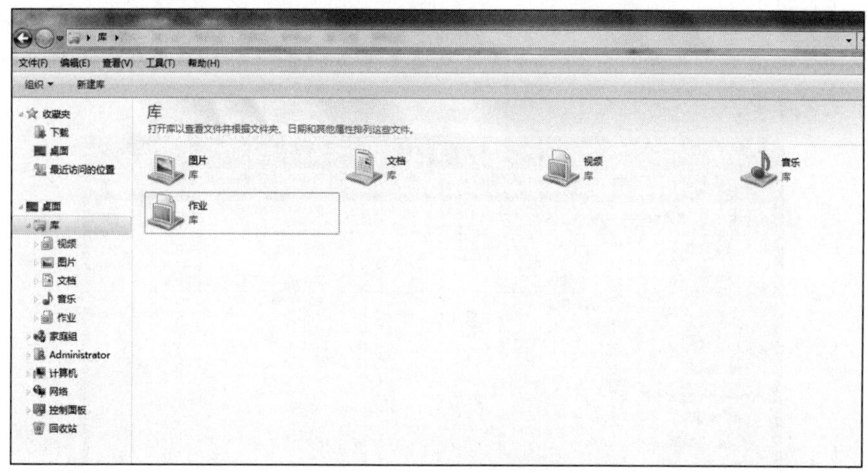

图 2-23　库的重命名

二、文件入库

① 在“作业”库上右击，从弹出的快捷菜单中选择“属性”命令，打开“属性”对话框，单击“包含文件夹”按钮，即打开“将文件夹包括在‘作业’中”对话框，如图 2-24 所示。

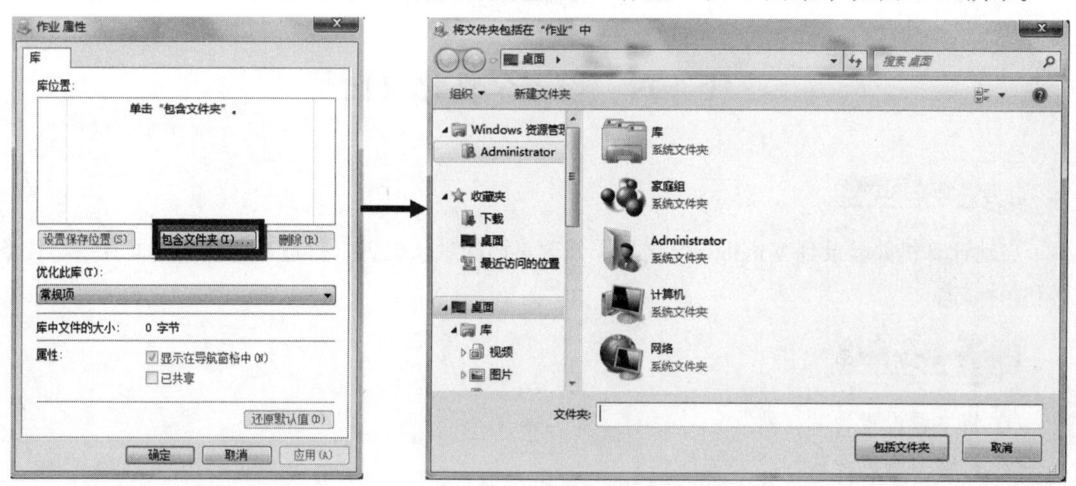

图 2-24　“作业”库属性

② 在“将文件夹包括在‘作业’中”对话框中选择“计算机\E 盘\学习资料\Windows 7 操作系统\作业”文件夹，单击“包括文件夹”按钮，将该文件夹包含到库“作业”中，如图 2-25 所示。

操作提示：

“库”的出现，改变传统的文件管理方式，简单地说，库是把搜索功能和文件管理功能整合在一起的一个进行文件管理的功能。“库”所倡导的是通过搜索和索引访问所有资源，而非按照文件路径、文件名的方式来访问。搜索和索引就是建立对内容信息的管理，让用户通过文档中的某条信息来访问资源。抛弃原先使用文件路径、文件名来访问，这样以来我们并不需要知道这个文件的文件名和路径，就能方便地找到。

简单地讲，文件库可以将需要的文件和文件夹统统集中到一起，就如同网页收藏夹一样，只要单击库中的链接，就能快速打开添加到库中的文件夹——而不管它们原来深藏在本地计算机或局域网当中的任何位置。另外，它们都会随着原始文件夹的变化而自动更新，并且可以以同名的形式存在于文件库中。

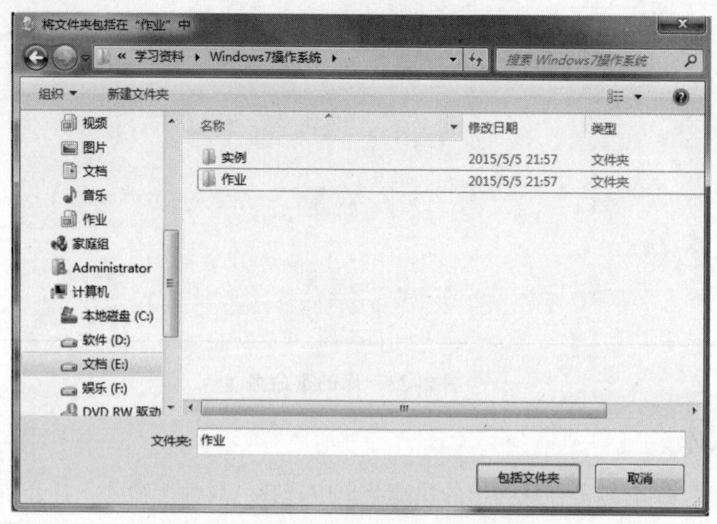

图 2-25　将文件夹包括在"作业中"

任务六　设置个性化桌面

任务描述

启动计算机并登录到 Windows 7 之后，修改桌面的默认设置，打造个性化的桌面背景、任务栏和图标等。

任务实施

① 将主题设置为"自然"。

② 将窗口颜色设置为"大海"。

③ 将任务栏设置为"自动隐藏"状态。

④ 将桌面背景设置为下载的图片"长城.jpg"。

⑤ 将屏幕保护程序设置为"气泡""等待一分钟"。

⑥ 将系统日期时间设置为"2015/3/6 14:45:50"。

⑦ 在任务栏中添加程序"360 浏览器"。

⑧ 添加桌面小工具"天气"和"日历"。

一、设置主题、窗口颜色、任务栏

① 在桌面的空白处右击，从弹出的快捷菜单中选择"个性化"命令，打开"个性化"设置窗口，如图 2-26 和图 2-27 所示。

图 2-26　"个性化"选项

② 从主题选项中选择“自然”，完成主题的设置，如图 2-27 所示。

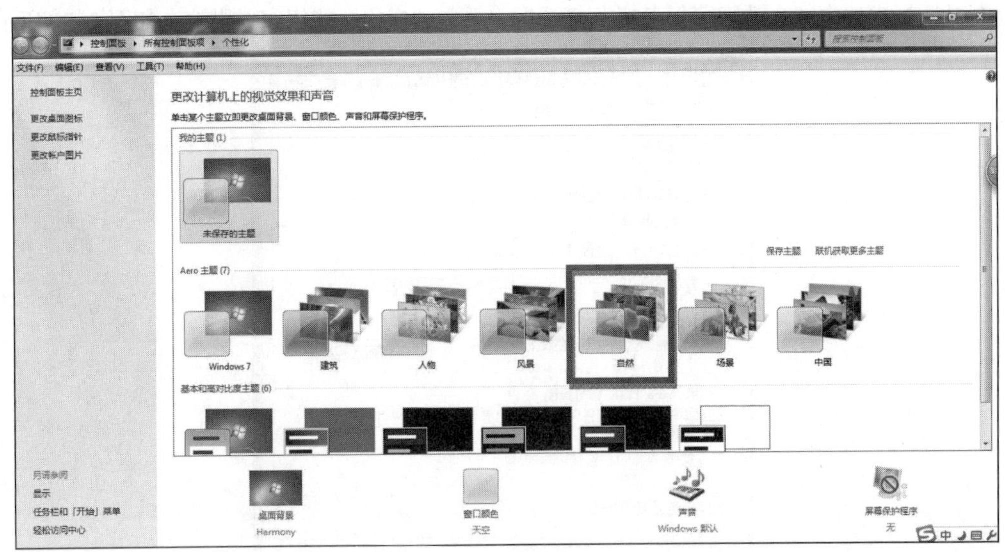

图 2-27　“个性化”窗口

③ 在“个性化”设置窗口中单击“窗口颜色”选项，打开设置“窗口颜色”的窗口，如图 2-28 所示。

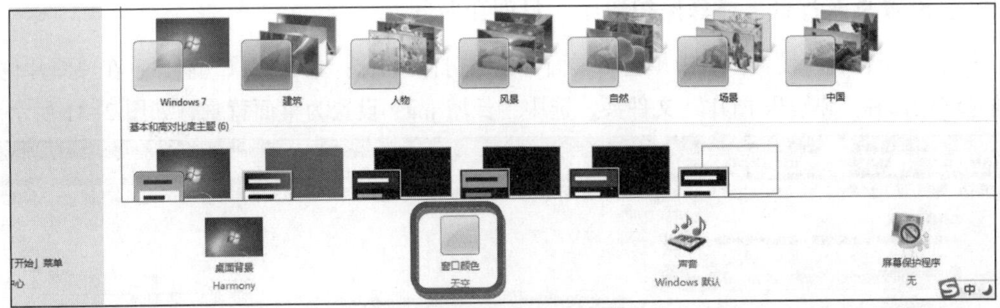

图 2-28　窗口颜色

④ 在“窗口颜色”窗口中选择颜色“大海”，完成窗口颜色的设置，如图 2-29 所示。

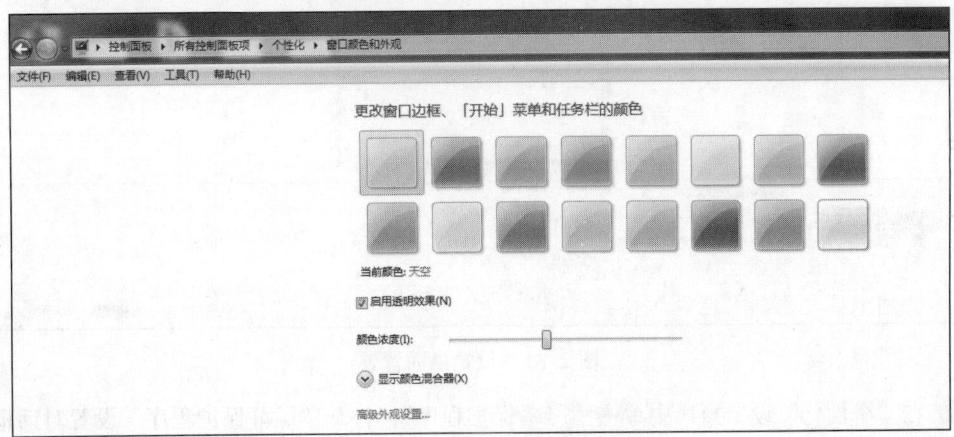

图 2-29　选择颜色

⑤ 单击图片中的“任务栏和「开始」菜单”按钮，打开“任务栏和「开始」菜单属性”对话框，在对话框中选中“自动隐藏任务栏”复选框，单击“应用”按钮完成设置，如图 2-30 所示。

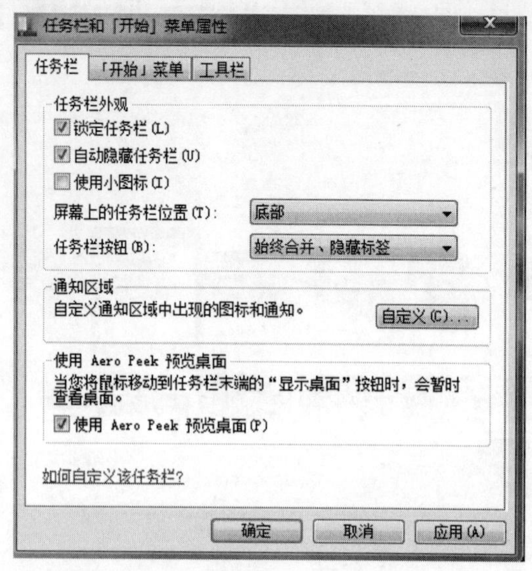

图 2-30　任务栏和“开始菜单”属性

二、设置桌面背景、屏幕保护程序、日期和时间

① 在“个性化”设置窗口中单击“桌面背景”，打开“选择桌面背景”窗口，在“图片位置”中通过浏览选择“E\娱乐\图片”文件夹，选中“长城.jpg”设置为桌面背景，如图 2-31 所示。

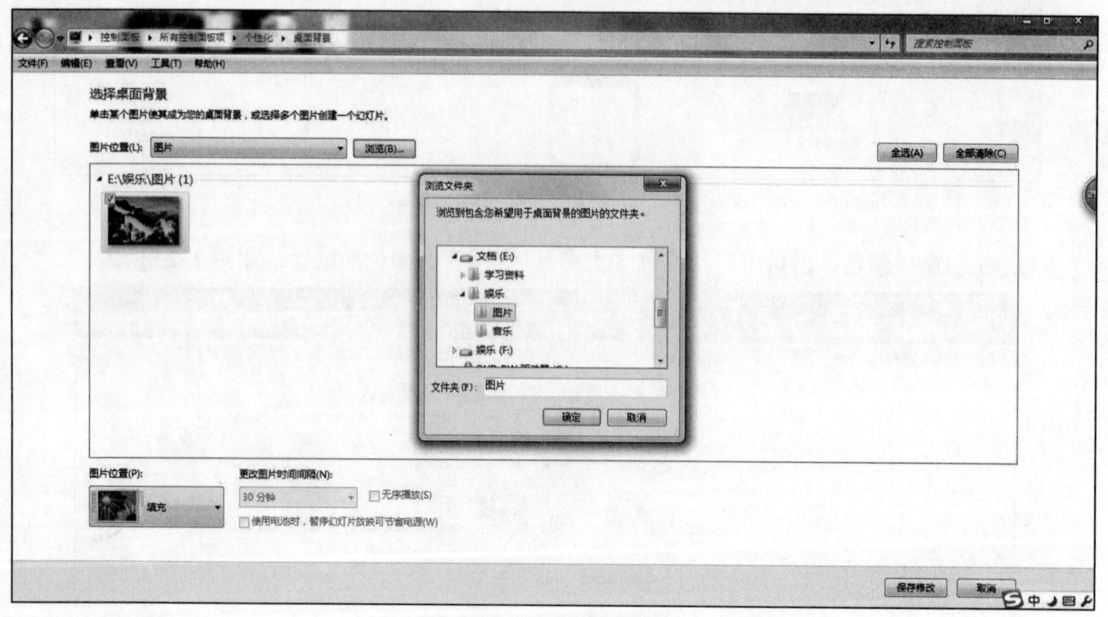

图 2-31　设置桌面背景

② 在“个性化”设置窗口中单击“屏幕保护程序”，打开“屏幕保护程序”设置对话框，屏幕保护程序选择“气泡”，等待时间设置为“1 分钟”，如图 2-32 所示。

图 2-32 屏幕保护程序

③ 在“个性化”设置窗口中选择“控制面板主页”，再选择“日期和时间”，打开“日期和时间”设置对话框，将日期和时间设置为“2015/5/5 15:45:05”，如图 2-33 所示。

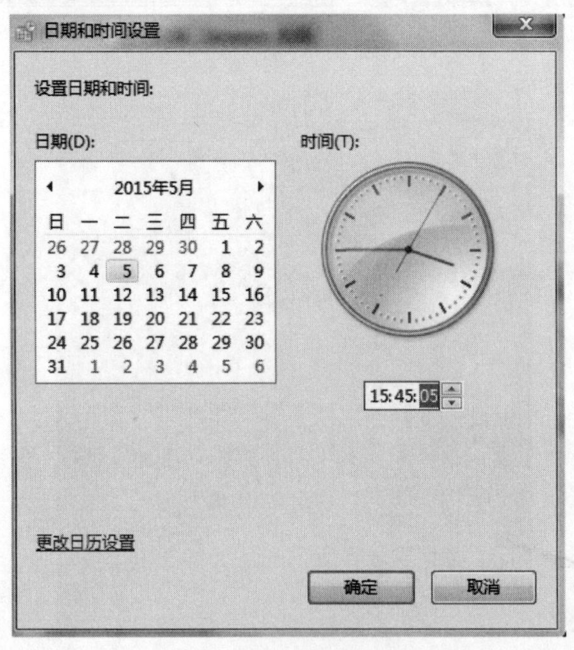

图 2-33 日期和时间设置

三、添加“360 浏览器”和桌面小工具

① 将桌面上的“360 浏览器”快捷方式拖放到“任务栏”左侧，即可完成“360 浏览器”快速启动的设置，如图 2-34 所示。

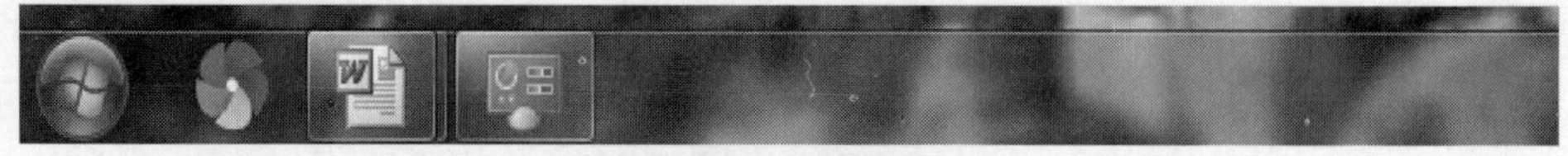

图 2-34　快速启动栏

② 在桌面的空白处右击，从弹出来的快捷菜单中选择“小工具”命令，打开“小工具”窗口，从多个小工具中选择“时钟”和“日历”，拖放到桌面合适的位置，如图 2-35 和图 2-36 所示。

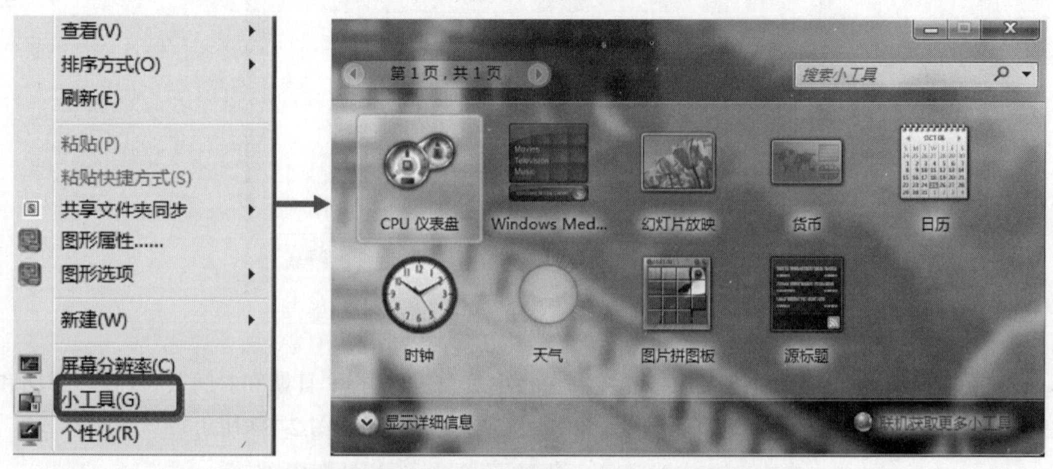

图 2-35　小工具

图 2-36　日历和时钟

任务七 360 杀毒软件和安全卫士的使用

任务描述

360 杀毒是由 360 安全中心与国际知名安全厂商 BitDefender 联合推出的一款安全工具，BitDefender 在全球市场屡获好评，拥有全球领先的病毒查杀技术及较大的病毒特征库，加上 360 安全中心的快速响应，甚至能实现病毒特征库的小时级更新。

360 安全卫士是一款由奇虎 360 公司推出的功能强、效果好、受用户欢迎的安全软件。360 安全卫士拥有查杀木马、清理插件、修复漏洞、电脑体检、电脑救援、保护隐私等多种功能，并独创了“木马防火墙”“360 密盘”等功能，依靠抢先侦测和云端鉴别，可全面、智能地拦截各类木马，保护用户的账号、隐私等重要信息。由于 360 安全卫士使用极其方便实用，用户口碑极佳。

在安装好一台计算机后，非常有必要使用 360 杀毒软件和安全卫士来保障系统的安全和良好的性能。

任务实施

① 用 360 杀毒软件进行快速扫描。

② 用 360 安全卫士进行体检。

③ 用 360 安全卫士进行“木马查杀”。

④ 用 360 安全卫士进行“系统修复”。

⑤ 用 360 安全卫士进行“计算机清理”。

⑥ 用 360 安全卫士进行“优化加速”

⑦ 用 360 安全卫士进行“QQ”软件的卸载。

一、用 360 杀毒软件进行快速扫描

① 双击打开 360 杀毒软件，单击“快速扫描”按钮进行杀毒，如图 2-37 所示。

图 2-37 360 杀毒软件

② 扫描结束后，对扫描结果进行处理，如果发现有威胁性的文件，可单击“立即处理”按钮，对这些文件进行处理，如图 2-38 所示。

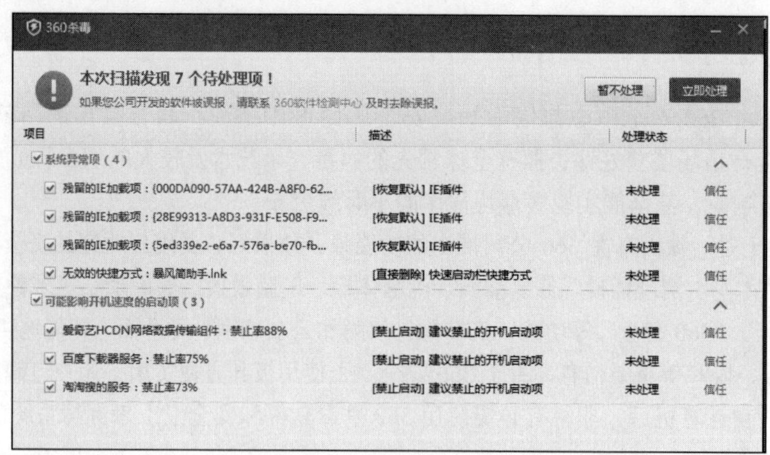

图 2-38　处理威胁性文件

③ 如没有发现有威胁性的文件，按“返回”按钮返回首页。

二、使用 360 安全卫士优化系统

① 双击打开 360 安全卫士，单击“电脑体检”选项卡，单击“立即体检”按钮，对计算机系统进行检测，如图 2-39 所示。

图 2-39　体检

② 360 安全卫士对计算机进行全方位的检测，并且在结束检测后提供一个“体检分数”及所存在问题，如图 2-40 所示。

③ 查看检测出的问题，并单击“一键修复”按钮进行修复。

④ 在 360 安全卫士窗口中，单击“木马查杀”按钮，打开“木马查杀”窗口，单击“快速扫描”选项，进行木马查杀，如图 2-41 和图 2-42 所示。

图 2-40 修复

图 2-41 木马查杀

图 2-42 进行扫描

⑤ 如果检测完之后发现有安全威胁，单击“立即处理”按钮进行处理，如图 2-43 所示。

⑥ 在 360 安全卫士的窗口中，单击“系统修复”按钮，打开“系统修复”窗口，单击“常规修复”按钮，进行系统修复，如图 2-44 所示。

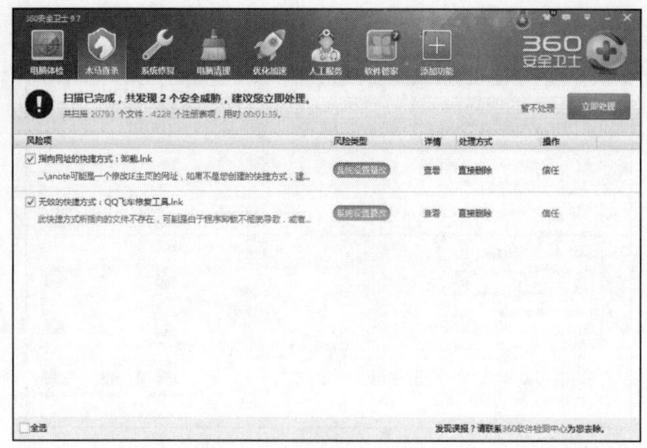

图 2-43　进行处理

图 2-44　系统修复

⑦ 若发现推荐修复的项目，单击“立即修复”进行系统修复，如图 2-45 所示。

图 2-45　立即修复

⑧ 在 360 安全卫士的窗口中，单击“电脑清理”按钮，打开“电脑清理”窗口，单击“一

键清理”按钮，进行系统清理，如图 2-46 所示。

图 2-46　电脑清理

⑨ 清理完成后，可选择返回或重新清理，如图 2-47 所示。

图 2-47　进行清理

⑩ 在 360 安全卫士的窗口中，单击“优化加速”按钮，打开“优化加速”窗口，单击“一键优化”选项，进行系统优化，如图 2-48 所示。

图 2-48　优化加速

⑪ 系统“优化加速”后，可以选择进一步进行优化，如图 2-49 所示。

图 2-49　进一步优化

⑫ 在 360 安全卫士窗口中，单击“软件管家”按钮，打开“软件管家”窗口。

⑬ 单击“软件大全”按钮，从左侧的列表框中再选择“聊天工具”，进行“QQ”软件的安装，如图 2-50 所示。

图 2-50　软件管家

⑭ 从软件的列表中选择“QQ”，单击右侧的“一键安装”按钮进行安装，如图 2-51 所示。

图 2-51　一键安装

⑮ 单击“一键安装”按钮后即可进行下载和智能安装，如图 2-52 所示。

图 2-52　下载软件

⑯ 单击“打开软件”即可运行“QQ 软件”，打开登录界面，如果已经有 QQ 账户密码，直接登录，如果没有，可以先进行注册再登录，如图 2-53 所示。

图 2-53　登录 QQ

项目总结

本项目介绍了 Windows 7 操作系统的基本应用技巧，重点在于文件的管理和利用控制面板设置系统环境。同时也介绍了系统自带的一些软件的使用方法，以及第三方的系统管理工具“360 安全卫士”和杀毒工具软件“360 杀毒”的安装和应用。这些操作方法和技巧都是用户在平时使用计算机时会经常用到的，通过本项目的实施，学生可系统掌握 Windows 7 操作系统。

项目三 家庭 Wi-Fi 环境的建立和 Internet 应用

学习目标

① 了解计算机网络的基本知识和概念，熟悉常用的网络设备。

② 熟练掌握家庭 Wi-Fi 环境的创建方法，熟悉路由器及用户终端的网络属性设置。

③ 熟练掌握利用局域网进行资源共享的方法。

④ 了解计算机病毒和计算机安全的相关知识。

⑤ 了解 Internet 的基本知识，熟练掌握浏览器和搜索引擎的使用。

⑥ 掌握电子邮件的应用。

计算机网络是 20 世纪最伟大的科学技术成就之一，其发展速度超过了其他任何一种科学技术，当前计算机网络正在成为信息化社会的基础。

所谓计算机网络，就是将多个具有独立工作能力的计算机系统通过通信设备和线路连接在一起，然后由功能完善的网络软件实现资源共享和数据通信的系统。它的功能主要表现在两方面：一是实现硬件资源和软件资源的共享；二是在用户之间交换信息。

因此，计算机网络应具备的三个要素是：功能独立的计算机、通信线路和网络协议。

项目描述

随着计算机网络技术的发展，网络成了人们生活中不可缺少的一部分，家庭办公和娱乐出现逐渐增长的趋势，家庭网络成为了热点。目前，家庭中连接 Internet 的方式主要有以下几种：ADSL 模式，利用电话网络联网，利用有线电视网络和机顶盒联网，光纤入户联网等。无论利用何种方式连接 Internet，无线上网都是人们必不可少的需求。

Wi-Fi 技术是目前使用最为广泛的无线联网方式。Wi-Fi（英文全称为 Wireless fidelity）是无线保真的缩写，它是一种短程无线传输技术，它能支持数百英尺范围内的无线电信号。

家庭内部网络是一个开放的网络环境，必须连接 Internet 才能实现家庭设备轻松上网的功能。Wi-Fi 设备即是一个无线接入点，通常包含一个有线的网络接口和无线输出接口，实现有线和无线网络之间的桥接。无线路由器是目前常用的 Wi-Fi 设备，它的作用有两个：一是连接和管理家庭网络中的各种终端，在不同的协议之间实现信息的传输；二是和外部网络连接，实现 Internet

连接，并具有保证网络安全的功能。

Wi-Fi 在家庭网络中具有以下几点优势：

① 传输速度快。Wi-Fi 传输速率可达 54 Mbit/s，足以满足家庭各种终端设备同时上网的需求。

② 无线工作。Wi-Fi 是一种无线传输协议，免去了走线布局的烦琐，使用方便。

③ 健康安全。根据 IEEE 802.11 规定，Wi-Fi 设备的功率在 100mW 以内，辐射更小更安全。

④ 应用广泛。目前，智能手机、笔记本式计算机、平板计算机、机顶盒、家庭影院及其他智能家居设备均能使用 Wi-Fi，组建家庭网络方便快捷。

目前，在大部分家庭中已经有了上网接口，如小区局域网、ADSL 宽带、光纤等，要实现分布在家中不同房间的计算机、笔记本式计算机、平板计算机、手机等设备同时上网，可以通过无线路由器建立一个 Wi-Fi 环境，将各种设备通过有线或无线的方式纳入其中，实现同时上网的目的。同时，还可以实现打印机、磁盘和文件夹的共享等功能。

项目分析

通过本项目的实施，可熟悉与网络相关的设备，了解其功能和性能指标，掌握 Wi-Fi 环境的建立、局域网的连接和资源共享，以及 Internet 的基本应用技巧。具体要完成以下任务：

任务一：准备所需的网络硬件设备

任务二：利用路由器组建家庭 Wi-Fi 环境

任务三：在局域网中共享资源

任务四：计算机网络安全

任务五：Internet 应用

任务六：收发电子邮件

相关知识点

① 网络相关的硬件设备的功能和性能指标。

② 无线路由器的连接和设置。

③ Wi-Fi 的连接。

④ 局域网的构建及资源共享。

⑤ 网络安全的相关知识。

⑥ 浏览器及搜索引擎的使用，资源下载。

⑦ 电子邮件的应用。

项目实施

任务一 准备所需的网络硬件设备

任务描述

在家庭网络中除了计算机终端以外，还有一些网络硬件设备是组建网络所必需的。本任务主要介绍一下所用的网络设备，以及它们的功能、指标、价格等。

① 准备网卡。

② 准备路由器。

③ 准备 ADSL 调制解调器。

④ 准备双绞线和 RJ-45 水晶头。

一、准备网卡

网卡又称网络接口适配器，是计算机与传输介质的接口。有线连接的计算机需要安装目前广泛使用的以太网卡，接口为 RJ-45 接口（用于双绞线连接），如图 3-1 所示。以太网卡最主要的参数是传输速率，目前常见 10/100/1000 Mbit/s 网卡。

笔记本式计算机通常内置无线网卡。如果台式机也想使用无线方式连接，可使用外置的 USB 接口无线网卡。图 3-2 所示 TP-LINK 无线网卡，传输速率为 150 Mbit/s。

图 3-1 以太网卡

图 3-2 TP-LINK 150M 无线 USB 网卡

二、准备路由器

路由器是组建家庭 Wi-Fi 网络最重要的网络设备，它是一个集共享接入网关、防火墙和交换机于一身，性能相对强大，具备完善的网络服务功能的设备。宽带路由器一般有 1 个 WAN 接口，连接 Internet；4 个 LAN 接口，有线连接家庭中的台式机或笔记本式计算机，不需要另外配置服务器和交换机。目前适合家庭使用的宽带路由器，分为无线路由器和有线路由器，Dlink 无线路由器如图 3-3 所示。

图 3-3 Dlink 路由器

三、准备 ADSL 调制解调器

ADSL 调制解调器是在发送端通过调制将数字信号转换为模拟信号，而在接收端通过解调再将模拟信号转换为数字信号的一种装置。ADSL 调制解调器，是为 ADSL（非对称用户数字环路）提供调制数据和解调数据的机器，ADSL 调制解调器如图 3-4 所示。

图 3-4 ADSL 调制解调器

四、双绞线和 RJ-45 水晶头

双绞线（Twisted Pair）是由两条相互绝缘的导线按照一定的规格互相缠绕（一般以逆时针缠绕）在一起而制成的一种通用配线，属于信息通信网络传输介质。铜导线两两绞缠在一起，是为了抵消相邻线对之间的电磁干扰和减少近端串扰。

RJ-45 是接头的一种类型（例如：RJ-11 是电话上用的接头的一种类型），RJ-45 接口通常用于数据传输，最常见的应用为网卡接口。

网线有两种做法：一种是交叉线，一种是平行（直通）线。交叉线的做法是：一头采用 568A 标准；一头采用 568B 标准。平行（直通）线的做法是：两头同为 568A 标准或 568B 标准，（一般用到的都是 568B 平行（直通）线的做法）。

568A 标准：白绿、绿、白橙、蓝、白蓝、橙、白棕、棕。

568B 标准：白橙、橙、白绿、蓝、白蓝、绿、白棕、棕。

注意：两种做法的差别就是白橙色（白绿色）和绿色（橙色）对换而已。

如果连接的双方地位不对等的，则使用平行（直通）线，例如计算机连接到路由器或交换机；如果连接的两台设备是对等的，则使用交叉线，例如计算机连接到计算机。

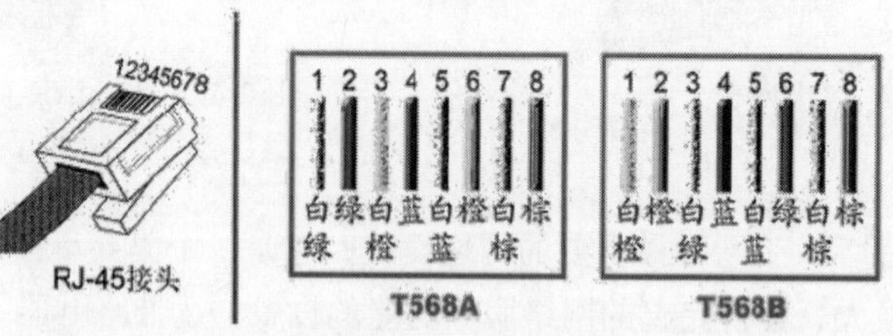

图 3-5 网线 RJ-45 接头（水晶头）排线示意图

五、准备其他网络工具

网线测试仪对双绞线逐根（对）测试，并可区分判定哪一根（对）错线、短路和开路。测试仪有两个可以分开的主体，方便连接不在同一房间或者距离较远的网线的两端。网线测试仪如图 3-6 所示。

驳线钳又称压线钳，是用来压制水晶头的一种工具，如图 3-7 所示。常见的电话线接头和网线接头都是用驳线钳压制而成的。

图 3-6　网线测试仪

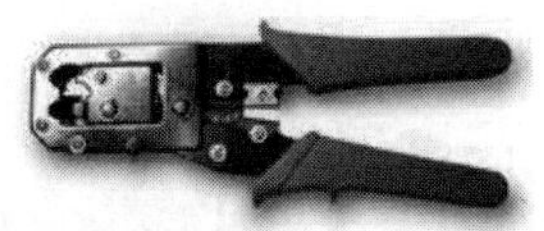

图 3-7　压线钳

任务二　利用路由器组建家庭 Wi-Fi 环境

任务描述

本任务重点完成家庭 Wi-Fi 环境的建立，介绍网络结构、硬件连接、路由器的设置、网络组件的配置、无线网络连接等知识，重点掌握路由器的设置过程，尤其是无线网络及安全的设置。

任务实施

① 确定组网方式。
② 连接网络硬件。
③ 设置无线路由器。
④ 常用无线设备连接 Wi-Fi。
⑤ 使用随身 Wi-Fi。
⑥ 设置网络有线连接和无线连接的优先顺序。

一、确定组网方式

家庭网中的计算机可能有桌面机或便携机，例如掌上计算机或笔记本式计算机等，有可能出现各种传输介质的接口，所以在网络形式上，不适宜都采用有线网络，无线接口是必须要考虑的。但如果可以明确定位在纯粹的有线网上，也可不设无线接口。所以，本任务提供有线与无线混合的组网方案，如图 3-8 所示。

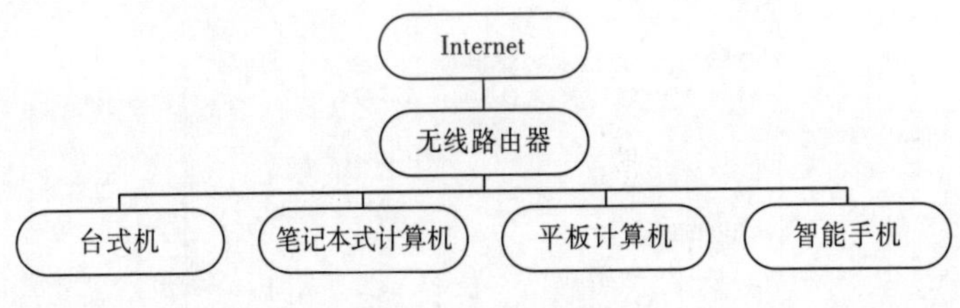

图 3-8　组网方式

二、连接网络硬件

无线路由器背部的网线接口主要有两种，如图 3-9 所示。将 Internet 接入端口（如入户的网线或 ADSL 输出的网线）接入无线路由器的 WAN 口（有无线网卡的计算机无须连接，会自动搜索到路由器）；将以太网卡的端口通过网线与路由器的 LAN 端口连接。

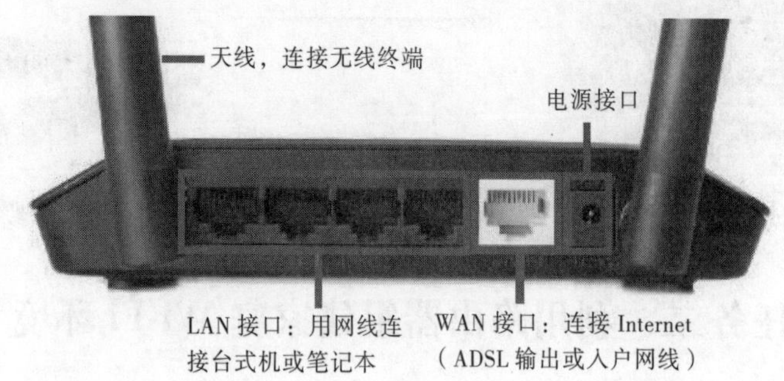

图 3-9 路由器接口

路由器工作时，其面板上的指示灯会告诉用户它的工作状态是否正常。图 3-10 介绍了各种指示灯的正常状态及其含义。

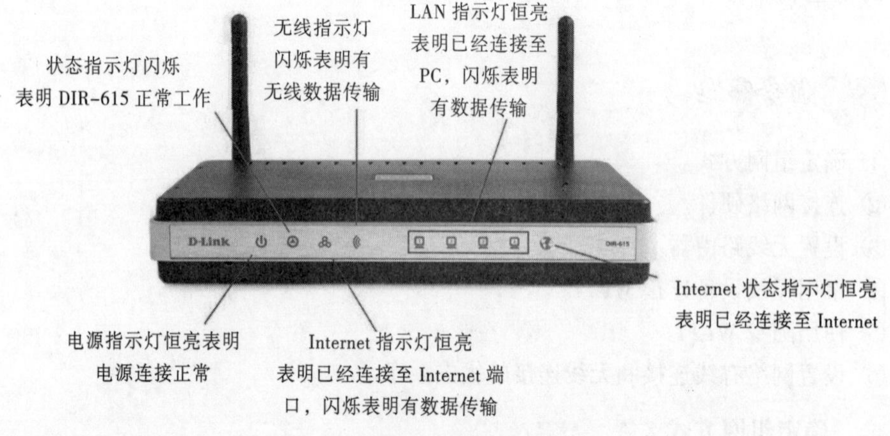

图 3-10 路由器工作状态指示灯

三、设置无线路由器

① 连接好硬件之后，在任意一台计算机上打开浏览器，输入路由器 IP 地址，一般是 192.168.1.1。用户名 admin，密码 admin，如图 3-11 所示。

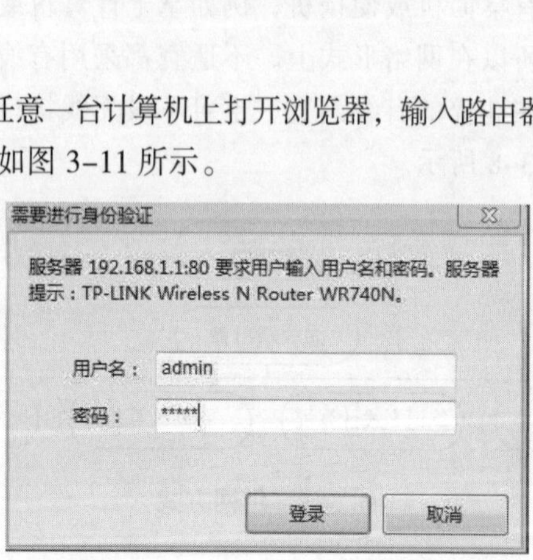

需要进行身份验证

服务器 192.168.1.1:80 要求用户输入用户名和密码。服务器提示：TP-LINK Wireless N Router WR740N。

用户名： admin

密码： *****

登录 取消

图 3-11 身份验证对话框

② 进入操作界面，会在左边看到“设置向导”（一般的都是自动弹出来），单击进入设置向导界面，如图 3–12 所示。

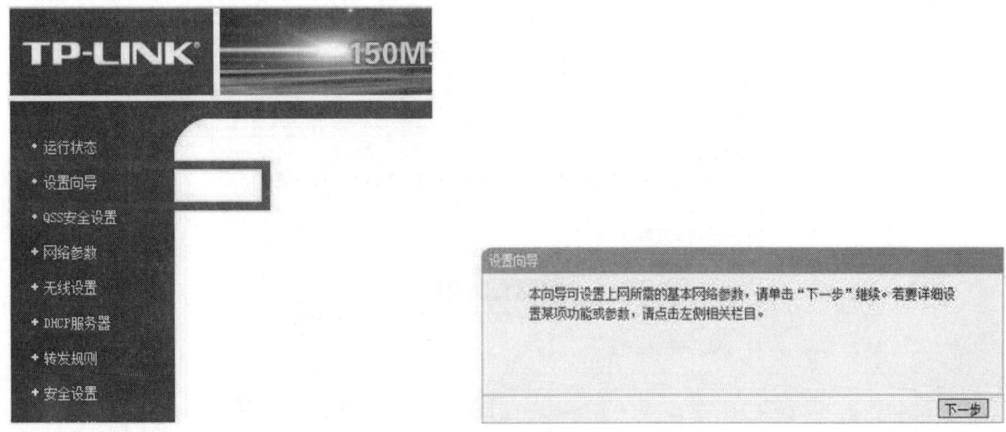

图 3–12　路由器设置向导

③ 单击“下一步”按钮，进入上网方式设置，可以看到三种上网方式，如图 3–13 所示。如果是直接在 ISP（网络服务运营商，如电信、铁通等）处申请的宽带，就选 PPPoE（通常情况）；如果是小区局域网，可根据情况选择其他选项。

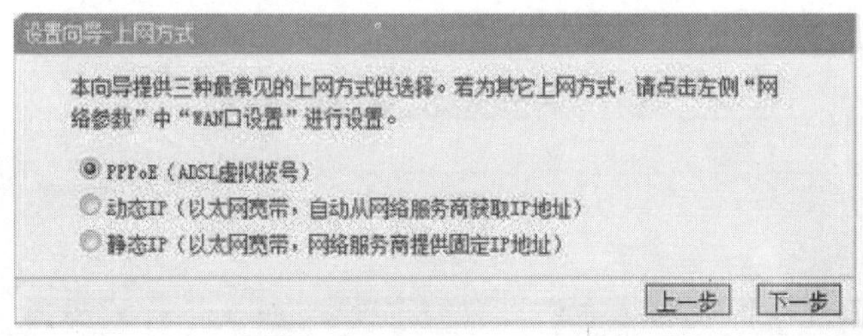

图 3–13　上网方式设置

④ 选择 PPPoE 拨号上网需要填上网账号和密码，如图 3–14 所示，这是在申请宽带时宽带运营商提供的。

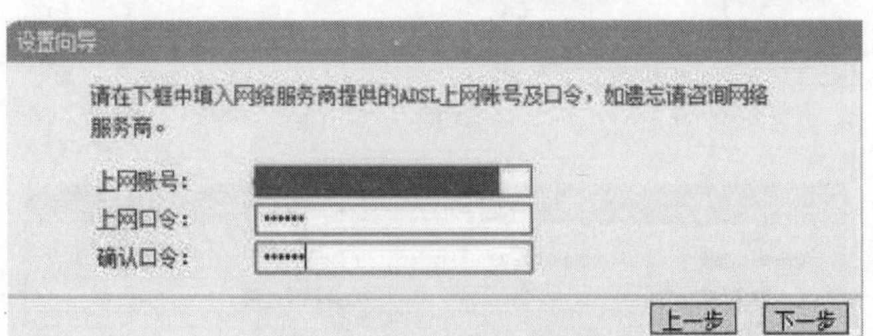

图 3–14　输入账号和密码

⑤ 单击“下一步”后进入无线设置，如图 3–15 所示，可以看到信道、模式、安全选项、SSID 等。一般 SSID 就是在连接 Wi-Fi 时所看到的名字，模式大多用 11bgn。无线安全选项要选择 WPA–PSK/WPA2–PSK，这样更安全，输入连接 Wi-Fi 时要用的密码，以保证网络安全。

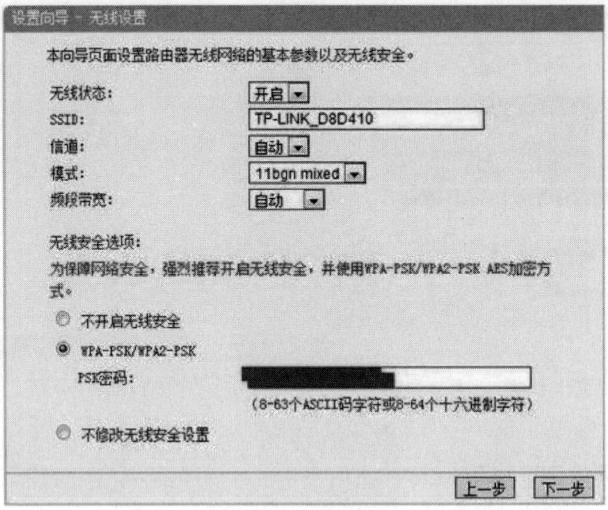

设置向导－无线设置

本向导页面设置路由器无线网络的基本参数以及无线安全。

无线状态： 开启

SSID： TP-LINK_D8D410

信道： 自动

模式： 11bgn mixed

频段带宽： 自动

无线安全选项：

为保障网络安全，强烈推荐开启无线安全，并使用WPA-PSK/WPA2-PSK AES加密方式。

不开启无线安全

WPA-PSK/WPA2-PSK

PSK密码：

（8-63个ASCII码字符或8-64个十六进制字符）

不修改无线安全设置

上一步 下一步

图 3-15 无线设置

⑥ 单击“下一步”按钮，设置完成。单击“完成”按钮，路由器会自动重启，成功后出现如图 3-16 所示的界面，显示连接成功后的信息。

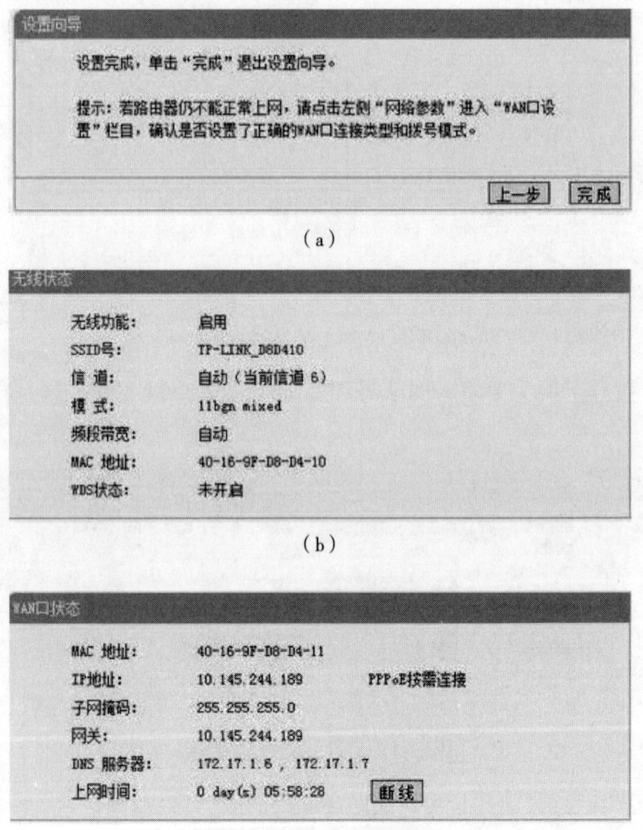

图 3-16 完成设置向导

其时，路由器参数设置中大部分选择的是默认值，用户主要修改的是以下内容：

① 上网方式：PPPoE。

② 用户名和密码：ISP 提供。

③ SSID：连接 Wi-Fi 时要找的名称。

④ Wi-Fi 密码：无线网络安全需要。

这些内容也可在操作界面左侧目录中选择网络参数→WAN 端口设置和无线设置→基本设置和无线安全设置实现。

四、常用无线终端设备连接 Wi-Fi

1. 智能手机和平板计算机连接 Wi-Fi

① 首先选择“设置”，打开系统菜单界面，选择 WLAN 菜单就进入了无线网路的设置界面，将 WLAN 开启，手机的 Wi-Fi 接收器就能自动搜索附件可连接的 Wi-Fi 热点，但都是加密的，如图 3-17 所示。

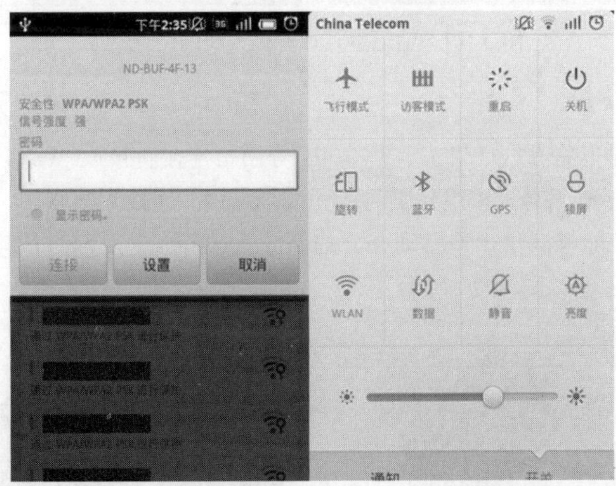

图 3-17 智能手机、平板计算机连接 Wi-Fi

② 选择要连接的 Wi-Fi 热点（也就是路由器设置的 SSID），输入正确的安全密码，则可自动连接到该热点。连接成功一次，系统会自动保存该 Wi-Fi 热点数据，下次再在该 Wi-Fi 范围内，

只要 WLAN 是开启状态，即可自动连接。

2. 笔记本式计算机连接 Wi-Fi

① 大部分笔记本式计算机均安装有内置无线网卡，并有一个开关控制。首先要确定无线网卡是打开的，然后查看桌面右下角的网络图标，有以下几种状态，如图 3-18 所示。

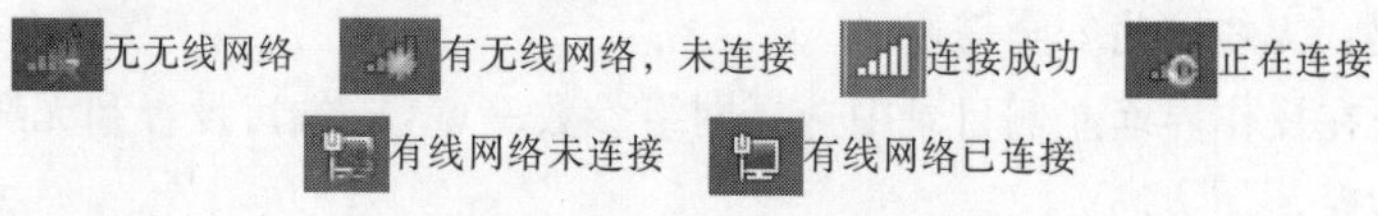

图 3-18 笔记本式记算机网络连接图标

② 单击无线网络图标，显示所有 Wi-Fi 热点列表，单击需要连接的 Wi-Fi 热点名称，再单击“连接”按钮，输入网络安全密钥。正确输入密码之后，Windows 7 系统就会自动连接这个无线网络信号，如图 3-19 所示。Windows 7 桌面右下角出现 .ııl 图标，则表示无线网络连接成功，同时，上方也会显示有 Internet 访问。

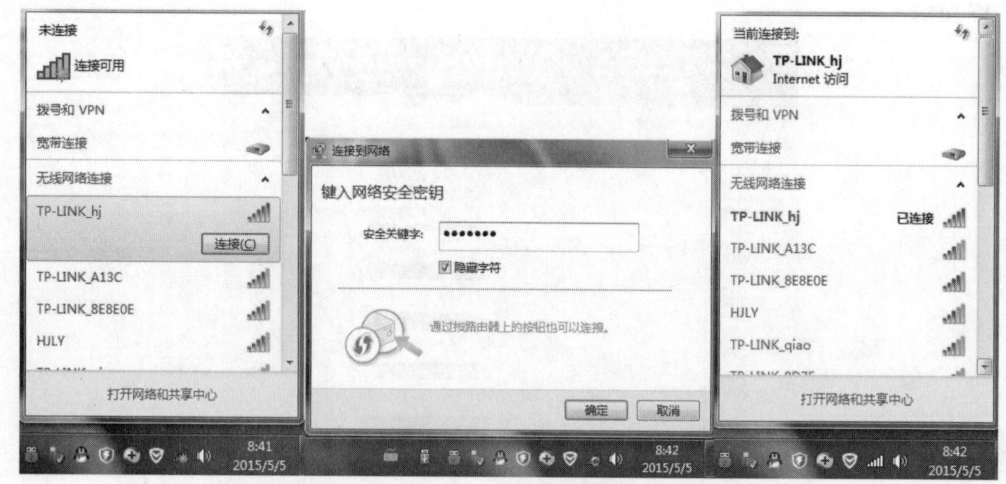

图 3-19 笔记本式计算机无线网络连接

五、使用随身 Wi-Fi

随身 Wi-Fi 就是可以将有线、2.5G、3G、4G 等网络连接转换成 Wi-Fi 信号的设备，将没有 Wi-Fi 的网络共享出 Wi-Fi 信号，来组建临时的无线局域网，连接到互联网，供给一台到多台无线上网终端使用，这样就能够满足出差移动办公的商务及旅游人士对网络依赖的需求。随身 Wi-Fi 分为 SIM 卡和 USB 两种，如图 3-20 所示。

图 3-20 随身 Wi-Fi（USB、SIM 卡）

USB 随身 Wi-Fi 用法简单，在连接到 Internet 的计算机上下载驱动程序，并将其插入 USB 接口中，系统会自动创建 Wi-Fi 热点，并提供账号和密码。这样，手机或平板计算机就可用这个 Wi-Fi 账号上网。

SIM 卡随身 Wi-Fi 需要去 ISP 购买资费比较便宜的流量卡，用户在插入 SIM 卡之后即可将网络信号转化为 Wi-Fi 信号使用。

六、设置网络有线连接和无线连接的优先顺序

当一台计算机同时装有无线网卡和有线网卡，并且计算机既能通过网线和路由器相连，也能通过无线网卡连接到路由器设置的 Wi-Fi 热点时，哪种方式起作用呢？用户可以根据需要在“网络和共享中心”设置其优先级。

① 单击桌面右下角“网络”图标，在弹出的列表下方选择“打开网络和共享中心”，在如图 3-21 所示的“网络和共享中心”窗口中单击左侧“更改适配器设置”的链接，打开“网络连接”窗口，如图 3-22 所示。

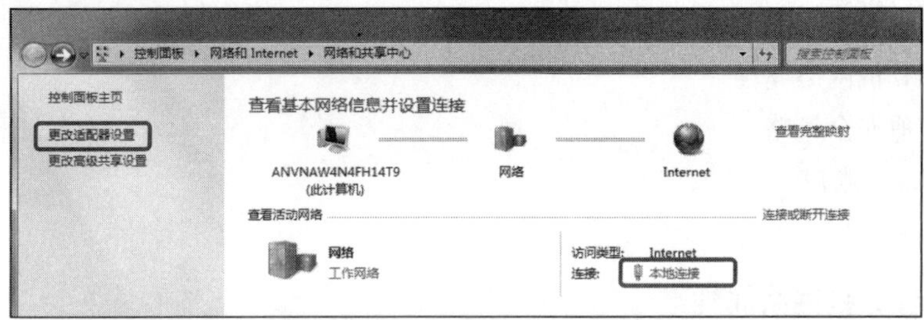

图 3-21　网络和共享中心

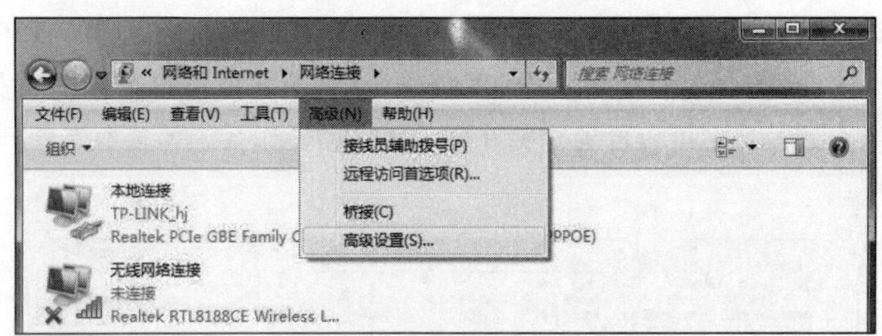

图 3-22　网络和共享中心

② 在“高级”菜单中选择“高级设置”，弹出如图 3-23 所示对话框。其中，说明连接是按照被网络服务访问的顺序排列，可用右侧绿色的箭头调整“本地连接（有线）”和“无线网络连接（Wi-Fi）”的上下位置选择哪一个优先。

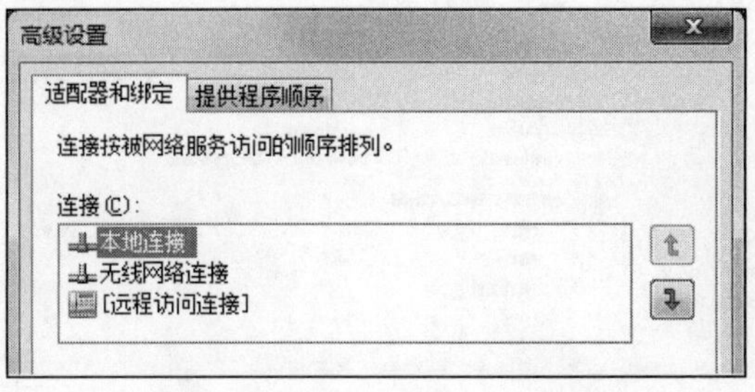

图 3-23　“高级设置”对话框

任务三　在局域网中共享资源

任务描述

局域网是学校、单位、家庭用于共享资源的最常见的网络结构。文件和打印机的共享，以及通过局域网让更多的设备连接到 Internet 是日常应用中最常见的操作。学校机房利用交换机将多台学生机连接成局域网，通过局域网与 Internet 连接的服务器实现 Internet 共享，家庭中 Internet 共享采用任务二所介绍的方法，是通过路由器实现的。

该任务学习目标是通过建立局域网实现软件和硬件资源的共享。

具体任务内容包括：设置计算机的网络组件属性，构建能够互连的局域网；调整本地安全策略，让用户能够通过局域网相互找到；掌握共享文件夹和打印机的方法。

任务实施

① 设置计算机网络属性。

② 设置本地安全策略。

③ 启用 Guest 账户。

④ 共享资源。

一、设置计算机网络属性

1. 设置计算机名称和所隶属的工作组

局域网内的计算机要想共享资源，必须隶属于同一工作组，而有不同的名字。

右击桌面上“计算机”图标，选择“属性”命令，将打开“控制面板|系统和安全|系统”窗口，如图 3-24 所示。在该窗口中可以看到有关计算机硬件和操作系统等基本信息，以及计算机名称和工作组设置情况。

图 3-24　控制面板中的系统窗口

如果要更改计算机名称或想改变计算机所在的工作组，可单击窗口中“更改设置”链接，弹出“系统属性”对话框，在“计算机名”选项卡界面，单击“更改”按钮，在弹出的“计算机名/域更改”对话框的“计算机名”文本框中输入想要的名字 polo-computer，在下方的“隶属于”中选择“工作组”，然后输入想要加入的工作组 WORKGROUP。依次单击“确定”按钮，退出设置界面，按照系统提示重新启动计算机后即生效，如图 3-25 所示。

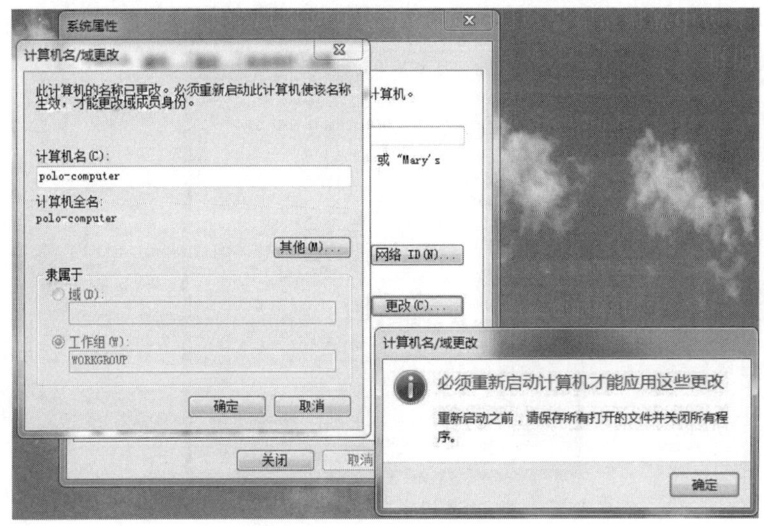

图 3-25 更改计算机属性

2. 设置本地连接属性

① 右击桌面上的“网络”图标，选择“属性”命令。也可打开如图 3-21 所示的“网络和共享中心”窗口。单击“本地连接”链接，弹出“本地连接状态”对话框，单击“属性”按钮，弹出“本地连接属性”对话框，如图 3-26 所示。

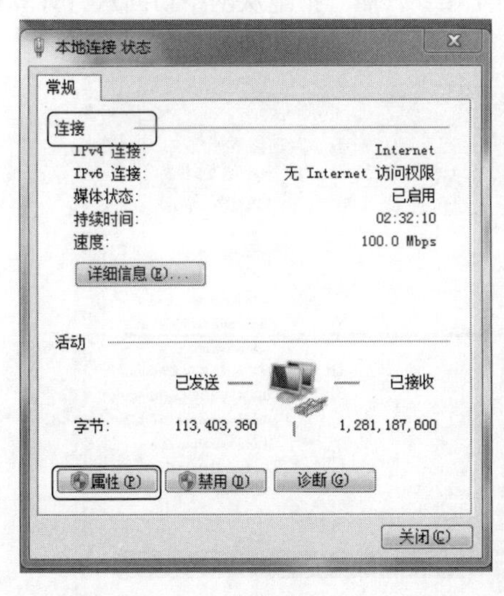

(a) 状态

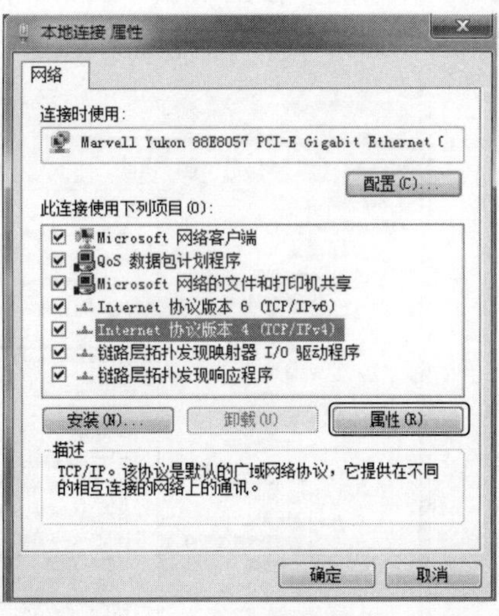

(b) 属性

图 3-26 本地连接状态和属性

② 在对话框中的“此连接使用下列项目”栏中，确保“Microsoft 网络客户端”“Microsoft 网络的文件和打印机共享”“Internet 协议版本 4（TCP/IPv4）”这三项均已加载并处于选中状态。

③ 双击“Internet 协议版本 4（TCP/IPv4）”，弹出“Internet 协议版本 4（TCP/IPv4）属性”对话框，如图 3-27 所示。选中“使用下面的 IP 地址”，输入 IP 地址 192.168.1.10，默认网关 192.168.1.1（路由器的 IP 地址），这两个地址的前三段一定要一致。子网掩码自动输入为 255.255.255.0，DNS 服务器地址 202.103.224.68，这个地址取决于使用哪一个 ISP 的网络。

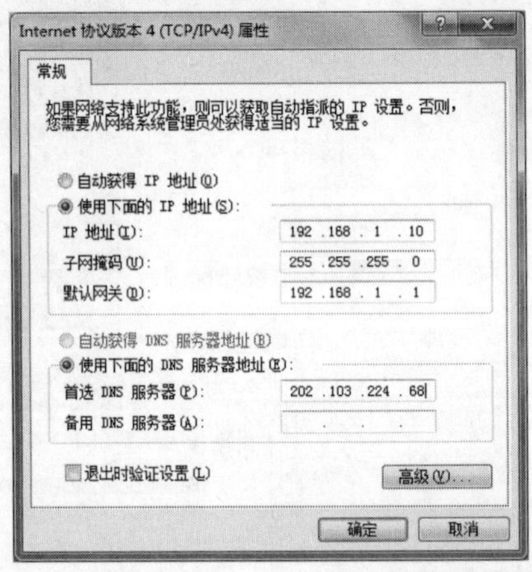

图 3-27　Internet 协议版本 4（TCP/IPv4）属性

④ 本例中因为在路由器中已设置了 DHCP 服务器，也可以选择自动获取 IP 地址和自动获取 DNS 服务器地址，然后单击“确定”按钮退出。

二、设置本地安全策略

① 选择“计算机配置”→“Windows 设置”→“安全设置”→“本地策略”→“用户权利指派”，在右侧“从网络访问此计算机”中加入 Guest 账户，而“拒绝从网络访问这台计算机”中删除 Guest 账户，如图 3-28 所示。

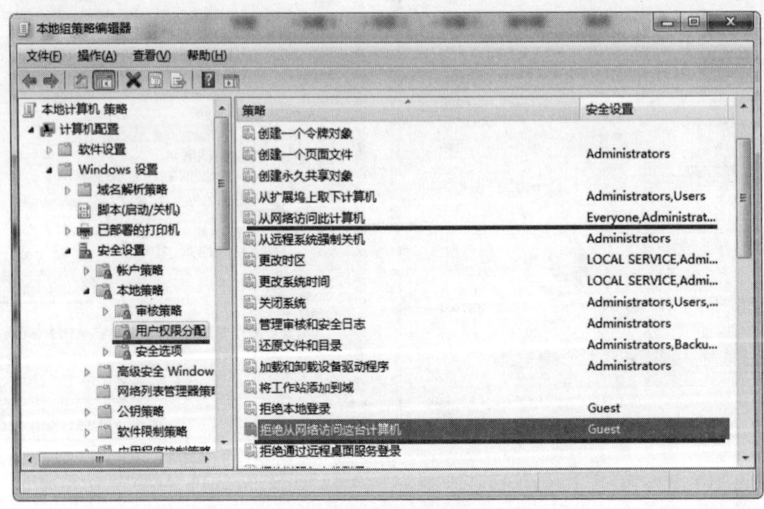

图 3-28　本地安全策略设置

② 在本地组策略编辑器左侧列表中依次选择“计算机配置”→“Windows 设置”→“安全设置”→“本地策略”→“安全选项”，把“网络访问：本地账户的共享和安全模型”设为“仅来宾-对本地用户以来宾的身份验证”，此项设置可去除访问时要求输入密码的对话框，也可视情况设为【经典-本地用户以自己的身份验证】，要求输入用户名和密码，仅允许内部用户访问，如图 3-29 所示。

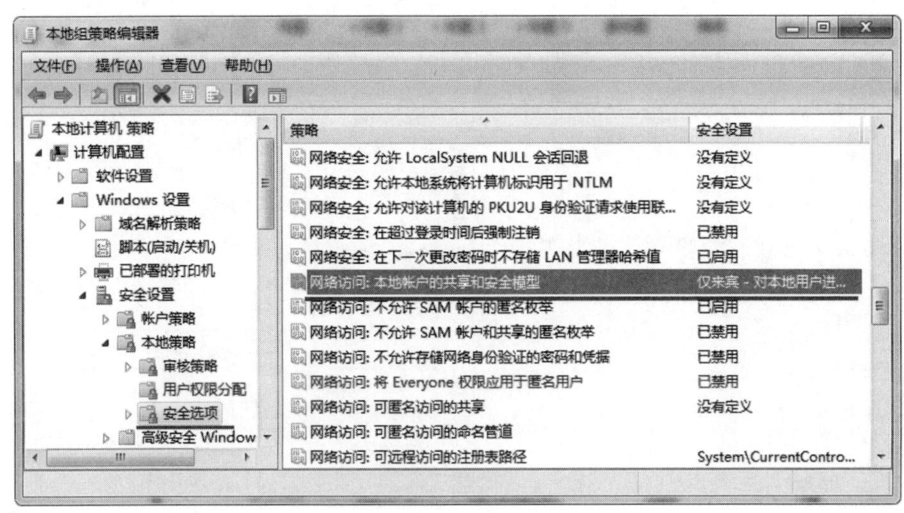

图 3-29　本地安全策略设置

三、启用 Guest 账户

依次展开“开始”菜单→“控制面板”→“用户账户和家庭安全”→“用户账户”→“管理其他账户”，选择“Guest”账户，单击“启用”按钮，如图 3-30 所示。

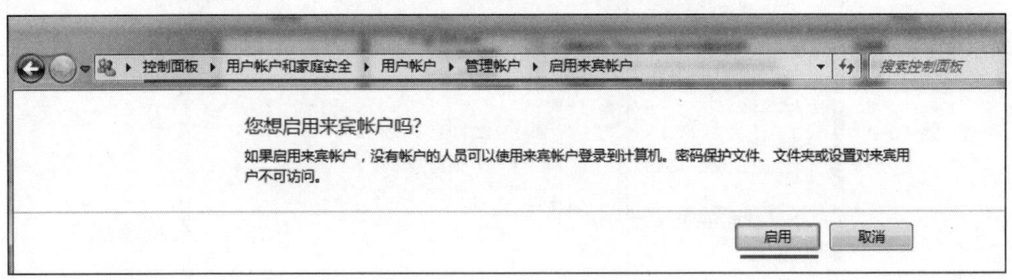

图 3-30　启用 Guest 账户

四、共享资源

1. 共享文件夹

当在“网络和共享中心”中将网络位置定义为“家庭网络”时，打开 D 盘，找到 Music 文件夹右击，在弹出的快捷菜单中选择“共享”，在下级菜单中可选择对该文件夹快捷的共享操作：“不共享”（取消共享）、“家庭组（读取）”（只读）、“家庭组（读取/写入）”和“特定用户…”。特定用户选项，可指定某一个或某一类用户对文件夹的使用权限，如图 3-31 所示。

也可以在 Music 文件夹上右击，在弹出的快捷菜单中选择“属性”命令，在弹出的“Music 属性”对话框中单击“高级共享”按钮，可弹出“高级共享”对话框，如图 3-32 所示。在该对话框中选中“共享此文件夹”复选框后可设置共享名、用户数及指定用户的权限。最后依次单击“确定”“关闭”按钮，完成共享。

图 3-31 快速共享文件夹

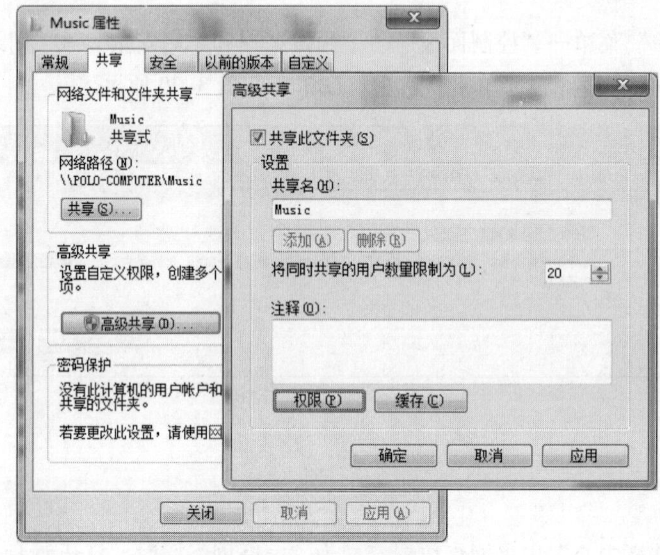

图 3-32 文件夹的高级共享

2. 共享打印机

从“开始”菜单中选择“设备和打印机”，在打开的窗口中可看到已有的打印机列表，右击要共享的打印机，在弹出的快捷菜单中选择“打印机属性”命令，弹出该打印机属性对话框。单击“共享”选项卡，勾选“共享这台打印机”，并设置共享名为 HP LaserJet 1020，如图 3-33 所示。

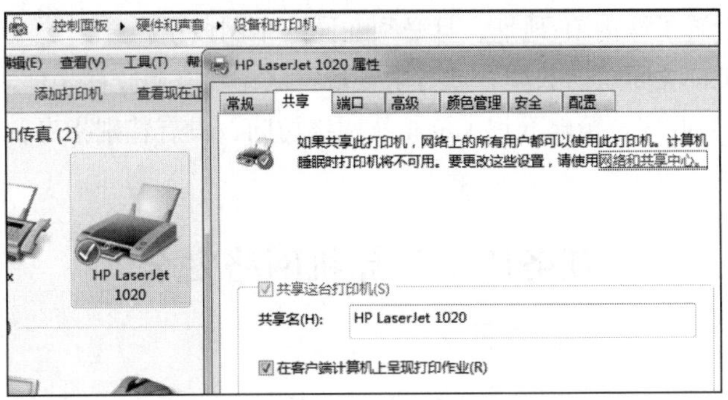

图 3-33　共享打印机

3. 通过局域网共享资源

单击“开始”菜单，单击右侧列表中“网络”选项，可以看到和本机同一工作组（WORKGROUP）的所有计算机图标，并标识了计算机名，本机（POLO-COMPUTER）也在其中，双击本机图标，打开窗口，可以看到前面共享的文件夹和打印机。

在地址栏中输入\\POLO-COMPUTER 或\\192.168.1.10，也可用名称搜索到本机，如图 3-34 所示。

（a）

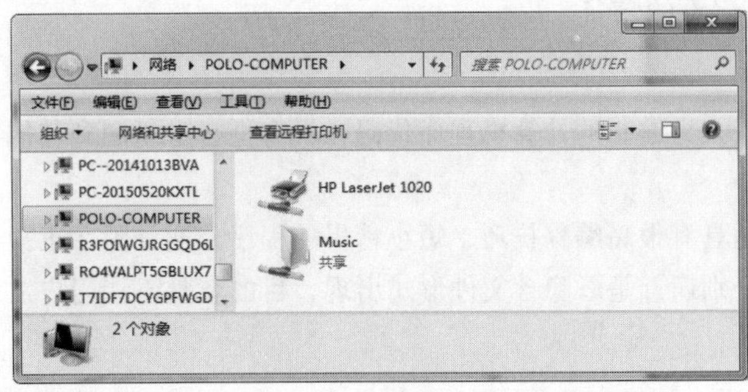

（b）

图 3-34　网络资源共享

从本实例可以总结 Windows 网上邻居互访的基本条件：

① 双方计算机打开，且设置了网络共享资源。

② 双方的计算机添加了“Microsoft 网络文件和打印共享”服务。

③ 双方都正确设置了网内 IP 地址，且必须在同一个网段中。

④ 双方的计算机都关闭了防火墙，或者防火墙策略中没有阻止网上邻居访问的策略。

⑤ 启用 Guest、修改安全策略允许 Guest 从网络访问，没有特别指出，都以默认的 Guest 账户联机。

任务四 计算机网络安全

任务描述

随着 Internet 的发展，丰富的网络信息资源给用户带来了极大的方便，但由于 Internet 的开放性和超越组织与国界等特点，同时也给上网用户带来了安全问题。一个安全的计算机网络应该具有可靠性、可用性、完整性、保密性和真实性等特点。计算机网络不仅要保护计算机网络设备安全和计算机网络系统安全，还要保护数据安全等。网络安全防范的重点主要有两方面：一是计算机病毒，二是黑客犯罪。

计算机病毒是人们比较熟悉的一种危害计算机系统和网络安全的破坏性程序。黑客犯罪是指个别人利用计算机高科技手段，盗取密码侵入他人计算机网络，非法获得信息、盗用特权等，如非法转移银行资金、盗用他人银行账号购物等。

为了解决网络中病毒、木马和黑客给计算机带来的危害，我们要了解其特点，采取有针对性的措施，保证计算机的安全。

任务实施

① 了解计算机病毒的特征。

② 掌握确保网络安全的措施。

③ 创建新账户。

④ 安装杀毒软件。

一、了解计算机病毒的特征

1．传染性

计算机病毒是一段人为编制的计算机程序代码，具有把自身复制到其他程序中的能力。

2．隐蔽性

计算机病毒一般是具有很高编程技巧、短小精悍的程序，通常附在正常程序中或隐藏在磁盘较隐蔽的地方，也有个别病毒是以隐含文件形式出现，目的就是不让用户发现，这类病毒处理起来通常很困难。

3．潜伏性

大部分病毒感染后不会马上发作，它可以长期隐藏在系统中，只有在满足其特定条件时，才会启动其表现（破坏）模块。

4．破坏性

任何病毒只要侵入系统，都会对系统及应用程序产生不同程度的影响。轻者会占用系统资源，降低系统工作效率；重者可造成系统崩溃，甚至会破坏磁盘等硬件设备。

二、掌握确保网络安全的措施

1. 防火墙必不可少

个人用户通常使用软件防火墙，就是指安装在个人计算机中的一段能够把计算机和网络分隔开的“代码墙”。它检查到达防火墙两端的所有数据包，无论是进入还是发出，从而决定是否应该拦截这个包。也就是说：在不妨碍正常上网浏览的同时，阻止互联网上其他用户对你的计算机进行非法访问。

2. 安装并及时更新防病毒系统

为了确保系统良好的安全性，要求配备防病毒软件，并随时更新它。防病毒软件都提供了自动更新，只要一直都连在 Internet 上，它们就能在一个新的安全威胁被发现后的数小时内下载到你的机器上。

3. 删除、限制或关闭不必要的服务

设备和软件通常配置了默认用户名/密码访问、来宾（Guest）和匿名账户以及默认共享。删除或禁用不需要的用户和服务，降低受攻击的可能性。

4. 使用复杂的密码

修改所有身份验证的默认值，设置更加复杂的密码，减少用枚举的方式破解的可能。

5. 经常升级安全补丁

及时安装操作系统的漏洞补丁，以防止病毒和黑客通过系统漏洞进行攻击。

6. 做好数据备份

重要数据要及时备份，以减少受攻击后遭受的损失。

7. 设置浏览器

合理设置 Internet 的安全区域；禁用或者限制 Cookies 的使用；禁用或者限制使用脚本程序；调整 IE 的自动完成功能。

三、创建新账户

Windows 7 操作系统安装完成后，Administrator 是默认的管理员账户（不推荐使用这个账户）。可新建一个管理员账户，并设置登录密码，提高计算机的安全性。同时，也为 Administrator 账户设置密码，或直接在组策略中禁用该账户，则安全性更高。

① 从“开始”菜单中打开“控制面板”，如图 3-35 所示。单击“用户账户和家庭安全”类别下面的“添加或删除用户账户”链接，打开“管理账户”窗口，如图 3-36 所示。

图 3-35 控制面板

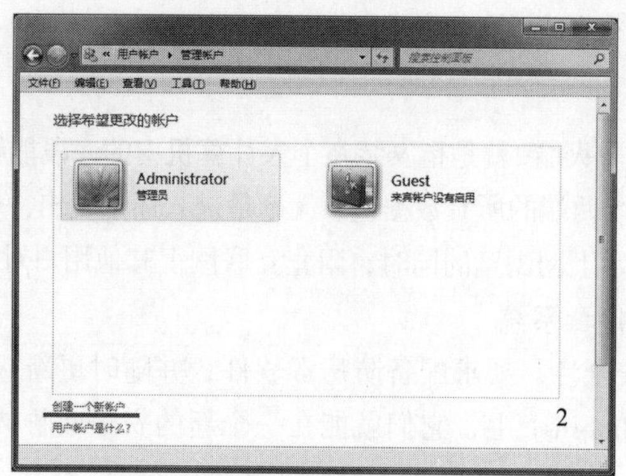

图 3-36 管理账户

② 单击“创建一个新账户”链接，打开“创建新账户”窗口，输入新账户名称 polo，选择用户类型为“管理员”，然后单击“创建账户”按钮，如图 3-37 所示。

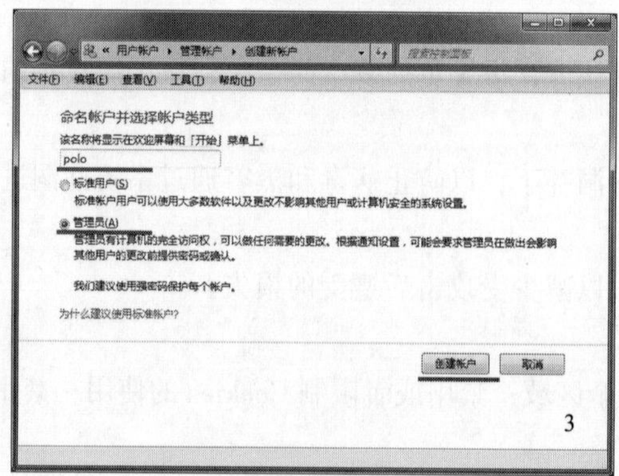

图 3-37 创建新账户

③ 在“管理账户”窗口中可看到新建的管理员账户 polo，如图 3-38 所示。单击新建的“账户 polo”图标，可对其进行更改，更改项目如图 3-39 所示。为了账户安全，应为其创建密码。单击“创建密码”链接，打开“创建密码”窗口，在其中可定制该账户的登录密码及密码提示信息，然后单击“创建密码”按钮，如图 3-40 所示。

图 3-38 新账户 polo

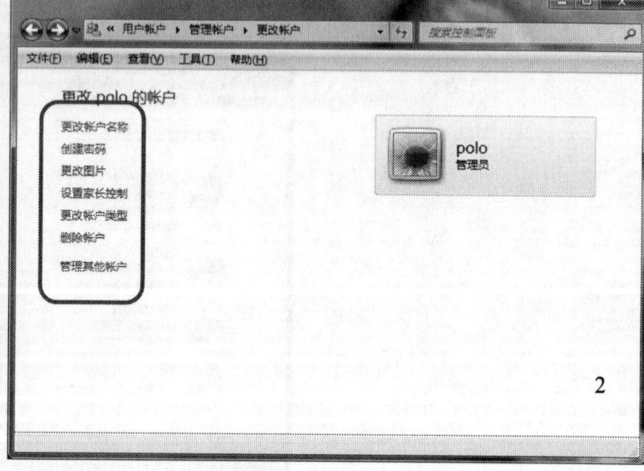

图 3-39 更改账户 polo

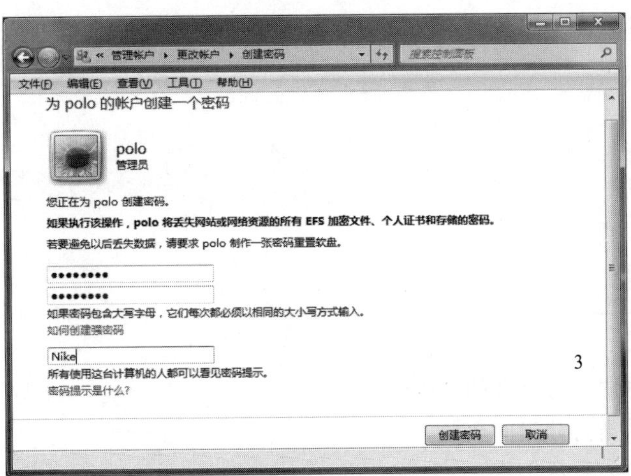

图 3-40　设置密码

四、安装 360 杀毒软件

① 打开浏览器，在地址栏中输入 360 杀毒软件的网址 http://sd.360.cn，在网页中单击“免费下载”按钮，即可下载 360 杀毒软件的安装包。下载完成后运行安装包，自动安装杀毒软件。保持网络畅通，可自动升级杀毒软件及病毒库。

② 建议同时下载并安装“360 安全卫士”系统管理工具，与 360 杀毒软件配合使用，可保证计算机网络的安全。

任务五　Internet 应用

任务描述

Internet 是计算机网络最重要的一项应用，通过浏览器，用户可以浏览网页，查找信息，下载音乐、视频、软件等资源，使用 QQ 等聊天工具软件实现即时通信。特别是利用电子邮件可以实现点对点的传递文字、图形、声音等多媒体信息，利用附件传递文件的功能。

任务实施

① 学习使用浏览器。

② 利用搜索引擎查找“天坛回音壁”的资料。

一、学习使用浏览器

Internet Explorer 浏览器（IE）是一款性能优异、操作方便的浏览器。IE 具有强大的功能，无论是搜索新信息还是浏览用户喜爱的站点，IE 都可以使用户从 WWW 上轻松获得丰富信息。目前有许多基于 IE 内核的浏览器，界面更加友好，功能更丰富，360 安全浏览器就是其中最常用的一款。

360 浏览器的界面如图 3-42 所示。其中常用的按钮和工具如图 3-41 所示。

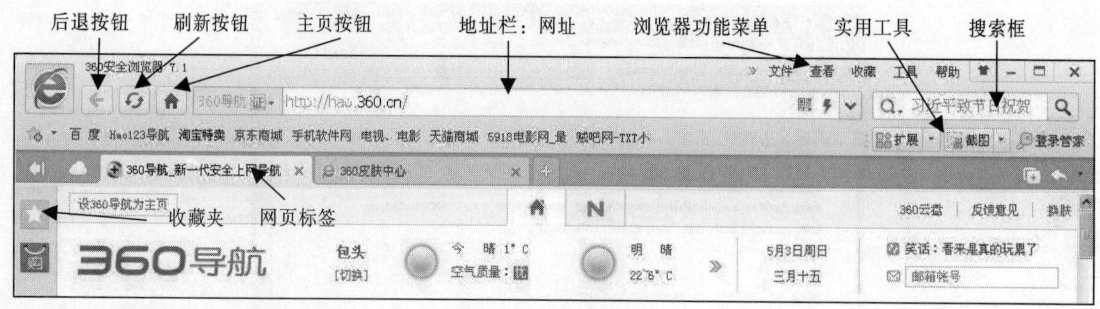

图 3-41　浏览器简介

① 后退按钮：返回已经打开的上级网页。

② 刷新按钮：重新打开当前页面。

③ 主页按钮：打开默认主页。

④ 收藏夹：可记录需要经常浏览的网址，便于快速定位。

⑤ 实用工具：360 浏览器提供了一些上网常用的小工具，方便操作。

1．打开 360 浏览器，浏览网易主页

双击桌面上浏览器图标，打开 360 浏览器。在地址栏中输入 www.163.com，或者在 360 安全网址导航的主页上单击网易的链接，打开“网易”首页，如图 3-42 所示。

图 3-42　网易首页

在网页上单击热点新闻的链接，浏览具体内容。有的页面是在新的标签中打开；有的页面是在当前标签中打开，这时可以用“后退”按钮返回上一页。

2．使用收藏夹

单击“收藏”菜单中的“添加到收藏夹”命令，打开“添加到收藏夹”对话框，新建一个名为“新闻”的文件夹，并将网易的网址收藏到其中保存如图 3-43 所示。

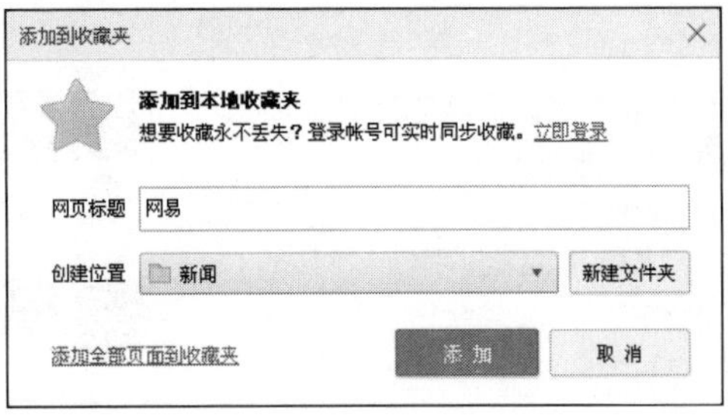

图 3-43　添加到收藏夹

3. 360 浏览器的设置

在 360 浏览器窗口中，单击“工具”菜单“选项”命令，打开选项页面，如图 3-44 所示。在这个窗口中可以对 360 浏览器工作特性进行设置与调整。

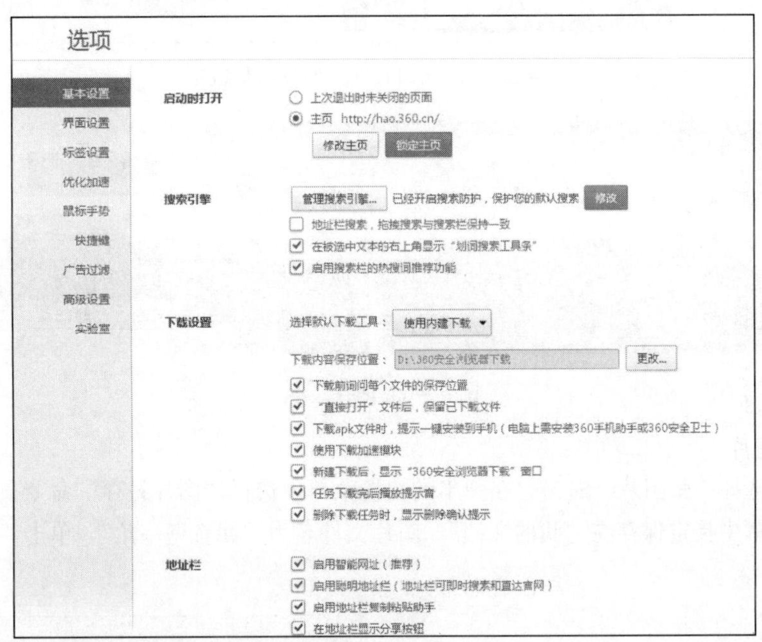

图 3-44　360 浏览器设置

二、利用搜索引擎查找“天坛回音壁”的资料

1. 打开 360 浏览器

在地址栏中输入百度的网址：www.baidu.com。在文本框中输入关键字“天坛回音壁”，单击“百度一下”按钮，可看到包含关键字“天坛回音壁”的多条网页信息的链接，如图 3-45 所示。

2. 保存文本

单击“天坛回音壁_百度百科”链接，打开百度百科页面，拖动鼠标选择所要的资料文本，右侧自动出现选项，如图 3-46 所示，单击“复制”选项。然后，新建一个 Word 文档将复制的内容粘贴到新的文档中，保存文件名为“天坛回音壁.doc”即可。

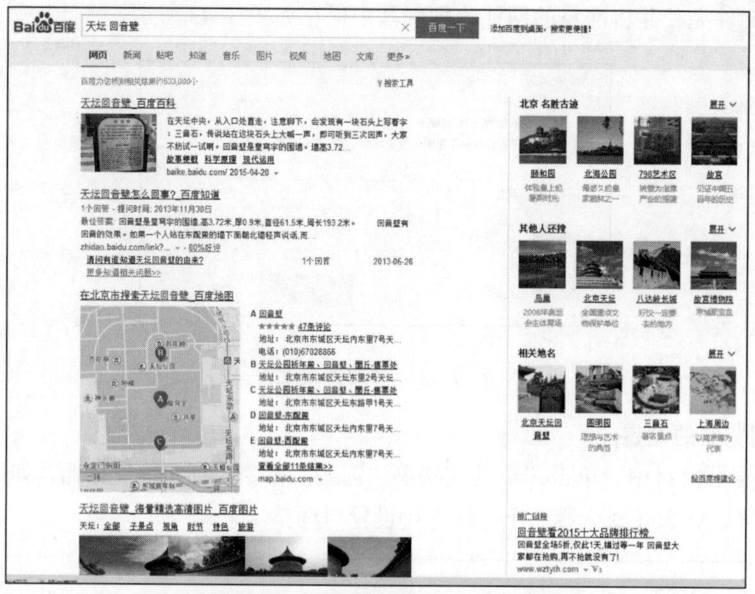

图 3-45 “天坛回音壁”网页信息链接

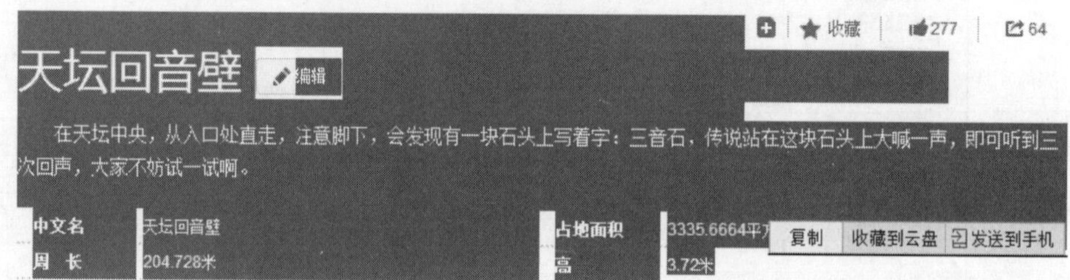

图 3-46 保存文本

3. 保存图片

在网页中选择一张图片，右击，在弹出的快捷菜单中选择“图片另存”命令，在弹出的“保存图片”对话框中指定保存在“我的文档”，图片文件名为“回音壁一角”，单击“保存”按钮。如图 3-47 所示。

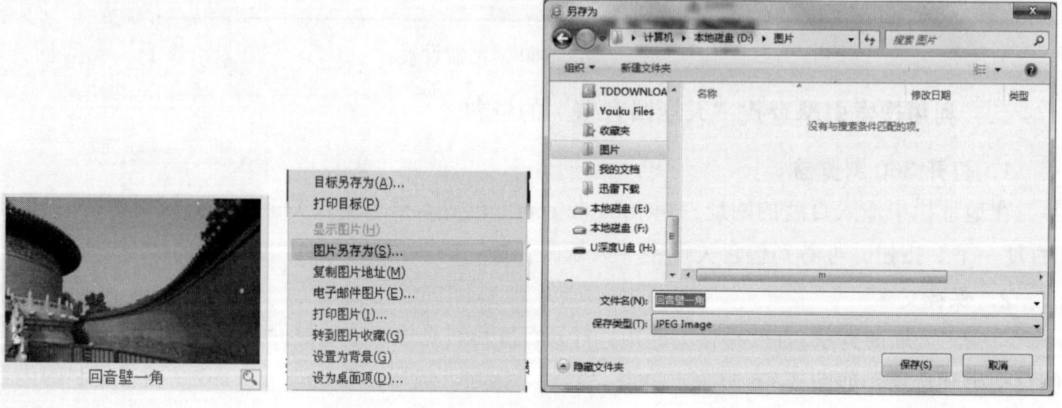

图 3-47 保存图片

如果一次要保存网页中的多张图片，可在“文件”菜单中选择“保存网页”命令，在“保存类型”中选择“网页，全部”，如图 3-48 所示，则会在“我的文档”出现一个名为“天坛回音壁_百度百科”的网页文件（.htm），和一个名为“天坛回音壁_百度百科_files”的文件夹，文件夹中保存了当前页面中的所有图片，如图 3-49 所示。

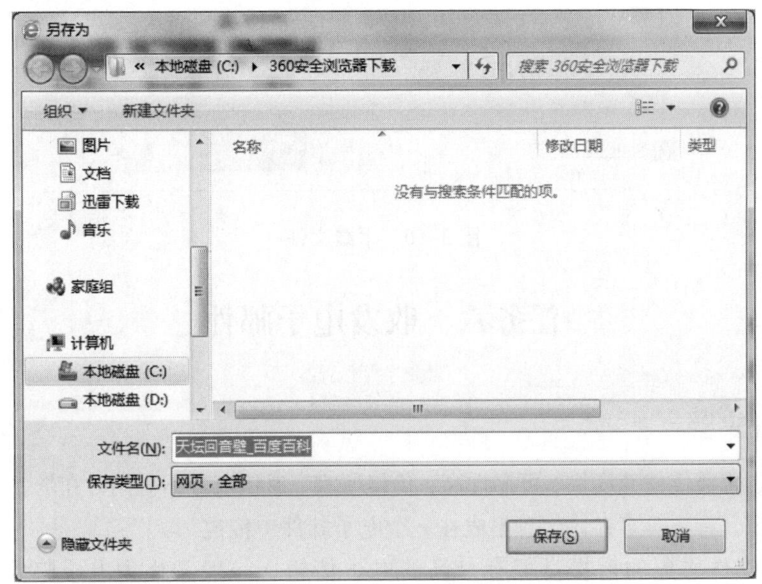

图 3-48 “另存为”对话框

图 3-49 网页文件及文件夹

4. 文件下载

网上经常提供一些免费的软件或资料，并提供下载链接。只要单击这些下载链接，会使用 360 浏览器内置的下载工具下载，如图 3-50 所示。在对话框中可更改文件的保存位置和名称。

如果计算机中装有其他文件下载工具软件，如 Flashget、迅雷等。当单击链接时，下载工具软件会自动启动。也可右击链接，在弹出的快捷菜单中选择使用工具下载。

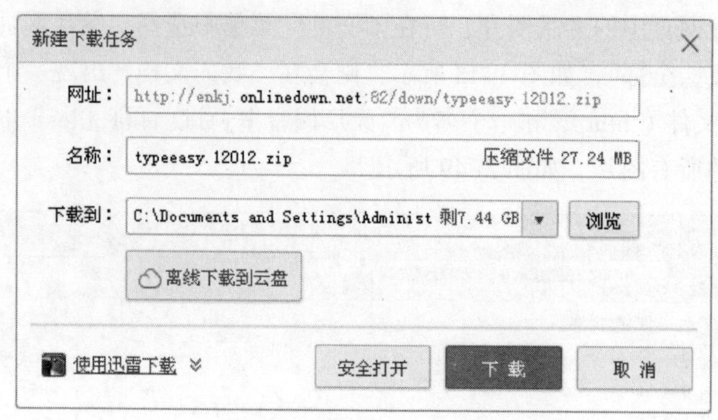

图 3-50 下载文件

任务六 收发电子邮件

电子邮件比普通信件速度快，可靠性高，价格便宜，通信双方不必同时在场。可以一信多发，并将文字、图像、音频等多媒体信息集成在一个电子邮件中传送。

使用电子邮件服务的前提是拥有自己的电子信箱，一般又称为电子邮件地址（E-mail Address）。电子信箱是提供电子邮件服务的机构为用户建立的，实际上电子信箱是在邮件服务器上为用户分配的一块存储空间。

每个电子信箱对应一个电子邮件地址，格式是：用户名@域名。

用户名是用户申请电子信箱时与 ISP 协商的一个字母与数字的组合，例如，polohj0624。域名是邮件服务器的域名，例如，网易域名：163.com。字符@是一个固定符号，发音同英文单词 at。例如：polo0624@163.com 就是一个完整的网易电子邮件地址，其含义是：位于网易（163.com）上的 polo0624 邮箱，用户在使用这个邮箱时，使用 polo0624 作为登录名。

任务实施

① 申请网易的免费邮箱。

② 发送邮件。

③ 接收邮件。

一、申请网易的免费邮箱

网易邮箱是目前使用率最高的免费邮箱，可以选择注册 163、126、yeah.net 三种免费邮箱。在浏览器地址栏中输入 http://email.163.com，打开网易邮箱注册/登录页面，在页面下方单击“立即注册”按钮，打开“网易”免费邮箱注册页面，如图 3-51 所示。

① 页面提示用户名为 6～18 个字符，可使用字母、数字、下画线，推荐以手机号码直接注册。在文本框中输入要注册的邮箱用户名 polo0624，选择一种邮箱（163.com)，完成后系统自动判断用户名是否可用，如果已经存在，则需要重新定义。

② 密码要求 6～16 位，位数多并且同时包含字母、数字和符号，则密码强度较强。输入两遍以确认密码正确。

图 3–51 注册网易邮箱

③ 输入页面显示的“验证码”后，单击“立即注册”按钮，如图 3–52 所示。

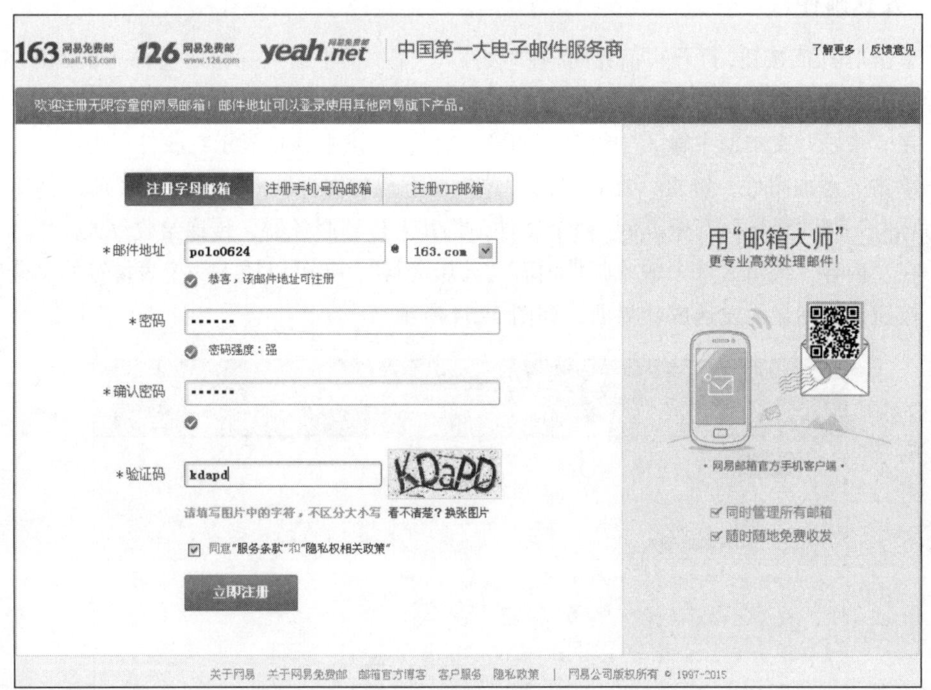

图 3–52 填写注册信息

④ 注册成功后自动登录，直接进入邮箱界面，如图 3–53 所示。

⑤ 也可选择“注册手机号码邮箱”，用自己的手机号码注册，接收验证码短信，以确保注册成功。

图 3-53 登录邮箱

二、发送邮件

① 单击“写信”按钮，打开写信界面，在“收件人”文本框中输入邮箱地址：polo0624@163.com。如果已经在通讯录中将其保存成联系人，可直接在右侧的通讯录中选择即可。

② 在“主题”文本框中输入“给自己的第一封信”，该主题将显示在收件列表中。

③ 单击“添加附件”链接，在弹出的“选择要上载的文件”对话框中选择前面创建的“回音壁一角.jpg”和“天坛回音壁.doc”两个文件，将其上传到服务器，传递给收件人。

④ 在“内容”编辑区域中输入邮件内容“天坛资料”，并可以插入一个表情符号。最后单击“发送”按钮，直到显示发送成功界面，如图 3-54 所示。

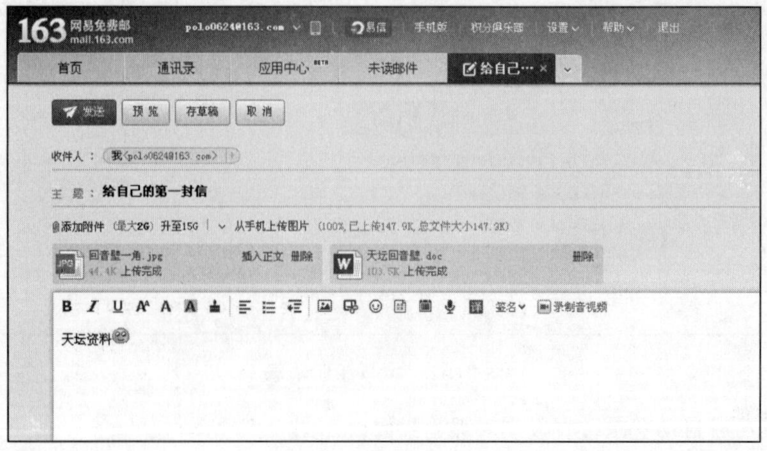

图 3-54 编辑发送邮件

三、接收邮件

单击“收信”按钮，显示收件箱信件列表，如图 3-55 所示。单击邮件标题“给自己的第一封信”，打开邮件，可以看到邮件的主题、发件人、时间、内容及附件等信息。附件有“下载”、“打开”和“在线预览”等链接，如果附件包含多个文件，还有“打包下载”链接，可根据情况选择，如图 3-56 所示。

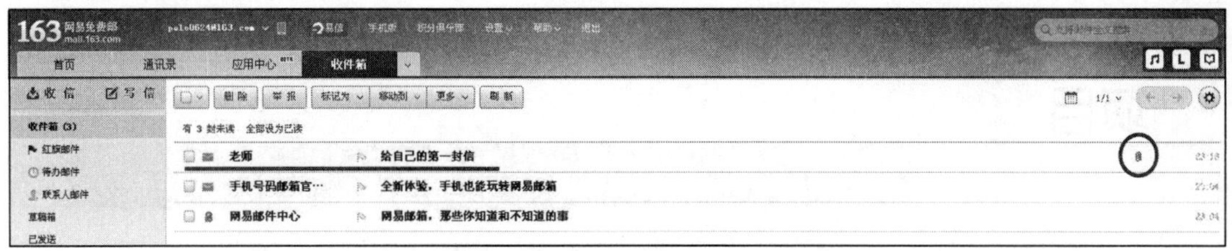

图 3-55　邮件列表

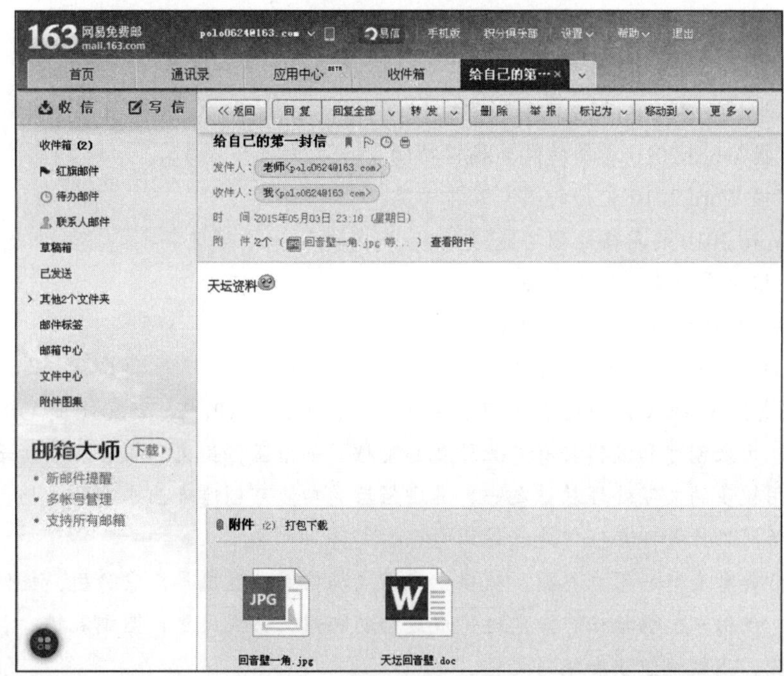

图 3-56　接收邮件

项目总结

本项目通过六个任务学习了计算机网络及 Internet 的常见操作。使用计算机的初级用户通过对项目的学习和实践，了解了计算机网络及 Internet 的相关知识和操作方法，完全能够具备独立完成家庭网络的组建，接入 Internet，熟练使用浏览器及搜索引擎查找资料，下载资源及收发邮件的能力，并对网络中的一些常见问题进行分析和解决。

项目四 使用 Word 2010 制作个人求职简历

学习目标

① 熟悉 Word 2010 的界面，掌握其基本操作。

② 熟练掌握 Word 2010 文档的简单编辑功能。

③ 熟练掌握 Word 2010 文档的图文混排功能。

④ 掌握 Word 2010 的表格处理功能。

⑤ 掌握文档的页面设置及排版功能。

⑥ 了解 Word 2010 的打印输出功能。

Microsoft Office 2010 是微软推出的新一代办公软件，可支持 32 位和 64 位 Windows Vista 及 Windows 7，仅支持 32 位 Windows XP，不支持 64 位 Windows XP。Word 2010 是 Office 组件中的图文编辑工具，用来创建和编辑具有专业外观的文档，如信函、论文、报告和小册子等，是目前世界范围内使用较多的文字处理软件之一，其增强后的功能可创建专业水准的文档，你可以更加轻松地与他人协同工作并可在任何地点访问自己的文件。

Word 2010 具有友好的用户界面，提供上乘的文档格式设置工具，它为用户提供了直观、简单的操作环境，使用户能够轻松、方便地完成文档的编辑、格式设置、图文混排、表格处理等。利用它可更轻松、高效地组织和编写文档。

项目描述

本项目名称是“制作个人求职简历”。个人简历是每个同学在今后求职过程中必须具备的，本项目介绍了几种求职简历完整的制作过程和操作技巧，不仅让用户了解求职简历都包括什么，重点是什么，更重要的是通过项目实施的过程，让用户逐步掌握 Word 2010 的使用技巧，掌握文档的创建、输入、编辑、排版、打印输出、保存等一系列操作流程，在制作过程中熟悉格式设置、图文混排、表格处理等常用的操作技巧。真正实现能将 Word 2010 作为一门工具软件熟练使用。

项目分析

“个人求职简历”项目内容主要包括自荐信、简历封面、简历内容等文档的制作，在实施过程中将涵盖大部分 Word 2010 相关知识点和操作技巧。其中，常用操作会在制作过程中不断重复，加以巩固。本项目主要完成以下任务：

任务一：制作自荐信
任务二：制作简历封面一
任务三：制作另一种风格的简历封面
任务四：制作个人简历表格
任务五：制作第二种风格的简历
任务六：整合文档

相关知识点

① Word 2010 文档操作。
② 文本编辑。
③ 文本和段落的格式化设置。
④ 图文混排，包括图片、艺术字、文本框、图形等。
⑤ 表格的修建和修饰。
⑥ 页面布局和打印输出。

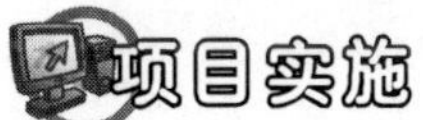

任务一　制作自荐信

任务描述

“自荐信”是一篇普通的 Word 文档，通过该任务的实施，让同学们了解建立一个 Word 文档的基本流程，了解 Word 2010 的界面组成，学会文本的输入和编辑，以及简单的格式设置，掌握文档的建立、保存等基本操作。

任务实施

① 创建文档，输入和编辑文本。
② 格式化文本。
③ 保存文档。
④ 退出 Word 2010。

一、创建文档

1. 启动 Word 2010

用鼠标单击“开始”菜单，选择“所有程序”→“Microsoft Office”→“Microsoft Office Word 2010”命令，即可启动中文版 Word 2010 应用程序，并自动创建一个新文档“文档 1”，界面如图 4-1 所示。

① 标题栏：显示正在编辑的文档的文件名以及所使用的软件名。“文档 1”是 Word 2010 为新建文档自动生成的文件名。

② “文件”选项卡：如“新建”、“打开”、“关闭”、“另存为...”和“打印”位于此处。

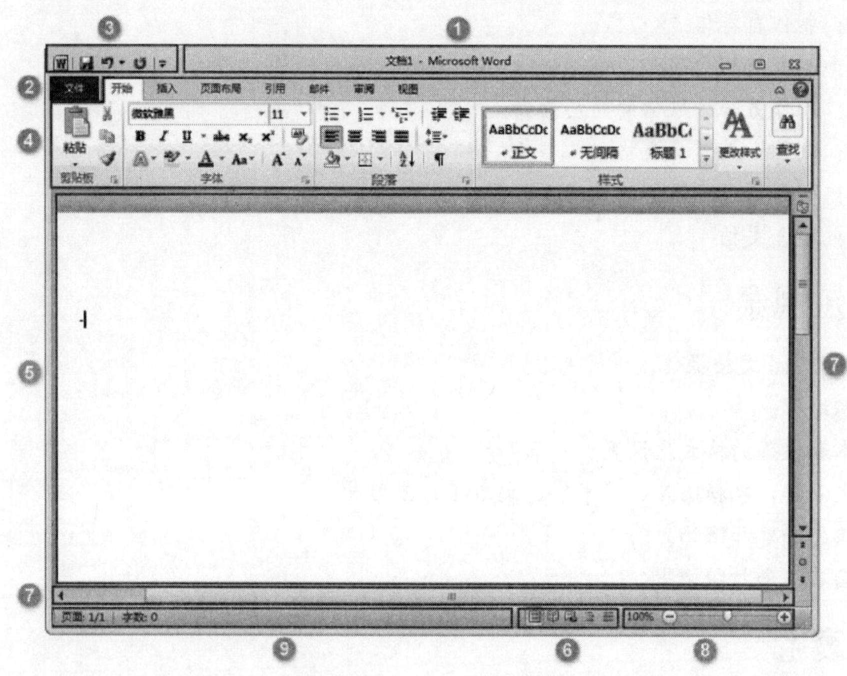

图 4–1　Word 2010 界面

③ 快速访问工具栏：常用命令位于此处，例如“保存”和“撤销”，也可以添加其他个人常用命令。

④ 组：工作需要用到的命令将分组在一起并位于此处，且位于选项卡中，如“开始”和“插入”，可以通过单击选项卡来切换显示的命令集，它与其他软件中的“菜单”或“工具栏”相同。

⑤“编辑”窗口：显示正在编辑的文档。

⑥“视图”按钮：可用于更改正在编辑的文档的视图模式以符合使用者的要求，默认的视图模式为所见即所得的“页面视图”。

⑦ 滚动条：可用于更改正在编辑的文档的显示位置。

⑧ 缩放滑块：可用于更改正在编辑的文档的显示比例设置。

⑨ 状态栏：显示正在编辑的文档的相关信息，如第几页、共几页、字数等。

2．输入“自荐信”文本内容

输入以下文本内容，如图 4–2 所示，保持默认格式，只需在每个自然段后面回车换行即可。

3．编辑文本

① 将第 5 自然段（四年的……）和第 6 自然段（在校期间……）交换位置。

拖动鼠标选中第 6 自然段，包括尾部的换行符“↵”，然后拖动鼠标到第 5 自然段开始处。

② 将文档中所有的文本“会计”加粗显示。

单击“开始”选项卡右侧“编辑”组中的“替换”按钮，弹出“查找与替换”对话框，在“查找内容”和“替换为”文本框中均输入“会计”，表示不替换文本内容。单击“格式”按钮，选择“字体…”，弹出“替换字体”对话框，选择“加粗”后单击“确定”按钮。最后单击“查找与替换”对话框中的“全部替换”按钮，完成操作，如图 4–3 所示。

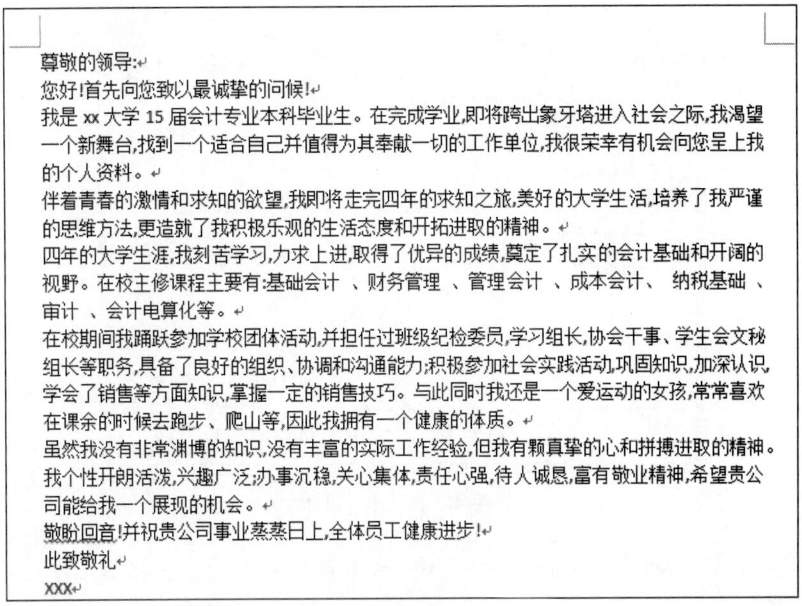

尊敬的领导:

您好!首先向您致以最诚挚的问候!

我是 xx 大学 15 届会计专业本科毕业生。在完成学业,即将跨出象牙塔进入社会之际,我渴望一个新舞台,找到一个适合自己并值得为其奉献一切的工作单位,我很荣幸有机会向您呈上我的个人资料。

伴着青春的激情和求知的欲望,我即将走完四年的求知之旅,美好的大学生活,培养了我严谨的思维方法,更造就了我积极乐观的生活态度和开拓进取的精神。

四年的大学生涯,我刻苦学习,力求上进,取得了优异的成绩,奠定了扎实的会计基础和开阔的视野。在校主修课程主要有:基础会计 、财务管理 、管理会计 、成本会计、 纳税基础 、审计 、会计电算化等。

在校期间我踊跃参加学校团体活动,并担任过班级纪检委员,学习组长,协会干事、学生会文秘组长等职务,具备了良好的组织、协调和沟通能力;积极参加社会实践活动,巩固知识,加深认识,学会了销售等方面知识,掌握一定的销售技巧。与此同时我还是一个爱运动的女孩,常常喜欢在课余的时候去跑步、爬山等,因此我拥有一个健康的体质。

虽然我没有非常渊博的知识,没有丰富的实际工作经验,但我有颗真挚的心和拼搏进取的精神。我个性开朗活泼,兴趣广泛,办事沉稳,关心集体,责任心强,待人诚恳,富有敬业精神,希望贵公司能给我一个展现的机会。

敬盼回音!并祝贵公司事业蒸蒸日上,全体员工健康进步!

此致敬礼

XXX

图 4-2　自荐信内容

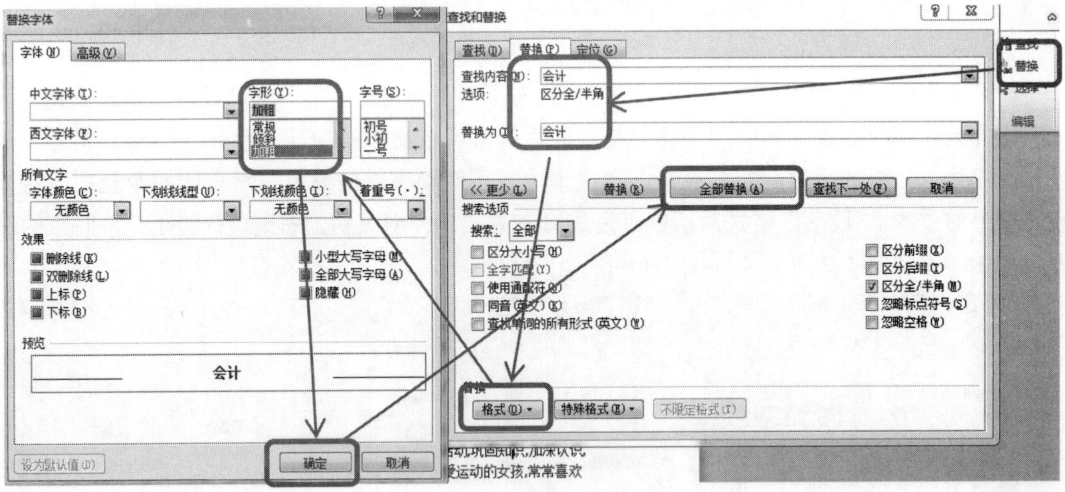

图 4-3　替换文本

③ 在文档尾部插入系统时间。将光标定位到文档尾部后回车，建立新行，在“插入”选项卡右侧的“文本”组中，单击右侧的“日期和时间”。在“日期和时间”对话框右上角“语言（国家/地区）”下拉列表中，选择“中文（中国）”，在左侧列表中选择一种日期格式后，单击“确定”按钮。如图 4-4 所示。

4．格式化文本

当完成文本编辑后，为了让文档输出美观，需要对文本的字体、段落等进行格式设置。在“开始”选项卡左侧的“字体”和“段落”组中，能够完成大部分的格式设置功能，如图 4-5 所示。

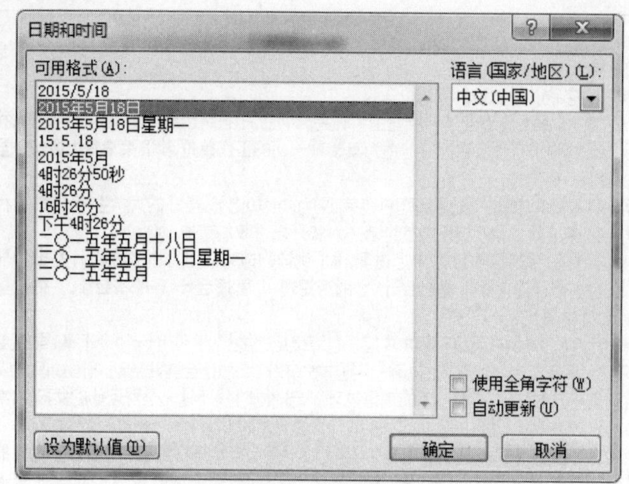

图 4-4　插入日期时间

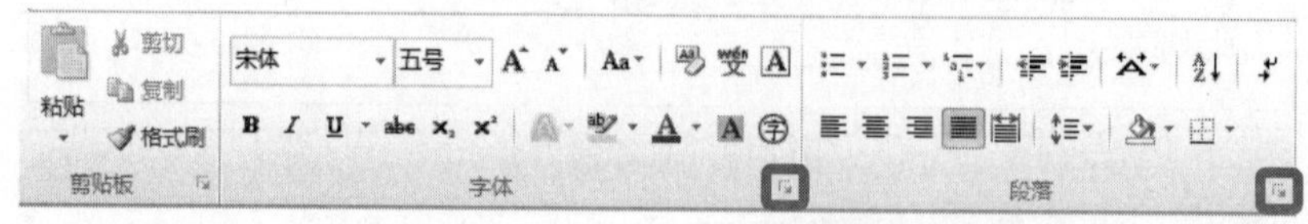

图 4-5　字体、段落格式设置

如果还需要其他设置要求，可单击每个组的右下角，弹出“字体”和“段落”格式设置对话框，完成更详细的设置。其中“字体”格式对话框可完成文本的中西文字体、字形、字号、颜色、下画线、效果的设置。在“高级”选项卡中还可设置文本的缩放、字符的间距及文本在垂直方向上的位置。“段落”格式对话框可完成对齐方式、大纲级别、缩进、行间距、段间距的设置，如图 4-6 和图 4-7 所示。

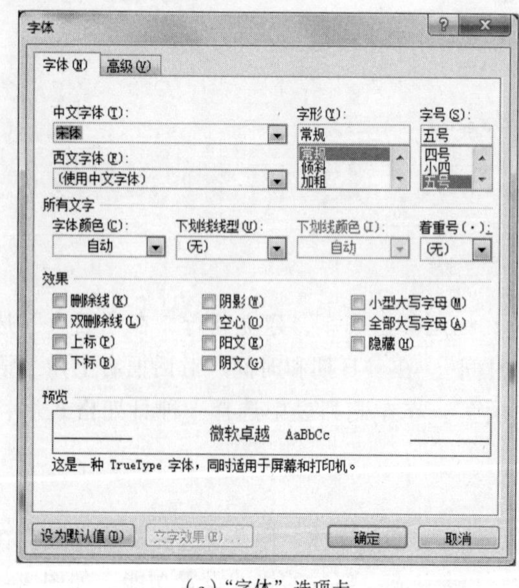

（a）“字体”选项卡

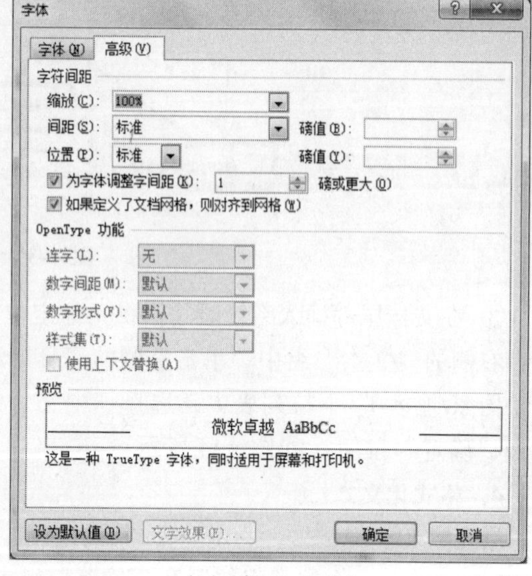

（b）“高级”选项卡

图 4-6　“字体”对话框

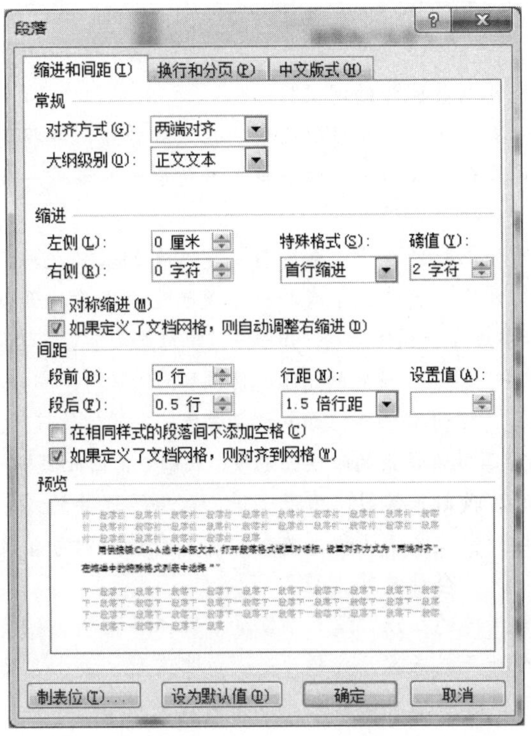

图 4-7　段落格式设置对话框

在设置过程中采用“先整体，后局部”的策略，即先设置大部分文本的格式，再对局部文本调整格式设置。

① 自荐信字体格式设置。

- 按【Ctrl+A】组合键选择文档中的全部文本，在“开始”选项卡“字体”组中选择字体为“楷体”，字号为“五号”。
- 将光标定位于第一行左侧单击，选中第一行，设置字体为“黑体”，字号为“四号”，字形设置为“加粗”。
- 选中“此致敬礼”一行，打开“字体”格式对话框，为其加“着重号”。
- 用鼠标拖动选中最后两行签名和日期，设置字体为“隶书”，字号为“小四号”。

② 自荐信段落格式设置。

- 按【Ctrl+A】组合键选中全部文本，在“段落”对话框中设置对齐方式为“两端对齐”，在缩进中的特殊格式列表中选择“首行缩进，2 字符”，在间距中选择段后“0.5 行”，“单倍行距”。
- 将光标定位到第一行起点，按【Backspace】键，删除其首行缩进，让第一行顶头显示。
- 将光标定位到“此致敬礼”中间，按回车键换行。将光标定位到“敬礼”前面，按【Backspace】键，删除其首行缩进。
- 选中最后两行签名和日期，在“段落”组中选择“右对齐”，然后在其尾部加空格，调整位置。

完成效果如图 4-8 所示。

尊敬的领导：

您好！首先向您致以最诚挚的问候！

我是××大学 15 届会计专业本科毕业生。在完成学业，即将跨出象牙塔进入社会之际，我渴望一个新舞台，找到一个适合自己并值得为其奉献一切的工作单位，我很荣幸有机会向您呈上我的个人资料。

伴着青春的激情和求知的欲望，我即将走完四年的求知之旅，美好的大学生活，培养了我严谨的思维方法，更造就了我积极乐观的生活态度和开拓进取的精神。

在校期间我踊跃参加学校团体活动，并担任过班级纪检委员，学习组组长，协会干事、学生会文秘组长等职务，具备了良好的组织、协调和沟通能力；积极参加社会实践活动，巩固知识，加深认识，学会了销售等方面知识，掌握一定的销售技巧。与此同时我还是一个爱运动的女孩，常常喜欢在课余的时候去跑步、爬山等，因此我拥有一个健康的体质。

四年的大学生涯，我刻苦学习，力求上进，取得了优异的成绩，奠定了扎实的会计基础和开阔的视野。在校主修课程主要有：基础会计、财务管理、管理会计、成本会计、纳税基础、审计、会计电算化等。

虽然我没有非常渊博的知识，没有丰富的实际工作经验，但我有颗真挚的心和拼搏进取的精神。我个性开朗活泼，兴趣广泛；办事沉稳，关心集体，责任心强，待人诚恳，富有敬业精神，希望贵公司能给我一个展现的机会。

敬盼回音！并祝贵公司事业蒸蒸日上，全体员工健康进步！

此致

敬礼！

×××

2015 年 5 月 20 日

图 4-8 “自荐信”完成效果

二、保存文档

单击窗口左上角的“保存”按钮“”，第一次保存会弹出“另存为”对话框，如图 4-9 所示。首先要选择文件保存的位置，可在下拉列表中选择指定的磁盘、文件夹；其次要输入文件名“自荐信”；第三选择保存类型，默认为“Word 文档（*.docx）”，这是 Word 2010 格式的，如果要让文档与 Word 2003 兼容，可选择保存类型为“Word 97-2003（*.doc）”，还可根据需要选择其他类型。

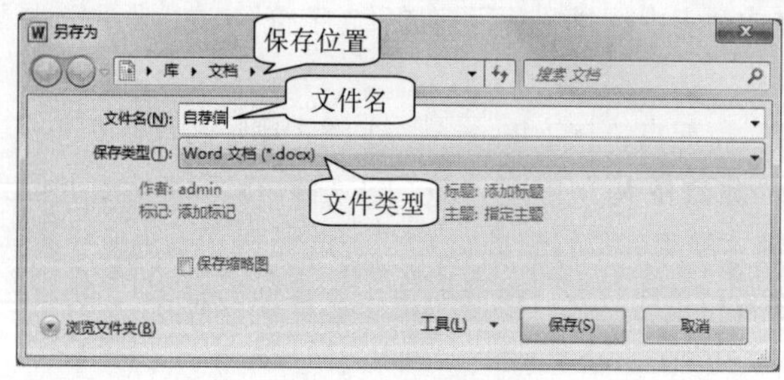

图 4-9 保存文档

三、退出 Word 2010

① 单击 Word 2010 标题栏最右侧的“关闭”按钮，可关闭当前文档。如果文档编辑后未保存，Word 会提示是否保存当前文档。

② 选择“文件”→“退出”命令，即可退出 Word 2010 应用程序，同时关闭所有打开的 Word 文档。

任务二 制作简历封面一

任务描述

简历封面是简历的门面，它折射出一个人的喜好和素养。一份精心包装的简历封面能起到吸引招聘者眼球的作用，从而大大提高求职成功率。通常，设计专业人员的简历使用精美简历封面能让对方感觉很有创意，普通简历使用封面也能充实内容和表达自己的诚意。求职简历的封面应当含有学校名称、姓名、联系方式等内容。下面就介绍一个简洁大方的封面制作过程，效果图如图 4-10 所示。

任务实施

① 准备工作。

② 制作封面。

③ 添加页面边框。

图 4-10 简历封面

一、准备工作

1. 准备素材

准备一张“竹叶”背景图片。

2. 创建文档

① 启动 Word 2010，建立新文档，默认纸张大小为 A4，在“页面布局”选项卡的“页面设置”组中选择类型为“窄”，以便充分利用纸张，如图 4-11 所示。也可选择“自定义边距(A)…”，自己定义页边距大小，如图 4-12 所示。

② 将文档保存为“封面一.docx”。

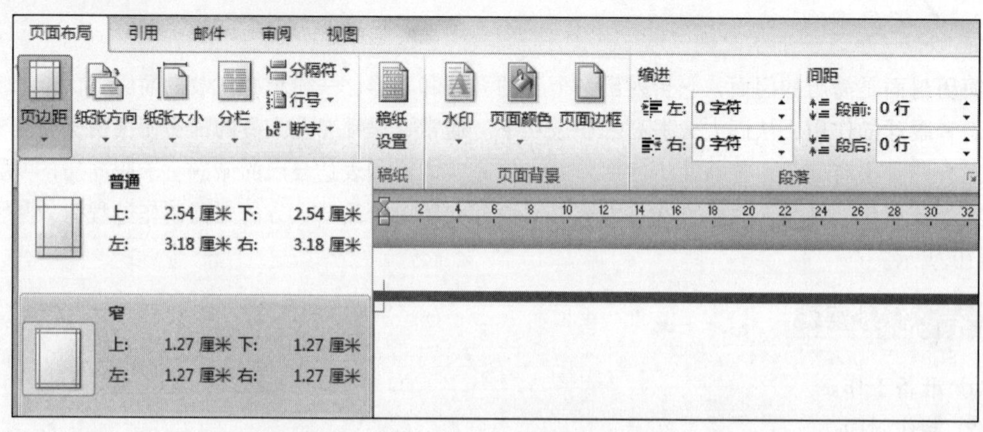

图 4-11 页面设置

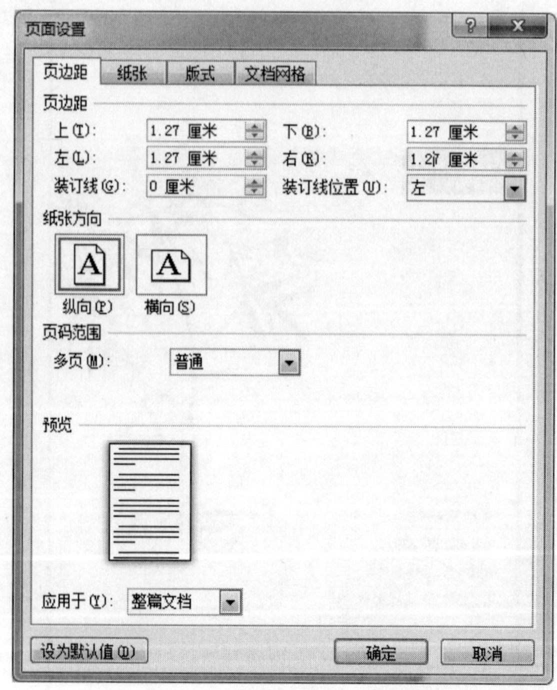

图 4-12 “页面设置”对话框

二、制作封面

1．插入时间

① 光标定位于第一行，在“插入”选项卡“文本”组右侧单击“日期和时间”，在窗口列表中选择格式为“2015 年 5 月”，如图 4-4 所示。

② 在“开始”选项卡“段落”组中选择“右对齐”。

③ 选中插入的日期文本，在“字体”组中设置字体为“隶书”，字号为“四号”，文本颜色为“紫色”。

2．插入表格

① 在日期文本尾部按四次【Enter】换行，光标定位在文档第 6 行。

② 在“插入”选项卡单击“表格”按钮，拖动一个 2×1 表格。或单击“插入表格…”，在弹出的对话框中将列数定义为 2，行数定义为 1，并选择“根据窗口调整表格”，最后单击“确定”按钮。如图 4-13 所示。

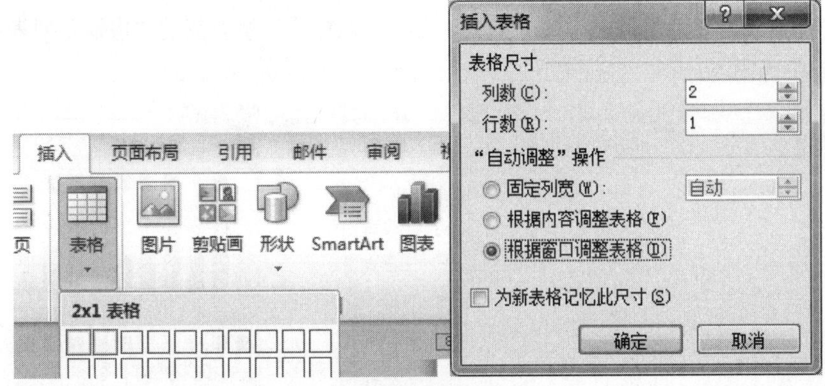

图 4-13　插入表格

③ 将鼠标定位到表格两列中间的竖线上，光标变成“ ”形状时，向左侧拖动鼠标，调整列宽至合适位置。

④ 将光标定位到表格第一个单元格并输入 RESUME，设置字体为 calibri，在第二个单元格中输入“个人简历”，设置字体为“幼园”。选中整个表格，设置字形为“加粗”，字号为“二号”，文本颜色为“白色”。

⑤ 将光标定位到表格左上角，单击“ ”图标选中整个表格，会自动出现“表格工具”功能区，包含“设计”和“布局”两个选项卡，如图 4-14 所示。单击“布局”选项卡左侧“表”组中的“属性”，打开如图 4-15 所示“表格属性”对话框，选择“行”标签，设置指定高度为“2 厘米”。

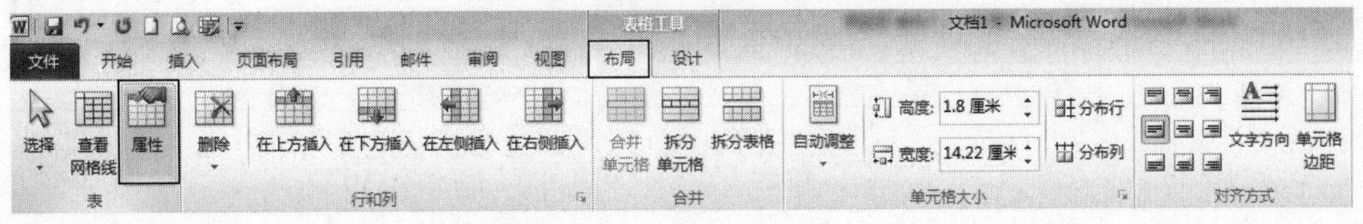

图 4-14　表格工具（布局）

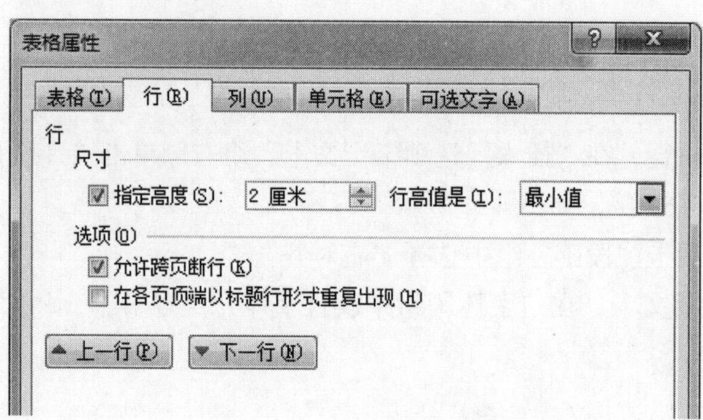

图 4-15 表格属性

⑥ 将光标定位到表格第一个单元格中，单击“设计”选项卡，在“表格样式”组右侧的“底纹”列表中选择“黑色”。单击“布局”选项卡，在右侧“对齐方式”组中单击按钮。同样方式，将第二个单元格底纹设为“灰色 35%”，单击按钮。

⑦ 选中整个表格，单击“设计”选项卡，在“表格样式”组右侧的“边框”列表中单击“无框线”，如图 4-16 所示。

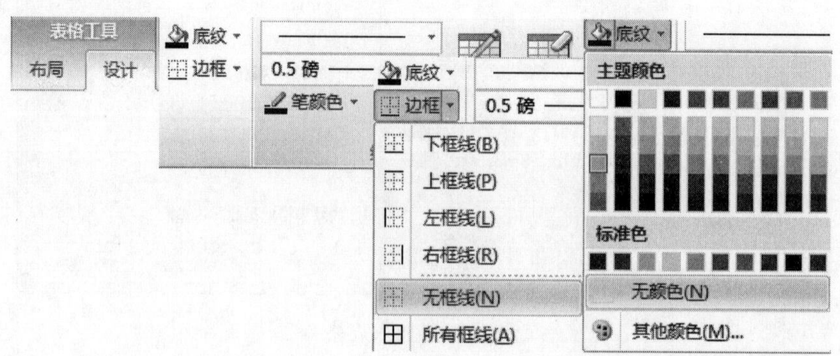

图 4-16 设置单元格边框、底纹

3．插入图片

① 在“插入”选项卡“插图”组中单击“图片”按钮，在弹出的“插入图片”对话框中选择准备好的素材文件“竹叶.jpg”。

② 选中该图片，可看到“图片工具（格式）”选项卡，如图 4-17 所示。单击“自动换行”→“衬于文字下方”。

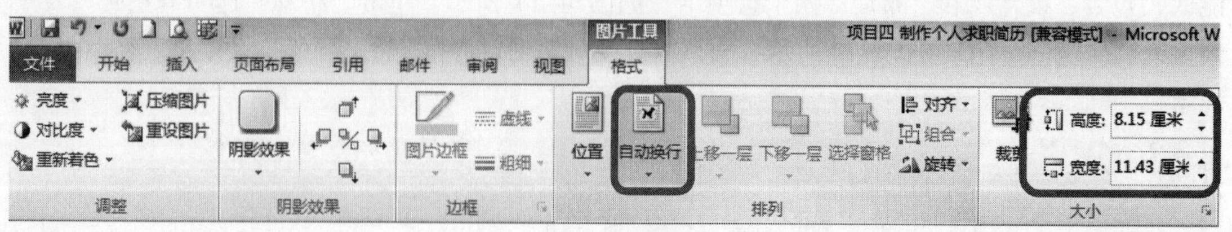

图 4-17 图片设置

③ 在右侧“大小”组中利用上下箭头调整图片大小，调整过程中，图片宽高比例保持不变。也可将鼠标定位于图片四周的八个控制点上，拖动鼠标直观地调整图片大小。

④ 用鼠标拖动图片到合适位置。

4．插入文本

利用【Enter】换行，将光标定位于如图 4–10 效果图文字所示位置，输入文本内容。中文部分设置字体为“幼园”，字号为“四号”，对齐方式为“两端对齐”；英文部分设置字体为 Arial Black，字号为“四号”，对齐方式为“居中”。

三、添加页面边框

单击如图 4–11 所示的“页面布局”选项卡“页面背景”组中的“页面边框”，弹出“边框和底纹”对话框。如图 4–18 所示，设置相应内容，单击“确定”按钮完成。

图 4–18 “边框和底纹”对话框

任务三　制作另一种风格的简历封面

任务描述

下面这个封面由简单的图形组成，用户完全可以自己动手设计修改，根据自己的喜好调整形状、颜色、效果位置，制作出有个性的封面效果。完成效果图如图 4–19 所示。把制作过程分为如图 4–19 标注的四个部分，分别完成。

任务实施

① 制作过程中常用工具。

② 建立封面二文档。

③ 制作第 1 部分：艺术字标题。

④ 制作第 2 部分：个人信息。

⑤ 制作第 3 部分：座右铭。

⑥ 制作第 4 部分：方格组合。

⑦ 添加水印。

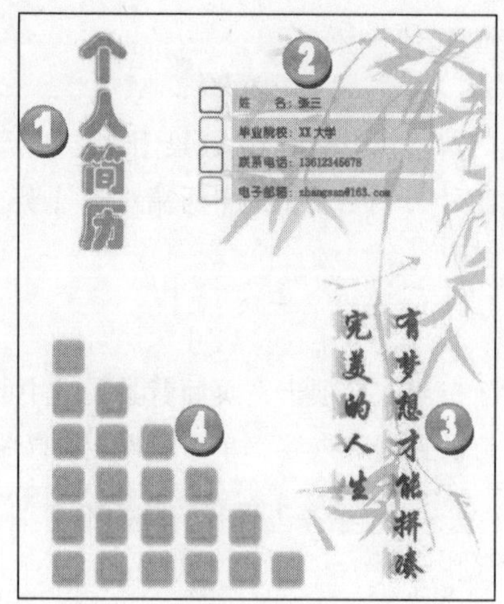

图 4-19 简历封面二效果图

一、制作过程中常用工具

该任务用到艺术字、自选图形、文本框等图文对象，其操作应用最多的是“绘图工具(格式)”选项卡。其中主要包括以下几个组：

1. 形状样式组

形状样式组可实现对图文对象外观、填充、轮廓和效果的快速设置，如图 4-20 所示。单击该区域右下角，可弹出“设置形状格式”对话框进行详细设置。

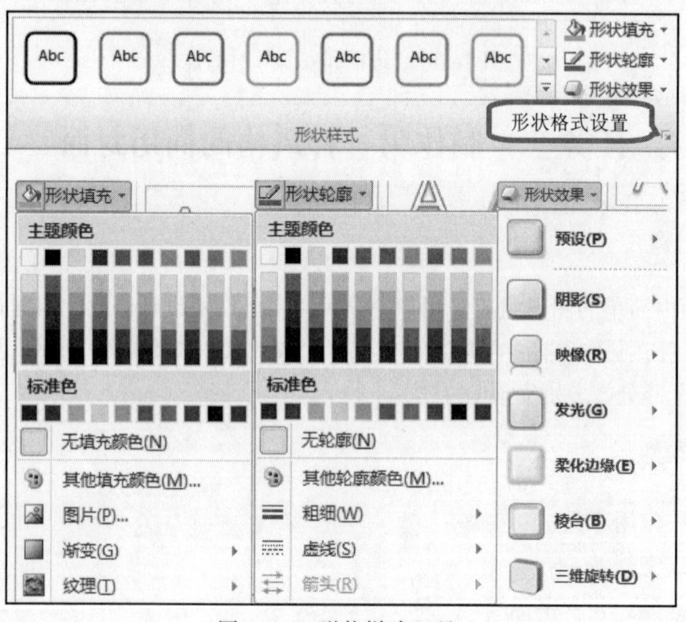

图 4-20 形状样式工具

2. 艺术字样式组

艺术字样式组可实现对艺术字效果的快速设置，其中“文本填充”“文本轮廓”“文本效果”与形状样式相近。单击该区域右下角，可弹出“设置文本格式”对话框进行详细设置。右侧“文本”组中包括“文字方向”和“对齐文本”设置，用于调整文本在区域中“横向”或“纵向”的排列方式，以及在垂直方向上的对齐方式，如图 4–21 所示。

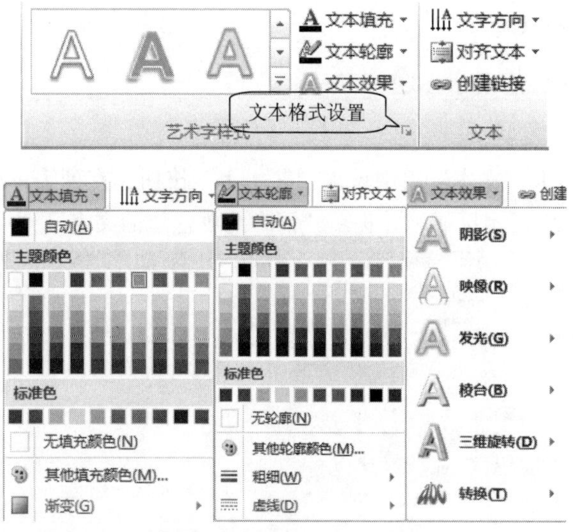

图 4–21 艺术字样式工具

3．排列组

①“自动换行”：用于设置图文对象的环绕方式，以及与正文文本之间的位置关系。

②“对齐”：调整多个图文对象间的位置关系，通常图文对象环绕方式要先设置为“浮于文字上方”。

③“上移一层”和“下移一层”：调整重叠对象纵向的先后次序。

④“组合”：将多个对象组合成一个整体，以保持其相互间位置关系不变。组合体内的对象仍然可以单独调整。

4．大小组

用文本框右侧的“上下箭头”可以直观地调整图文对象的大小。单击该区域右下角，可弹出“布局对话框”，选择是否“锁定纵横比”，以保证对象长宽比例在调整时保持不变。该对话框中还可设置“文字环绕”及“位置”参数，如图 4–22 所示。

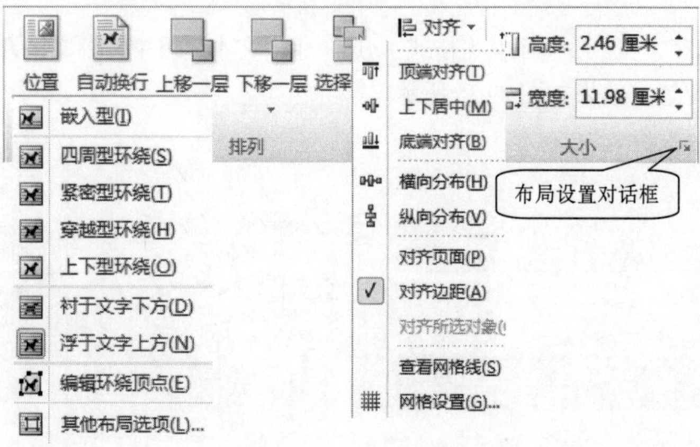

图 4–22 布局工具

二、建立封面二文档

与任务二相同，建立一个空白文档，在“页面布局”选项卡中将页边距调整为“窄”，并将文档保存为文件“封面二.docx”。

三、制作第 1 部分：艺术字标题

这部分用艺术字实现效果。

① 在“插入”选项卡“文本”组中单击“艺术字”按钮，在列表中单击第一行最后一个样式。文档中出现如图 4-23 所示区域，并提示“请在此放置您的文字”。

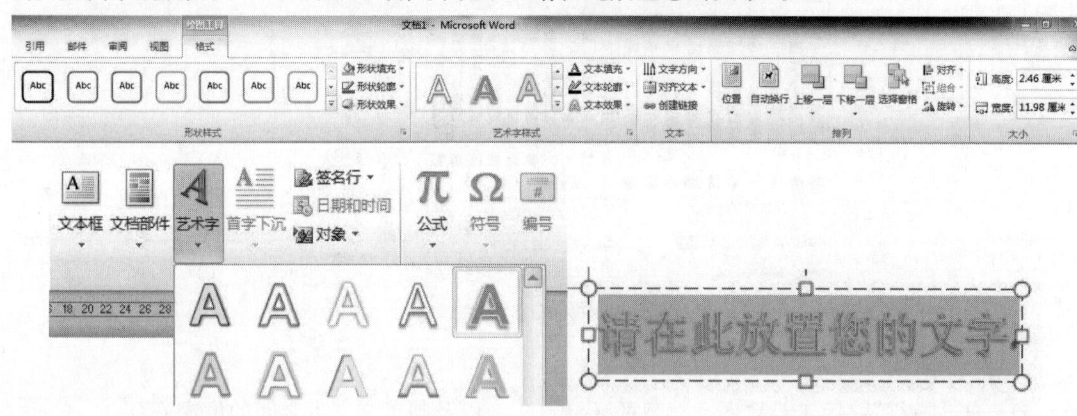

图 4-23　插入艺术字

② 输入“个人简历”，并在【开始】选项卡中将其字体设置为“华文琥珀”，字号设置为“60”磅，效果如图 4-24 所示。

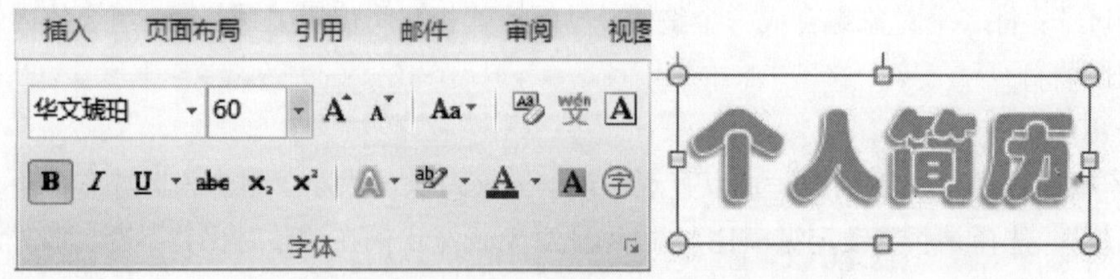

图 4-24　设置艺术字字体、字号

③ 选中该艺术字，在“绘图工具（格式）”选项卡“文本”组中，将文字方向设置为“垂直”，并将其拖动至合适位置，效果如图 4-25 所示。

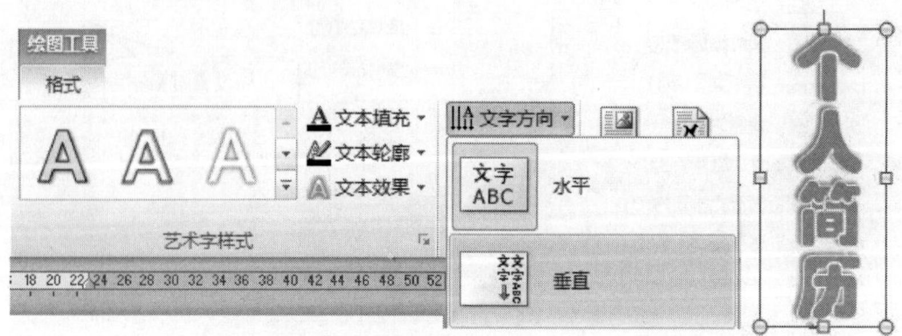

图 4-25　调整艺术字文字方向及位置

四、制作第 2 部分：个人信息

这部分内容是由自选图形和文本框组合而成。

① 在“插入”选项卡“插图”组中单击“形状”按钮，在列表中选择“圆角矩形”，按住【Shift】键并拖动鼠标可绘制一个正方形。如图 4-26 所示。

② 选中该图形，在“绘图工具（格式）”选项卡右侧“大小”组中，设置其高、宽各为“1 cm”。

③ 在“形状样式”组中，选择第三个样式“彩色轮廓-红色”。

图 4-26　样式设置

④ 用 1，2 步相同方法绘制一个矩形，设置其高为 1 厘米，宽为 8 厘米。

⑤ 选中该矩形，如效果图 4-19 所示，将其填充色设置为“水绿色（第 3 行第 9 个）”，形状轮廓色设为“无轮廓”。

⑥ 在矩形上右击，单击“添加文字”，输入“姓名：张三”。选中矩形，在“开始”选项卡中设置其字体为“幼圆”，字号为“四号”，字形为“加粗”，在“文本效果”列表中选择“渐变填充-蓝色（第 3 行第 4 个）”。

⑦ 添加文字完成后会发现由于矩形高度过小，文本不能完全显示，如图 4-27 所示。这时可以单击如图 4-21“艺术字样式”组右下角，弹出“设置文本效果格式”对话框，单击“文本框”按钮，将“内部边距”调整为上、下各为 0 厘米，就可将文本显示完整了。

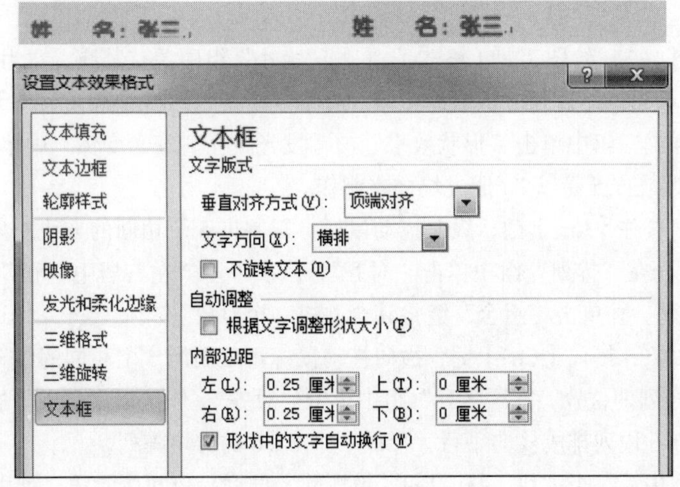

图 4-27　调整文本框

⑧ 将矩形拖动到圆角矩形右侧，调整好左右间距，按住【Shift】键将它们都选中，在“排列”组中打开对齐列表，单击“上下居中”。

⑨ 继续单击“排列”组中的“组合”按钮，将其组合成一个对象，效果如图 4-28 所示。

⑩ 选中组合好的对象，按住【Ctrl】键拖动，另外复制出三个相同对象。调整好第 1 和第 4 对象的纵向位置，再按住【Shift】键将四个组合对象均选中，在“排列”组中单击“对齐”，依次单击其中的“左右居中”和“纵向分布”。其中“纵向分布”的功能是以第一和最后一个对象为起点、终点，再纵向均匀分布对象间距。

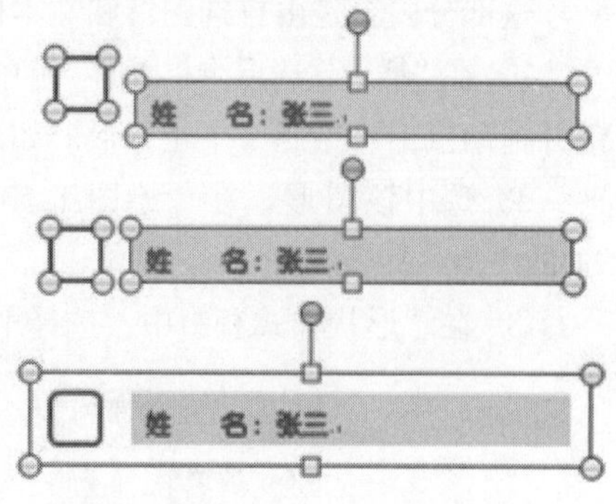

图 4-28　对象的对齐和组合

⑪ 不要取消对象选择，继续在“排列”组中单击“组合”，将它们组合成一个整体，并将其拖动到合适位置。

⑫ 依次单击组合对象中的第 2，3，4 个圆角矩形，在“形状样式”组中将其分别设置为“绿”“紫”“橙”；依次双击第 2，3，4 个矩形，进入文本编辑状态，将其文字修改为“毕业院校……”“联系电话……”和“电子邮箱……”。

五、制作第 3 部分：座右铭

本部分制作过程与第一部分相似，主要包括以下几个步骤：

① 在“插入”选项卡“文本”组中单击“艺术字”，在列表中选择最后一行最后一个样式。

② 输入座右铭文字内容，并在“开始”选项卡将其字体设置为“华文行楷”，字号为“初号”，对齐方式为“左对齐”。

③ 选中该艺术字，在“绘图工具（格式）”选项卡中将文字方向设置为“垂直”，调整对象边框的宽度和高度，让文字显示为图 4-19 所示效果，并将其拖动至右下角合适位置。

六、制作第 4 部分：方格组合

① 在“插入”选项卡中单击“形状”，在列表中选择“圆角矩形”，按住【Shift】键拖动鼠标可绘制一个正方形。

② 选中该图形，在“绘图工具（格式）”右侧“大小”组中调整其高、宽为 1.2 厘米。在“形状样式”组中将其填充色设置为“水绿色（第 3 行第 9 个）”，形状轮廓设为“无轮廓”。

③ 在“形状样式”组中单击“形状效果”→“发光”在“发光变体”中单击第 1 行第 5 个；在“柔化边缘”中单击“5 磅”，完成方块样本制作。

④ 选中方块，按住【Ctrl】键，纵向拖动鼠标再复制出 5 个相同的方块对象，调整好第 1 和第 6 个方块的位置，在“排列”组中单击“对齐”，依次单击“左右居中”和“纵向分布”，将 6 个方块排成纵向一列，并单击“组合”键将其合并成一个对象。

⑤ 选中组合对象，按住【Ctrl】键，横向拖动鼠标再复制出 5 个相同的组合对象，调整好第 1 和第 6 个方块组合列的位置，在“排列”组中单击“对齐”，依次单击“上下居中”和“横向向分布”，将 6 个组合方块列排成横向一行，形成一个 6 × 6 的方块阵列。

⑥ 选中第 2 列中第一个方块，按“Del”键删除。同样，依次删除第 3 列中第 1、2 个方块，直至删除第 6 列前 5 个方块，完成效果图如图 4-29 所示。

⑦ 按住【Shift】键，选中六列组合方块，将其组合成一个对象，并拖动至合适位置。

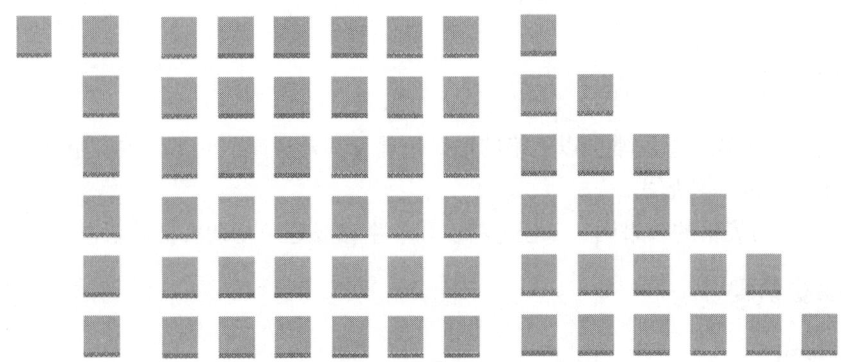

图 4-29　方块的对齐、组合和删除

七、添加水印

为了让图更美观，可将图片或文字作为页面背景。下面将任务二中的素材图片“竹叶”通过添加水印，添加封面的背景效果。

① 在“页面布局”选项卡“页面背景”组中单击“水印”，如图 4-30 所示，在下拉列表中单击“自定义水印（W）…”，弹出“水印”对话框，如图 4-31 所示。

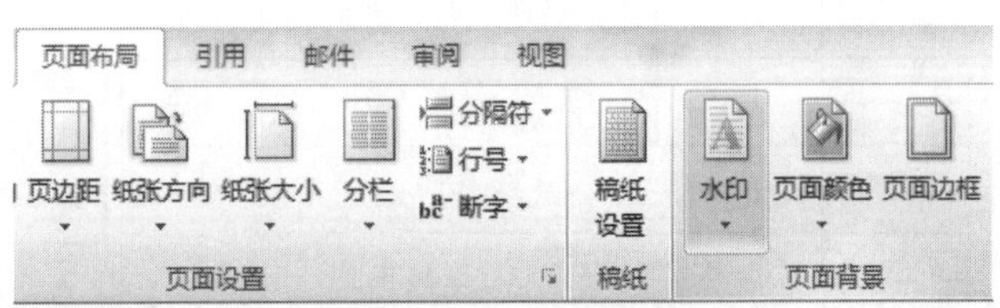

图 4-30　添加水印

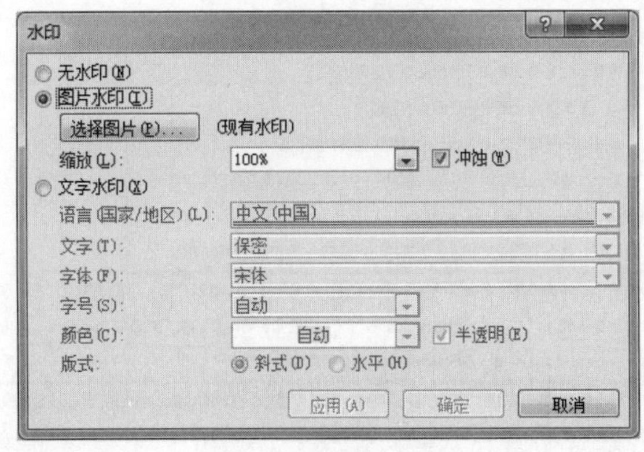

图 4-31　水印对话框

② 选择“图片水印”，单击“选择图片”按钮，在“插入图片”对话框中找到图片文件“竹叶.jpg”，单击“插入”按钮。

③ 图片“缩放”选择 100%，并勾选“冲蚀”效果，单击“确定”按钮，完成水印效果的添加。

至此，封面二制作完成。

任务四　制作个人简历表格

任务描述

简历中的个人求职信息通常会以表格的形式呈现，其外观简洁明了，内容精炼。所以，表格是制作简历最常见的一种形式。

图 4-32 是简历表格的效果图，该任务将引导学生完成这一复杂表格的制作。

任务实施

① 创建文档。

② 插入表格。

③ 调整表格。

④ 制作表格后续部分。

⑤ 修饰表格。

⑥ 添加标题。

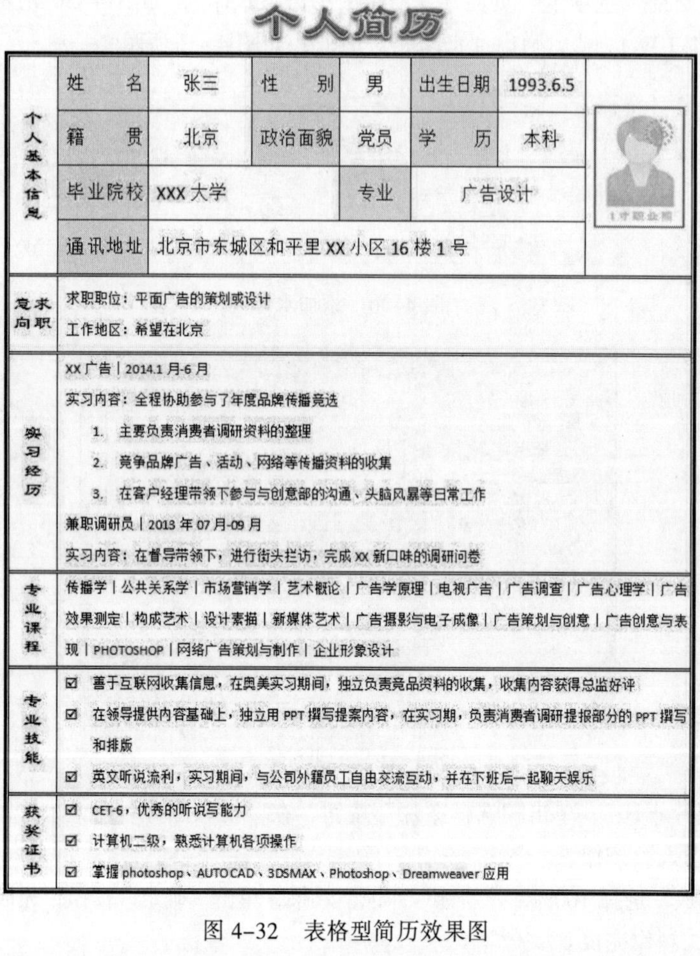

个人简历

<table>
<tr><td rowspan="4">个人基本信息</td><td>姓　　名</td><td>张三</td><td>性　　别</td><td>男</td><td>出生日期</td><td>1993.6.5</td><td rowspan="4">1寸职业照</td></tr>
<tr><td>籍　　贯</td><td>北京</td><td>政治面貌</td><td>党员</td><td>学　　历</td><td>本科</td></tr>
<tr><td>毕业院校</td><td colspan="2">XXX 大学</td><td>专业</td><td colspan="2">广告设计</td></tr>
<tr><td>通讯地址</td><td colspan="5">北京市东城区和平里 XX 小区 16 楼 1 号</td></tr>
<tr><td>求职意向</td><td colspan="7">求职职位：平面广告的策划或设计
工作地区：希望在北京</td></tr>
<tr><td>实习经历</td><td colspan="7">XX 广告丨2014.1 月-6 月
实习内容：全程协助参与了年度品牌传播竞选
1. 主要负责消费者调研资料的整理
2. 竞争品牌广告、活动、网络等传播资料的收集
3. 在客户经理带领下参与与创意部的沟通、头脑风暴等日常工作
兼职调研员丨2013 年 07 月-09 月
实习内容：在督导带领下，进行街头拦访，完成 XX 新口味的调研问卷</td></tr>
<tr><td>专业课程</td><td colspan="7">传播学丨公共关系学丨市场营销学丨艺术概论丨广告学原理丨电视广告丨广告调查丨广告心理学丨广告效果测定丨构成艺术丨设计素描丨新媒体艺术丨广告摄影与电子成像丨广告策划与创意丨广告创意与表现丨PHOTOSHOP丨网络广告策划与制作丨企业形象设计</td></tr>
<tr><td>专业技能</td><td colspan="7">☑ 善于互联网收集信息，在奥美实习期间，独立负责竞品资料的收集，收集内容获得总监好评
☑ 在领导提供内容基础上，独立用 PPT 撰写提案内容，在实习期，负责消费者调研提报部分的 PPT 撰写和排版
☑ 英文听说流利，实习期间，与公司外籍员工自由交流互动，并在下班后一起聊天娱乐</td></tr>
<tr><td>获奖证书</td><td colspan="7">☑ CET-6，优秀的听说写能力
☑ 计算机二级，熟悉计算机各项操作
☑ 掌握 photoshop、AUTOCAD、3DSMAX、Photoshop、Dreamweaver 应用</td></tr>
</table>

图 4-32　表格型简历效果图

一、创建文档

在 Word 2010 中创建一个空白文档，与其他任务保持一致，在“页面布局”选项卡中将页边距调整为“窄”，并将文档保存为文件“简历表格.docx”。

二、插入表格

在 Word 中直接插入的表格是标准的等列宽、行高的二维表格，图 4-32 中复杂表格的效果是通过对标准表格进行调整行高、列宽及合并单元格实现的。制作前，应该数清楚要插入一个几行几列的二维表格。例如，图 4-32 中个人信息部分，应首先创建一个 4 行 8 列的二维表格。

1．插入表格方法

① 在“插入”选项卡单击“表格”组下拉列表，如图 4-33 所示，如果表格行列数较小，可直接在上方拖动鼠标，从而直观、快速地形成表格，图中显示“8×4 表格”，就是我们要建立的 4 行 8 列二维表格。

② 也可以单击“插入表格…”，在弹出的“插入表格”对话框中输入列数为 8，行数为 4，并选择“根据窗口调整表格”，这样整个表格的宽度就是页面宽度。

在对应的单元格中输入文本，结果如图 4-34 所示。

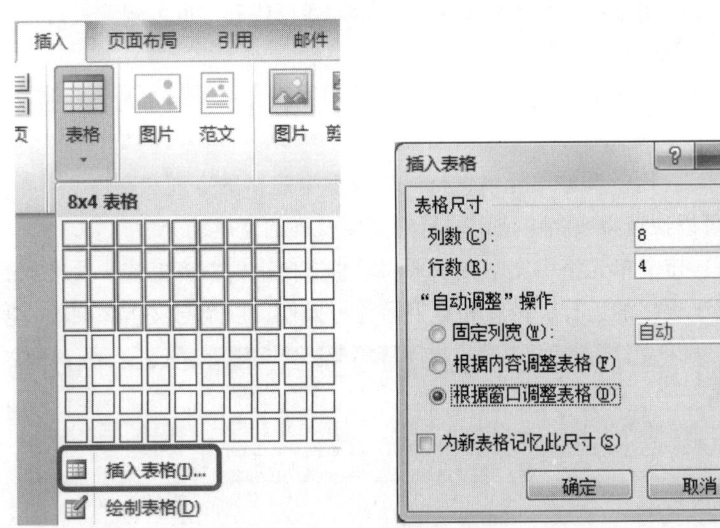

图 4-33　插入表格

	姓名	张三	性别	男	出生日期	1993.6.5	
	籍贯	北京	政治面貌	党员	学历	本科	
	毕业院校			专业			
	通讯地址						

图 4-34　初始表格

2．“表格工具”选项卡

当表格建立好以后，只要光标定位在表格中任意位置，就会自动激活“表格工具”。其中，包括“设计”和“布局”两个选项卡。

①“设计”选项卡：包含“表格样式”和“绘图边框”两部分，如图 4-35 所示。

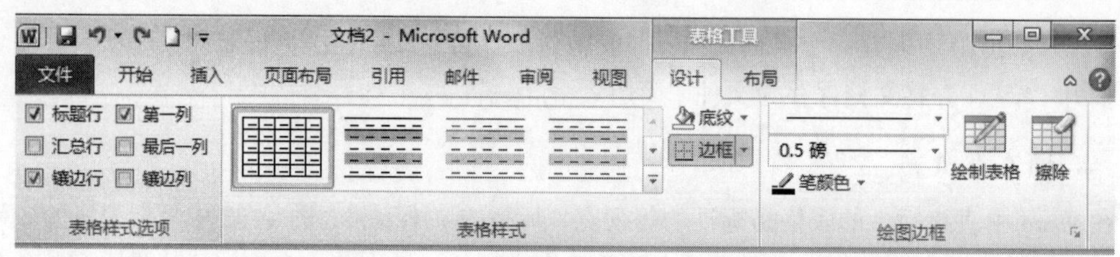

图 4-35 表格工具（设计）选项卡

- “表格样式”组可以让表格自动套用已经设计好的样式，简单方便。
- “绘图边框”组及“底纹”“边框”下拉列表，可实现对表格边框和底纹的颜色、线形、线宽等自定义设置。还可单击“绘图边框”组右下角，弹出“边框和底纹”对话框设置表格中的任意一条连线和任意一个单元格的背景。

②“布局”选项卡：较为常用，分为以下几个组，如图 4-36 所示。

- “表”：用于选择表格对象，如单元格、行、列等；还可打开“表格属性”对话框，详细设置表格各项参数。
- “行和列”：主要用于在现有表格指定位置插入新行或列，也可删除表格中的单元格、行、列，甚至整个表格。
- “合并”：主要用于单元格的合并或拆分。其中“合并单元格”是制作复杂表格最常用的方式。
- “单元格大小”：用于调整单元格、行、列及整个表格的宽度和高度。其中“分布行”和“分布列”可以快速将表格中选定的行的高度及列的宽度均分。
- “对齐方式”：定义单元格中文本在水平和垂直方向上的对齐方式，及文本的文字方向。
- “数据”：用于表格的运算、排序和重复标题行操作，以及与文本之间的转换。

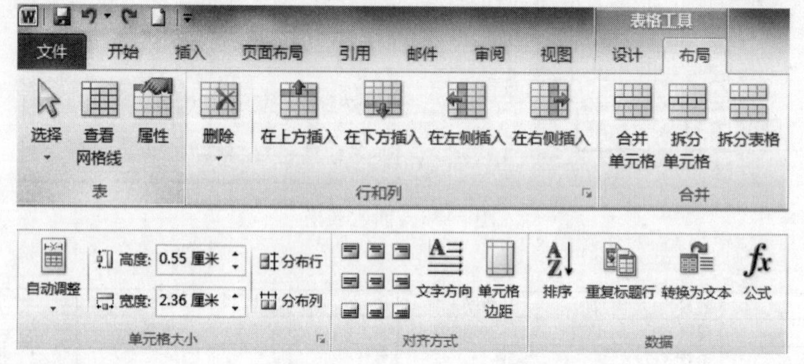

图 4-36 表格工具（布局）选项卡

三、调整表格

1. 调整列宽

因为表格列宽的调整不仅与文字多少有关，还与字体大小有关，所以应该先设置表格中文本的字体和字号，再调整各列的宽度。

单击图 4-34 中左上角的“⊞”符号，选中整个表格，在“开始”选项卡中设置字体为“宋体”，字号为“四号”。由于字号变大，有些单元格原有的列宽不足以放下文本，文本会自动换行，单元格行高增加。

将鼠标分别放在各列间的竖线上，当光标形状变为“⫩”时，左右拖动调整列宽，使其宽度刚能放下文本即可，如图 4–34 所示。

2．合并单元格

先选中要合并的单元格，然后单击“表格工具（布局）”选项卡“合并”组中的“合并单元格”，将多个单元格合并成一个。

根据该任务所示步骤完成效果如图 4–37 所示，将图中所标注 5 个区域的单元格分别合并，并输入相应文本。

1	姓名	张三	性别	男	出生日期	1993.6.5	5
	籍贯	北京	政治面貌	党员	学历	本科	
	毕业院校	2		专业	3		
	通讯地址			4			

图 4–37　合并单元格

3．设置文本对齐方式

① 首先，选中整个表格，在“表格工具（布局）”选项卡中的“对齐方式”区域单击按钮，让所有单元格中的文本在水平和垂直方向上均居中。

② 按住【Ctrl】键选中第 2，4，6 列中标题单元格，在“开始”选项卡的“段落”组单击“分散对齐”，以便让单元格中文本均能充满单元格区域。

③ 同样方式，将第 3，4 行第 3 个单元格设置为“左对齐”。

④ 选中第 1 列单元格，在“表格工具（布局）”选项卡中的“对齐方式”区域选择“文字方向”为“垂直”，并将文本设置为“隶书”“四号”“加粗”。

⑤ 在最后一个单元格，插入图片“一寸职业照”，如图 4–38 所示。

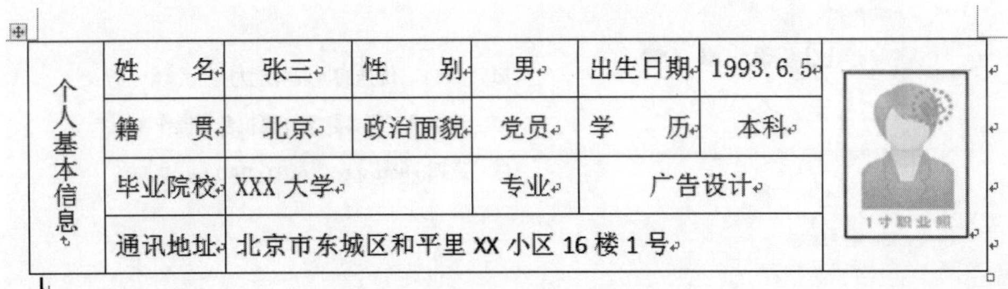

个人基本信息	姓　名	张三	性　别	男	出生日期	1993.6.5	1寸职业照
	籍　贯	北京	政治面貌	党员	学　历	本科	
	毕业院校	XXX 大学		专业	广告设计		
	通讯地址	北京市东城区和平里 XX 小区 16 楼 1 号					

图 4–38　调整对齐方式和文字方向

四、制作表格后续部分

1．插入新行

① 将光标定位于完成表格的最后一行（注意，不能定位到第 1，8 列），在“表格工具（布

局）”选项卡“行和列”组中单击“在下方插入”，插入一个新行。

② 选中新行第 1 个单元格，设置文字方向为“垂直”。

③ 将新行第 2~4 单元格选中，合并单元格。同时，将合并单元格的字号修改为“五号”，对齐方式为“左对齐”。

④ 将光标定位到新行（第 5 行），重复第一步，再在下方插入四个新行。

2．输入文本内容

插入新行会将原来最后一行的格式复制到新行中，所以新插入的 5 个新行第一列的字符格式均是“隶书”、“四号”字、“加粗”、文字方向“垂直”、“中部居中”对齐；第 2 列均是“宋体”、“五号”字、“左对齐”。

在各行中依次输入求职意向、实习经历、专业课程、专业技能和获奖证书及相关内容，如图 4-32 所示。

需要注意的几个要点：

① 第 5 行第一列“求职意向”要从中间换行分成两行垂直显示。

② 第 6 行实习内容中的三项（第 4、5、6 自然段），在“开始”选项卡“段落”组中添加编号，并增加缩进量，如图 4-39 所示。

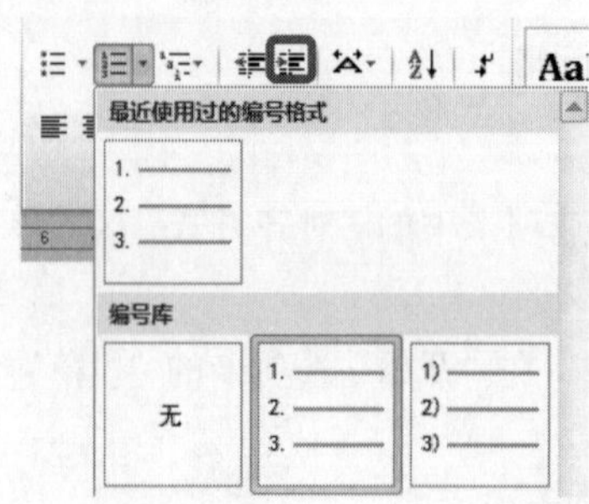

图 4-39 添加编号

③ 第 8、9 行的内容添加项目符号，如图 4-40 所示。

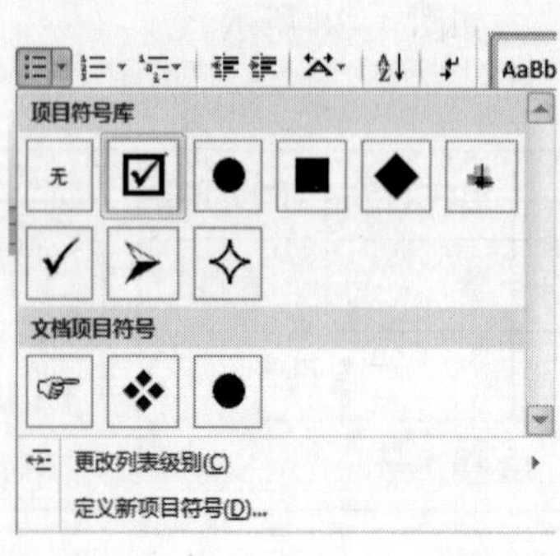

图 4-40 添加项目符号

3．调整表格高度

表格制作完成后发现，表格整体高度不够，页面下方有若干行的空白，需要调整高度，让表格能占满这一页。调整行高的方法有以下几种方式：

① 使用“表格属性”对话框。将光标定位到第 1 行，在“表格工具（布局）”选项卡左侧单击“属性”，弹出“表格属性”对话框。指定第 1 行高度值，然后单击“下一行”，依次指定每一行高度值。列宽的调整也可以用这种方式。

② 使用“表格工具（布局）”选项卡中“单元格大小组”设置。将光标定位于任意一个单元格中，在该组中用“上下箭头”调整高度值。

③ 使用“分布行”工具。例如，增加前四行个人基本信息的行高，可用鼠标拖动第 4 行到合适高度，然后选中前四行，单击“表格工具（布局）”“选项卡“单元格大小”组中的“分布行”按钮，将高度平均分布到各行，如图 4-41 所示。

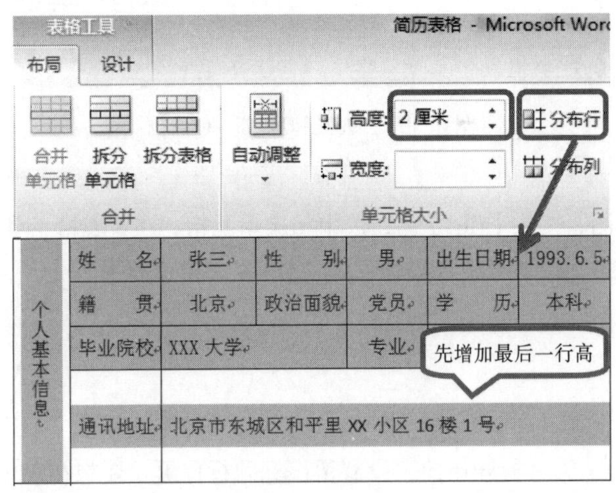

图 4-41 调整行高

4. 调整行间距

最后 5 行的行高是由单元格中的文本决定的，选中表格后五行，在“开始”选项卡“段落”组中将行间距设为“1.5 倍”，也可增加表格高度。

五、修饰表格

表格的美观除了与单元格中文本的字符格式设置及段落排版有关外，表格本身的边框和底纹的设置也能让表格更漂亮，更突出。

1. 表格外边框设置

选中整个表格，在“表格工具（设计）”选项卡右侧“绘图边框”组中设置线型、线宽和颜色，如图 4-42 所示。在“边框”下拉列表中单击“外侧框线”，完成设置。

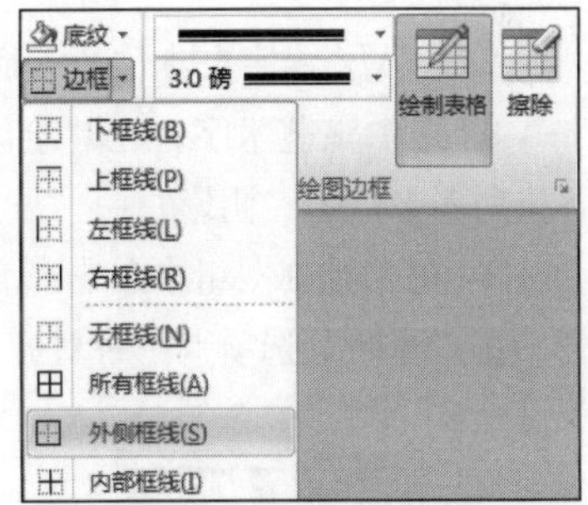

图 4-42 边框设置

2. 简历表各部分之间“双线”间隔

重新定义线型为“双线”，“绘制表格”自动有效，光标变为一只笔形状，直接在要修改的边线上拖动绘制即可。

也可选中要修改的单元格区域或整个表格，单击“绘图边框”组右下角，弹出“边框和底纹”对话框完成效果设置，如图 4-43 所示。

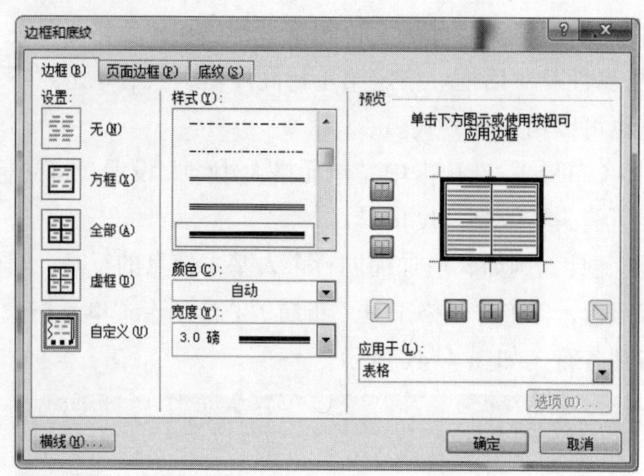

图 4-43 “边框和底纹”对话框

3. 底纹设置

参照图 4-32 效果图，按住【Ctrl】键，选中相应单元格，在“表格工具（设计）”选项卡“表格样式”组右侧“底纹”下拉列表中选择颜色为“水绿色（第 2 行第 9 个）”，完成设置，如图 4-44 所示。

六、添加标题

1. 添加标题行

由于制作表格时是从第一行开始的，没有留出标题行位置。要想在表格上方空出一行，可以将鼠标定位到表格左上角“⊞”处向下拖动，可以看到表格上方出现一个空行。也可将光标定位到表格第一行第一个单元格最前端，按【Enter】键，实现相同效果。

2. 插入艺术字

① 在“插入”选项卡“文本”组中单击“艺术字”，在下拉列表中选择第 4 行第 4 个“渐变填充-蓝色…”。

② 输入艺术字文本“个人简历”，并设置字符格式为“隶书”“小初”。

③ 选中该艺术字，在“绘图工具（格式）”选项卡“形状样式”组中单击“形状效果”，在下拉列表中单击“阴影”→“外部”中的第一个效果，如图 4-45 所示。

④ 在“排列”组中单击“自动换行”，将环绕方式设置为“嵌入型”，艺术字位于标题行左侧，在“开始”选项卡中将对齐方式设置为“居中”。

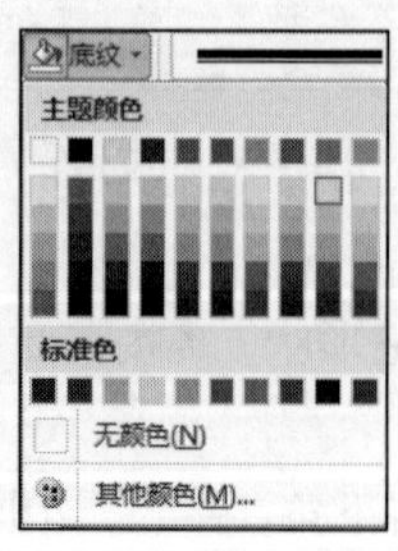

图 4-44 底纹设置

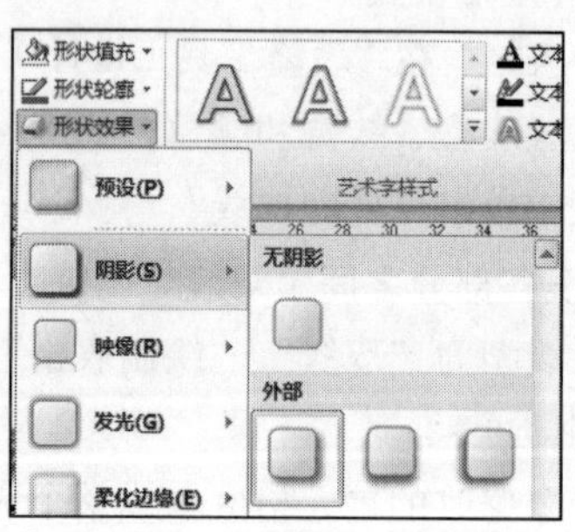

图 4-45 设置艺术字效果

任务五　制作第二种风格的简历

任务描述

该任务完成如图 4-46 所示“个人简历”的制作，在制作过程中重点涉及分栏、自选图形、格式设置等相关知识点。

任务实施

① 创建文档。

② 创建标题。

③ 分栏。

④ 绘制文本框。

⑤ 个人基本信息制作。

⑥ 分栏页面右侧内容标题制作。

⑦ 编辑简历内容。

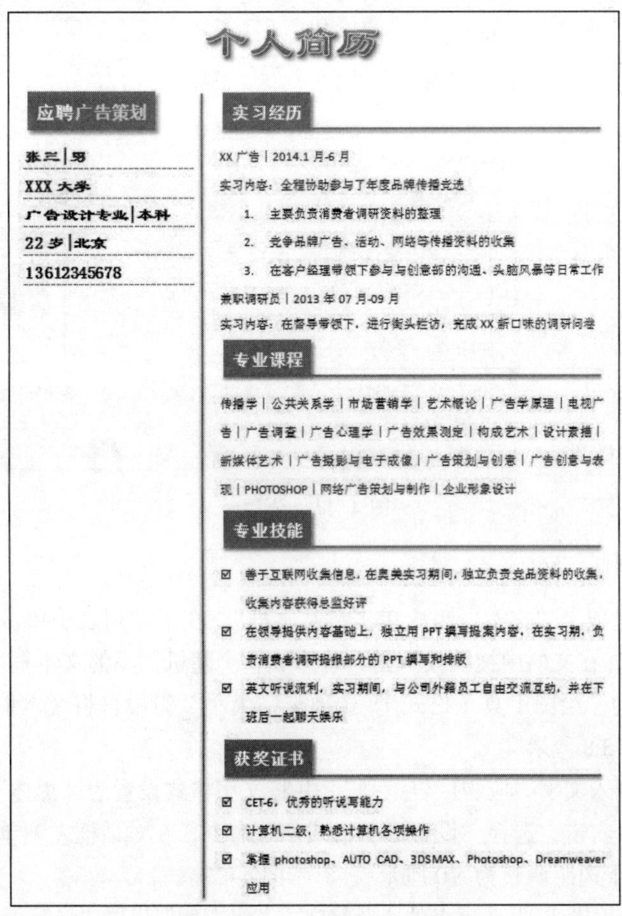

个人简历

应聘广告策划

张三|男

XXX 大学

广告设计专业|本科

22 岁|北京

13612345678

实习经历

XX 广告 | 2014.1 月-6 月

实习内容：全程协助参与了年度品牌传播竞选

1. 主要负责消费者调研资料的整理
2. 竞争品牌广告、活动、网络等传播资料的收集
3. 在客户经理带领下参与与创意部的沟通、头脑风暴等日常工作

兼职调研员 | 2013 年 07 月-09 月

实习内容：在督导带领下，进行街头拦访，完成 XX 新口味的调研问卷

专业课程

传播学 | 公共关系学 | 市场营销学 | 艺术概论 | 广告学原理 | 电视广告 | 广告调查 | 广告心理学 | 广告效果测定 | 构成艺术 | 设计素描 | 新媒体艺术 | 广告摄影与电子成像 | 广告策划与创意 | 广告创意与表现 | PHOTOSHOP | 网络广告策划与制作 | 企业形象设计

专业技能

☑ 善于互联网收集信息，在奥美实习期间，独立负责竞品资料的收集，收集内容获得总监好评

☑ 在领导提供内容基础上，独立用 PPT 撰写提案内容，在实习期，负责消费者调研报部分的 PPT 撰写和排版

☑ 英文听说流利，实习期间，与公司外籍员工自由交流互动，并在下班后一起聊天娱乐

获奖证书

☑ CET-6，优秀的听说写能力

☑ 计算机二级，熟悉计算机各项操作

☑ 掌握 photoshop、AUTO CAD、3DSMAX、Photoshop、Dreamweaver 应用

图 4-46　个人简历二效果图

一、创建文档

在 Word 2010 中创建一个空白文档，与其他任务保持一致，在“页面布局”选项卡中将页边距调整为“窄”，并将文档保存为文件“简历分栏.docx”。

二、创建标题

与任务四中添加艺术字标题方法一样，用户也可自行设计标题效果。特别注意：标题艺术字要把环绕方式修改为“嵌入型”。

三、分栏

① 将光标定位于标题尾部，按【Enter】键换行。

② 选中第二行的换行符，在“页面布局”选项卡“页面设置”组中单击“分栏”→“更多分栏…”，弹出“分栏”对话框。选择“预设”中的“左”，将文档分为两栏。

③ 由于选中了第二行，则“应用于”位置自动定义为“所选文字”，即只对第二行的文本分栏进行处理，如图 4-47 所示。

④ 从文档上方的标尺可以看出分栏结构的定义。

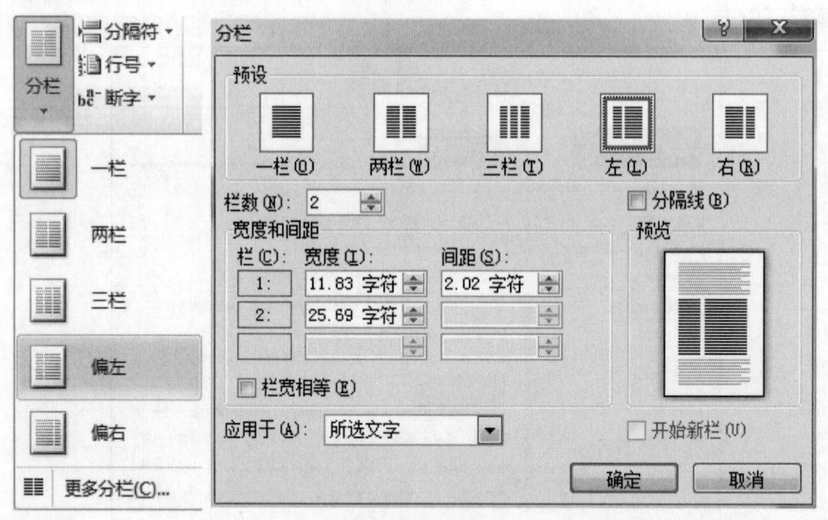

图 4-47 分栏

四、绘制文本框

① 在“插入”选项卡“文本”组中单击“文本框”，在下拉列表中单击“绘制文本框”，光标变为“十字”形状，在文档中拖动或双击，可形成一个随机大小的文本框。

② 在自动激活的“绘图工具（格式）”选项卡“大小”组中，将文本框的高度设置为“1.1 厘米”，宽度设置为“3.8 厘米”。

③ 在文本框中输入文字“应聘广告策划”，并将文字格式设置为“黑体”“小三”。

④ 选中文本框，右击，选择“设置形状格式…”命令，在对话框左侧单击“文本框”按钮，将“内部边距”中上下边距调整为“0 厘米”，参考图 4-27。

⑤ 在“绘图工具（格式）”选项卡的“形状样式”组右侧，设置“形状填充”为“蓝色”；“形

状轮廓”为“无轮廓”；“形状效果”为“阴影、外部第一个”。

⑥ 设置“应聘”文字颜色为“白色”，“广告策划”文字颜色为“黄色”。

⑦ 在“排列”组中单击“自动换行”，将环绕方式设置为“嵌入型”。

完成过程如图 4–48 所示。

图 4–48 文本框设置

五、个人基本信息制作

① 在文本框下一行输入如图 4–46 所示的个人基本信息内容。

② 在“开始”选项卡中的“字体”组中将文本格式设置为“隶书”“四号”“加粗”。

③ 选中这五行文本，在“开始”选项卡“段落”组右侧“框线”下拉列表中单击最后一项“边框和底纹（O）…”，弹出“边框和底纹”对话框。

④ 设置线型为“虚线”、颜色为“蓝色”、宽度为“1.5 磅”，在“预览”项单击中、下两根边框线。特别要注意“应用于”选择的是“段落”，如图 4–49 所示。单击“确定”按钮，完成行间虚线间隔的效果。

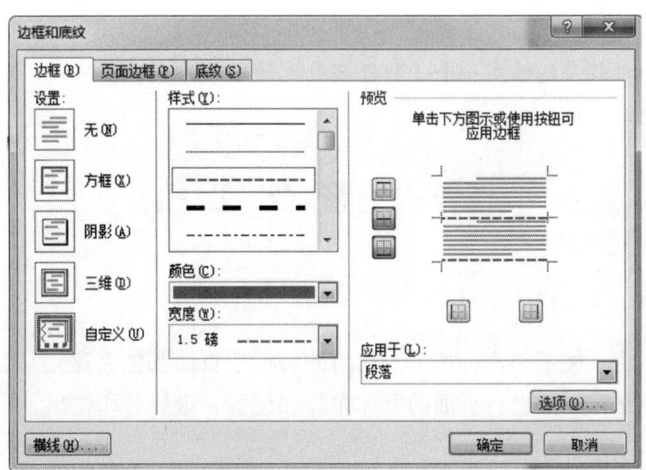

图 4–49 段落边框设置

完成过程如图 4–50 所示。

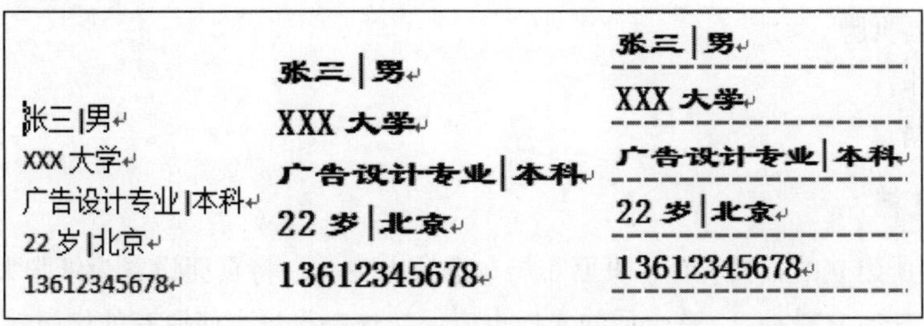

图 4–50 个人基本信息制作

六、分栏页面右侧内容标题制作

① 标题文本框处理方式与左侧文本框相似。绘制任意大小文本框后，将其大小调整为高度 1 cm，宽度 2.6 cm。

② 输入文字“实习经历”，设置格式为“黑体”“四号”“加粗”“白色”。

③ 填充、轮廓及效果设置与左侧文本框一样。

④ 在“插入”选项卡“插图”组中单击“形状”，在下拉列表中选择“直线”，按住【Shift】键拖动鼠标，从左到右绘制一条直线。

⑤ 选中该直线，在“绘图工具（格式）”选项卡“形状样式”组中单击第二个预设样式。

⑥ 按住【Shift】键，同时选中文本框和直线，在“对齐”列表中单击“左对齐”；在“组合”列表中单击“组合”；在“自动换行”列表中单击“嵌入型”。

⑦ 选中这一组合对象，将其复制到右侧第 3，5，7 行，双击每一个对象的文本框，修改其中的文字为其他内容标题。

七、编辑简历内容

在每一个标题下输入相关的内容文本，并在“开始”选项卡的字体和段落区域中，将文本格式设置为“宋体”“五号”“1.5 倍行距”。

注意：“实习经历”中第 3～5 行添加编号；“专业技能”和“获奖证书”的内容添加项目符号。与任务四在表格单元格中的设置相同。

提示：该任务分栏效果还可用一个 1 行 2 列的无边框表格实现其布局，后续操作更简单，同学们可自行思考并设计实现。

任务六　整 合 文 档

在前面任务中，为了便于制作，把个人简历的每一个页面都独立建立一个文档。最终还是需要将它们整合成一个文档，并进行页面的整体布局和设置，最终打印输出。

任务实施

① 合并文档。

② 添加目录。

③ 插入页眉页脚。

④ 添加水印。

⑤ 打印文档。

一、合并文档

前面任务中所建立的文档，在“页面布局”选项卡中统一将页面设置为纸张大小：A4，页边距：窄（上下左右各 1.27 cm）。整合后的文档也应保持这一设置，使原有的排版效果不变。但是，还有些页面包含一些：如分栏、页面边框等与文档整体相关的设置，所以在合并文档时在每页间插入“分节符”，以保持各页面不同的效果。

1．新建文档

新建一个文档，将页面设置为纸张大小：A4，页边距：窄（上下左右各 1.27cm）。并保存为“简历整合.docx”。

2．插入分节符

在“页面布局”选项卡“页面设置”组中，单击右上角的“分隔符”，并在下拉列表中单击“分节符”→“下一页”，如图 4-51 所示。这可使文档产生一个新页，而且前后两页分属不同的节，这便于以“节”为单位，分别设置页面属性。

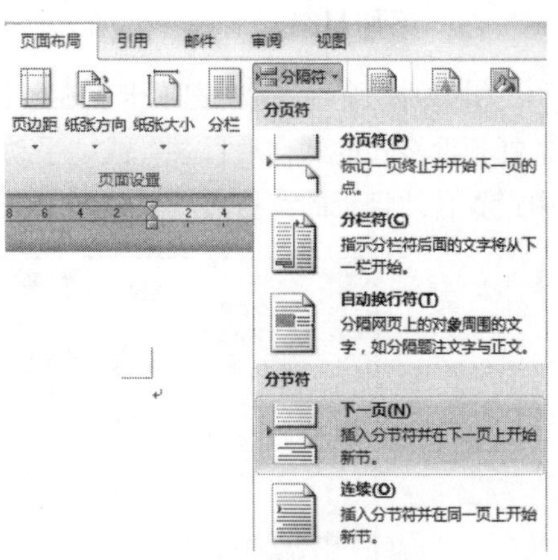

图 4-51　插入“分节符”

用相同的方法再插入四个分节符，共形成六个空白页，分别复制各页内容。

3．复制页面内容

① 打开任务二所制作的文档“封面一.docx”，按【Ctrl+A】组合键，选中文档全部内容，并按【Ctrl+C】组合键复制。

② 切换到新建的整合文档“简历整合.docx”，将光标定位到第 2 页开始处，按【Ctrl+V】组合键将封面一的内容复制到第 2 页。

③ 由于各页之间有分节符，所以原稿中设置的页面边框没有复制到新文件中，可参照图 4-18 所示重新设置。注意，设置时“应用于”部分应在列表框中选择“本节”。

④ 重复第 1、2 步操作，将“封面二.docx”“简历表格.docx”“简历分栏.docx”和“自荐信.docx”这四个文件的全部内容复制到“简历整合.docx”文件的第 3，4，5，6 页。

⑤ 复制“简历分栏.docx”文件时，由于分栏设置不能一起复制到新文档中，原稿中两栏的内容会以一栏的形式复制。完成复制后要选中除标题外全部内容，参照图 4-46 所示，重新设置分栏效果。

4．插入“对象”

① 合并文档也可以在“插入”选项卡的“文本”组中单击“对象”，弹出“对象”对话框如图 4-52 所示。在下拉列表中可选择“对象(J)…”和“文件中的文字(F)…”。

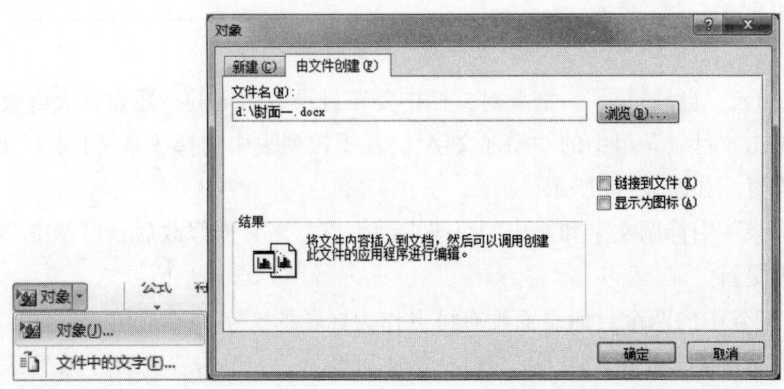

图 4-52　插入对象

② 单击“文件中的文字…”是将所选文件的文本内容插入到当前文档中光标所在位置，因为本项目文档中图形对象较多，不适用此方法。

③ 单击“对象…”可在“由文件创建”选项卡中指定要插入的文件名，如图 4-52 所示，该文件将以一个对象整体的形式插入到当前文档光标所在位置，双击该对象，可单独进行编辑。

二、添加目录

① 切换到“引用”选项卡，在“目录”组中单击“目录”，可在光标所在位置插入目录。可选择预设格式的“自动目录”或“手动目录”，或单击“插入目录…”，在弹出的“目录”对话框中设置自动目录的“格式”及“显示级别”如图 4-53 所示。

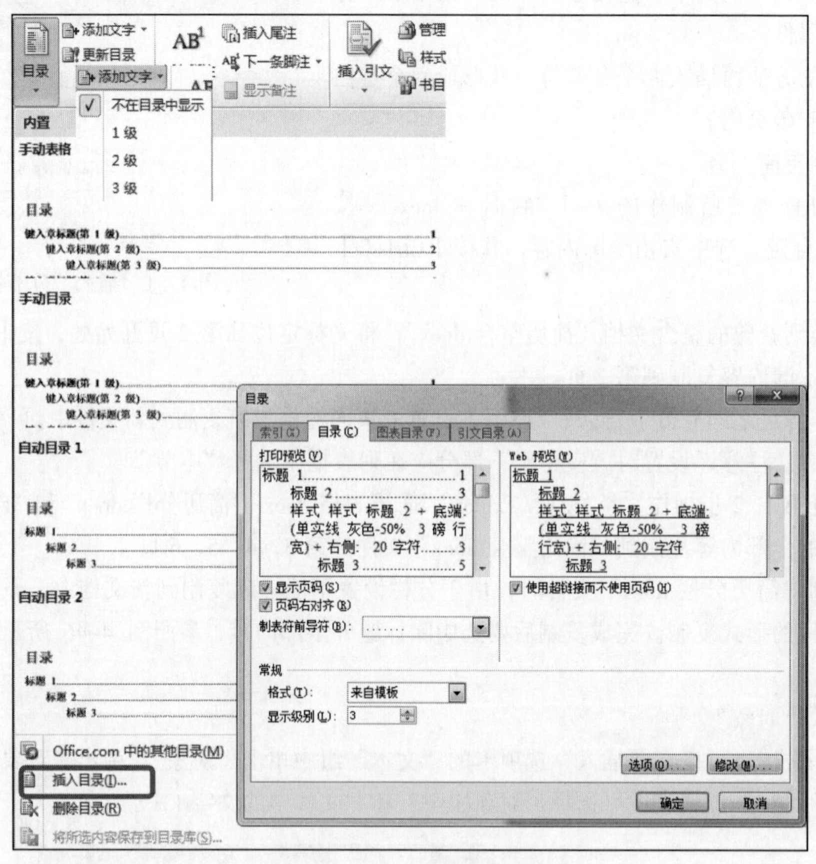

图 4-53 添加目录

② 如果要插入“自动目录”，需要对文档中要在目录中出现的标题设置大纲级别。方法是选中标题文本，单击“目录”组中的“添加文字”，在下拉列表中选择级别（1-3），也可在“段落”格式对话框中设置，如图 4-54 所示。

③“自动目录”中标题文字和对应的页码自动生成，当文档修改后，可单击“更新目录”完成文字和页码的更新。

④ 本项目任务中的两个封面页面没有可以作为标题的文字，不适用“自动目录”方式，所以我们选择“手动目录”方式。将光标定位于第 1 页开始处，单击“目录”，在列表中选择“手动目录”，修改目录文字，结果如图 4-54 所示。

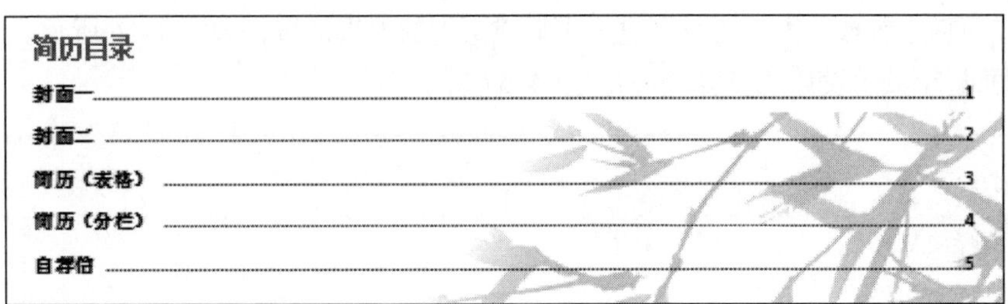
简历目录

封面一……1
封面二……2
简历（表格）……3
简历（分栏）……4
自荐信……5

图 4–54　目录

三、插入页眉页脚

页眉和页脚中通常显示文档的附加信息，常用来插入时间、日期、页码、单位名称、LOGO 等。其中，页眉在页面的顶部，页脚在页面的底部。页眉和页脚也用作提示信息，特别是其中插入的页码，通过这种方式能够快速定位所要查找的页面。

在默认情况下，一篇文章从头到尾的页眉页脚都是一样的。有时，还需要根据不同的章节内容而设定不同的页眉页脚，可在文档中插入节符来分隔页面，并以节为单位，分别设置不同的页眉与页脚。

① 切换到“插入”选项卡。在“页眉和页脚”组中单击“页眉”或“页脚”按钮。在打开的“页眉”面板中单击“编辑页眉”按钮，如图 4–55 所示。

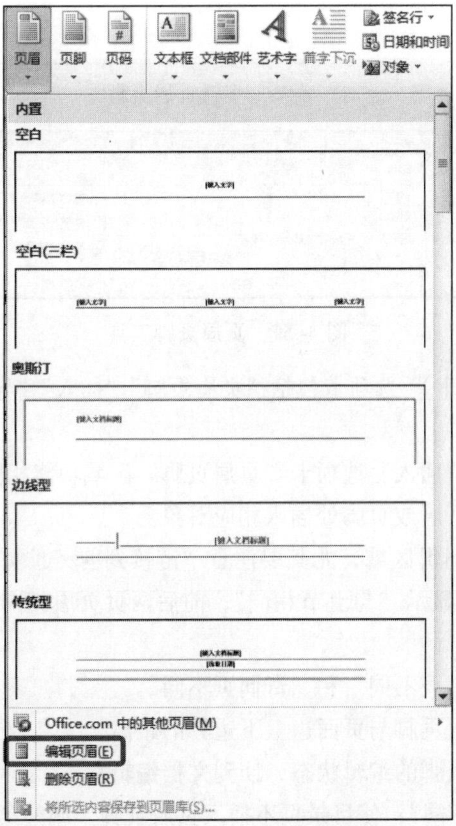

图 4–55　插入页眉页脚

② 双击页面上方或下方，可分别进入页眉或页脚的编辑区域，如图 4–56 所示。同时，自动激活“页眉页脚工具（设计）”选项卡，如图 4–57 所示。

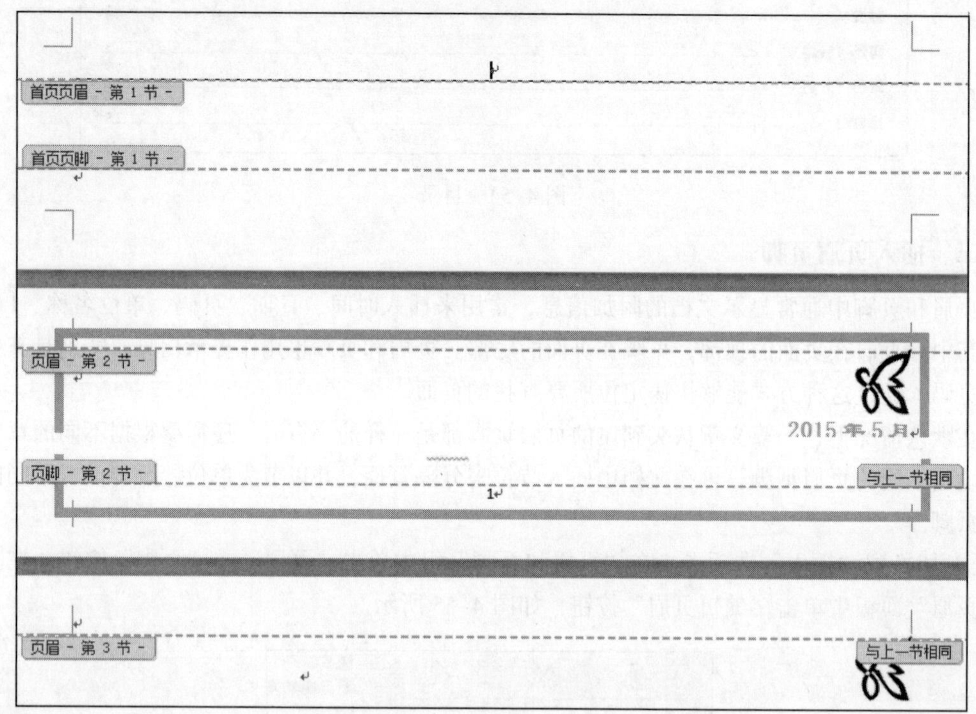

图 4–56　编辑页眉页脚

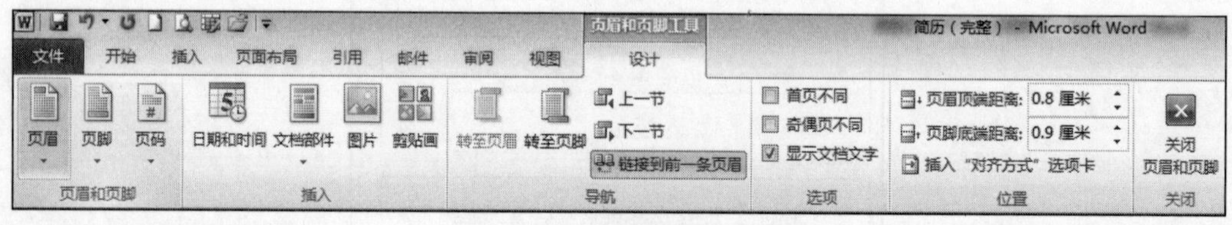

图 4–57　页眉页脚工具

③“页眉页脚工具（设计）”选项卡包括“页眉页脚”“插入”“导航”“选项”“位置”和“关闭”六个组。

- “页眉和页脚”：与“插入”选项卡“页眉页脚”区域功能相同。
- “插入”：可选择在页眉或页脚处插入相应对象。
- “导航”：用于切换编辑区域，尤其要注意“链接到前一条页眉”项，只有当插入了分节符后可用。选中它，显示“与上节相同”，前后两页页眉相同，取消选择，可设置不同的页眉。
- “选项”：可设置“首页不同”和“奇偶页不同”。
- “位置”：可调整页眉页脚与页面边上下边界的距离。
- “关闭”：结束页眉页脚的编辑状态，回到文档编辑。

④ 该任务勾选“首页不同”，使目录页不插入页眉页脚。调整第 2～6 页页眉距离为 0.8 cm，页脚距离为 0.9 cm。

⑤ 在页眉中插入一张蝴蝶的图片，环绕方式为“浮于文字上方”，放置在页面右上角。

⑥ 删除页眉中的横线。插入页眉后，在页眉下方会有一根横线。要想去掉它，可选中整个页眉段落，注意一定要选择段落标记，然后在“开始”选项卡中的“段落”组中，单击“框线”列表中的“无框线”项即可。

⑦ 在页脚中插入页码，加粗显示并居中对齐。

⑧ 完成编辑后单击“关闭页眉和页脚”按钮。

四、添加水印

“页面布局”选项卡中的“水印”也是页眉效果中的一种，如同任务三中的制作方法一样，参照图 4-30 完成设置，可以看到所有页面均出现了水印效果。

五、打印文档

在“文件”菜单中选择“打印”，如图 4-58 所示。在该页面中可查看打印预览，选择打印机，设置打印份数、页码、打印方式和顺序，调整纸张的大小、方向及页边距等参数。设置完成后单击“打印”按钮，即可完成打印。

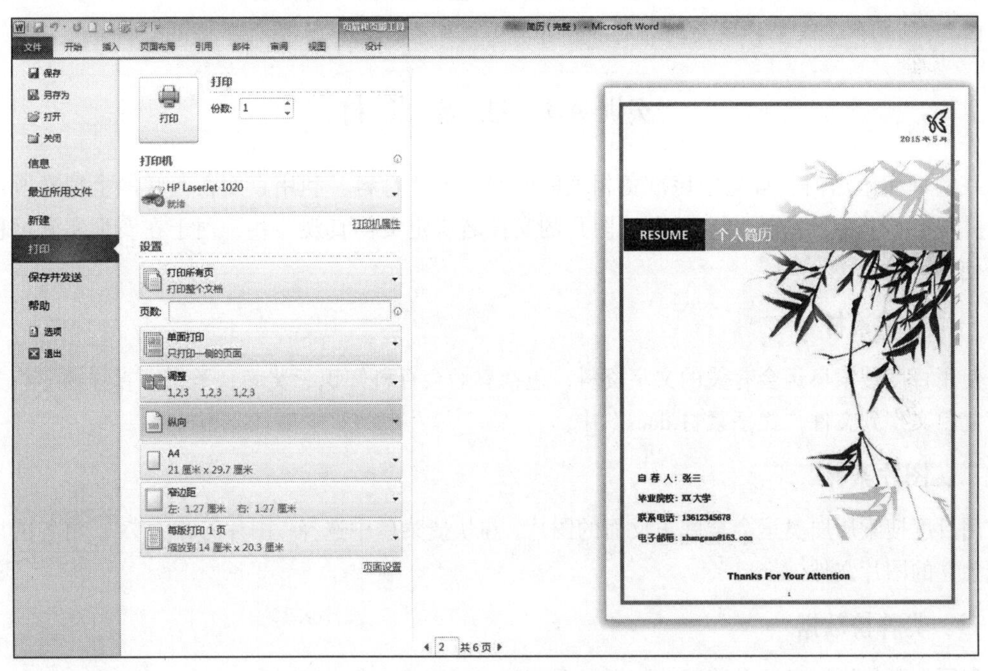

图 4-58　打印文档

项目总结

本项目通过一份个人简历文档的制作过程，让用户熟悉 Word 2010 办公软件的使用方法和操作技巧。本项目涵盖了文档操作、文本编辑、格式设置、表格处理、图文混排、页面设置、打印输出等相关知识点。希望用户能在制作过程中举一反三，熟练掌握 Word 2010 这一文档处理工具的使用，灵活应用到今后的工作中。

实训 A 制作奥运会金牌及知识简介文档

本实训目标是制作一份奥运会金牌及知识简介的文档，包括奥运会简介、奖牌、圣火、吉祥物、金牌图案和奖牌榜等内容。通过这一文档的制作，复习巩固“个人简历”项目中所学习的知识点及操作技巧，熟悉 Word 2010 工具的使用，发挥想象力，制作出美观并富有个性的 Word 文档。

本实训文档包括以下内容：

① 封面设计。利用历届奥运会 LOGO 和金牌的图片，通过艺术字、图形的组合，设计一个美观、有特色的封面。

② 奥运会简介。重点练习普通文档的编辑和排版方法及技巧，包括文本编辑、格式设置、基本表格处理等知识点。

③ 奥运会类型。利用组织结构图介绍夏季、冬季、残奥会、青奥会等各类运动会。

④ 历届奥运会金牌简介。制作一个复杂表格展示历届奥运会金牌图案和奖牌榜，练习表格编辑和修饰的技巧；利用分节符实现同一文档中设置不同的页面属性。

⑤ 目录制作。设置标题大纲级别，并自动生成目录。

实训 A.1 准备素材

在实训实施之前，首先应该准备相关的文字、图片材料。利用百度在互联网上搜索所需素材，并保存到指定文件夹中。保存时图片的文件名应定义得直观一些，便于在实训实施过程中选择使用。

一、文字素材

使用百度搜索奥运会有关的文字资料，包括奥运会百科知识、奖牌、圣火、吉祥物等相关文字，复制文字到文件“文字素材.docx”中。

二、图片素材

用百度搜索历届奥运会金牌正反面的图片，在快捷菜单中选择“图片另存为…”，将各图片保存成独立的图片文件。

三、奖牌榜数据

在网上查找历届奥运会奖牌榜数据，保存到“奖牌.docx”文件中。

实训 A.2 封面制作

通过本实训复习 Word 中图文混排的相关操作方法。完成效果如图 4-59 所示。

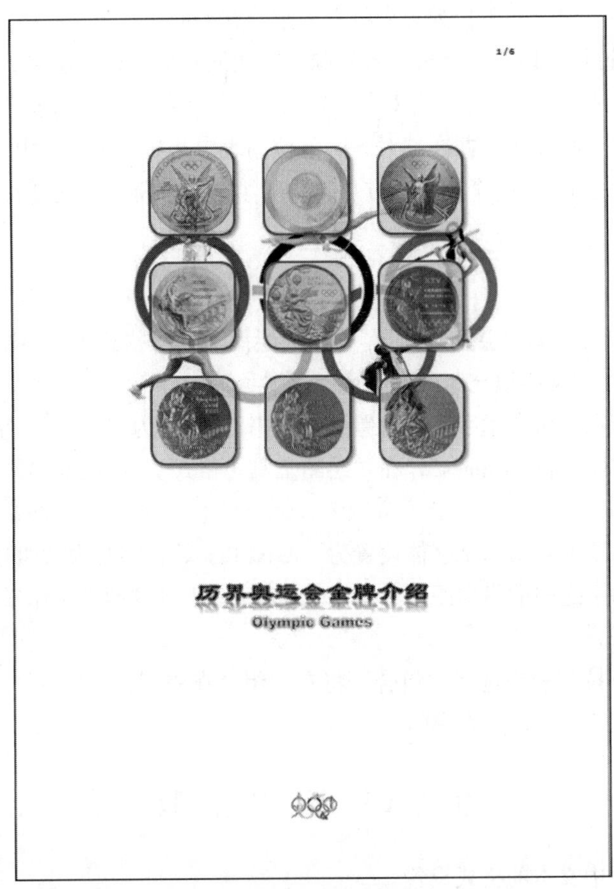

图 4-59　封面效果

一、重要知识点

① 插入图片、自选图形、艺术字等图文对象。

② 图片、自选图形、艺术字样式设置。

③ 图片填充。

④ 图文对象的对齐、组合操作。

二、奥运会 LOGO

① 奥运会 LOGO 图片，调整大小，居中对齐。

② “图片工具（格式）”选项卡的“调整”区域，选择一种艺术效果。

三、制作九届奥运会金牌图片组合

① 按住【Shift】键插入一个圆角正方形，在“绘图工具“选项卡”形状样式“组中选择一种。

② 在“形状填充“下拉列表中选择“图片…”，将 2012 年伦敦奥运会金牌图片作为填充对象，并设置透明度为 30%。

③ 按住【Ctrl】键拖动该圆角正方形，复制两个相同对象。

④ 按住【Shift】键选择这三个正方形，在“排列”组的“对齐“下拉列表中选择“左右居中”

和“纵向分布”，并在“组合“下拉列表中将它们组合在一起。

⑤ 按住【Ctrl】键拖动该组合对象，再复制两个相同对象，调整位置。

⑥ 按住【Shift】键选择这三个组合对象，在“对齐”下拉列表中选择“上下居中”和“横向分布”，并将它们也组合在一起，并在“对齐”下拉列表中选择“水平居中”。

⑦ 选择组合对象中其余 8 个圆角正方形，重复第②步，将其填充图片为其他八届奥运会的金牌图片。

四、文档名称

① 插入艺术字“历届奥运会金牌介绍”，在“绘图工具（格式）”选项卡艺术字样式列表中选择第 5 行第 5 个，在“文本填充”列表中选择“黑色”。

② 在“开始”选项卡将艺术字字体设置为“隶书”，字号为“一号”，字形为“加粗”。

③ 插入艺术字“Olympic Games”，在“绘图工具（格式）”选项卡“艺术字样式”组列表中选择第 4 行第 3 个。

④ 在“开始”选项卡将艺术字字体设置为“Arial Black”，字号为“四号”，字形为“加粗”。

⑤ 调整两个艺术字之间的纵向距离，按住【Shift】键选择这两个艺术字，在“对齐”下拉列表中选择“左右居中”。

⑥ 在“组合”下拉列表中选择“组合”将它们组合在一起，再次在“对齐”下拉列表中选择“左右居中”，将它们放置在页面中间。

实训 A.3 正文排版

本实训复习 Word 中文本的格式设置。

一、重要知识点

① 熟悉“开始”选项卡，了解字体和段落对话框。

② 字符格式设置：字体、字号、字形、颜色等。

③ 段落格式设置：对齐方式、首行缩进、段前段后间距、行间距、大纲级别。

④ 表格的创建及表格样式。

⑤ 格式刷的使用。

二、正文排版

① 选中文档正文的全部文本（拖动鼠标或按住【Shift】键单击文本首尾）。

② 在“开始”选项卡设置字体为“宋体”，字号为“四号”，行间距为“单倍行距”。

③ 在文档上方标尺处，拖动“首行缩进”滑块至“2 字符”位置。

④ 选中第一行标题“奥运会简介”，设置字体为“黑体”，字号为“小三”，字形为“加粗”。在“段落”组“行和段落间距”列表中选择“行距选项…”，在弹出的“段落”格式对话框中设置段前、段后各“0.5 行”，大纲级别为“1 级”。

⑤ 选中设置好的标题“奥运会简介”，双击“剪贴板”组中的“格式刷”，依次选择下方各标题文本“奖牌”“圣火”“吉祥物”“奥运会类型”，将格式复制给这些标题文本。

⑥ 在“奥运会简介”内容之后，插入一个“4×4”的表格，输入效果图中的内容。选中表格，在“表格工具（设计）”选项卡“表格样式”组中，应用第 3 个样式，并在“表格样式选项组”中取消“标题行”和“第一列”的选定。

完成效果如图 4-60 所示。

3/6

奥运会简介

奥林匹克运动会（希腊语：Ολυμπιακοί Αγώνες；法语：Jeux olympiques；英语：Olympic Games）简称“奥运会”，是国际奥林匹克委员会主办的世界规模最大的综合性运动会，每四年一届，会期不超过 16 日，分为夏季奥运会（奥运会）、冬季奥运会（冬奥会）、夏季残疾人奥运会（残奥会）、冬季残疾人奥运会、夏季青年奥运会（青奥会）和冬季青年奥运会。

奥林匹克运动会发源于两千多年前的古希腊，因举办地在奥林匹亚而得名。古代奥林匹克运动会停办了 1500 年之后，法国人顾拜旦于 19 世纪末提出举办现代奥林匹克运动会的倡议。1894 年国际奥林匹克委员会成立，1896 年举办了首届奥运会

中文名称	奥林匹克运动会	会旗	五环旗（奥林匹克会旗）
外文名称	Olympic Games	格言	更快、更高、更强
标志	奥运五环	精神	公平竞争、相互理解、友谊团结
奥林匹克日	6 月 23 日	发源地	古希腊（古代）；法国（现代）

奖牌

1896 年，在雅典举行的第 1 届现代奥林匹克运动会上，冠军获得的是一枚银质奖章和一个橄榄枝做的花冠，亚军获得的是一枚铜质奖章和一顶桂冠。此奖章是由法国艺术家儒勒·夏普朗精心设计的。

第 2 届奥运会在巴黎举行，取消了奖章，而给每个奥运会参加者发了 1 枚长方形的纪念章，图案是勇士手执橄榄枝。

1928 年，奥运会在荷兰的阿姆斯特丹举行，奖章由意大利佛罗

图 4-60　正文排版效果

实训 A.4　制作奥运会类型组织结构图

本实训学习 Word 中组织结构图的建立和调整。组织结构图是一种特殊的图文对象，它的创建和修饰方法也与其他图文对象不同，通过本实训，让学生掌握组织结构图的处理方法。本实训效果如图 4-66 所示，学生可根据自己的喜好，自由设计该组织结构图效果。操作步骤如下：

① 在“插入”选项卡中选择”SmartArt“选项，在弹出的“选择 SmartArt 图形”对话框左侧选择“层次结构”，在右侧列表中选择“水平多层层次结构”（第 3 行第 1 个），如图 4-61 所示。弹出组织结构图设计窗口，如图 4-62 所示。同时自动激活“SmartArt 工具”功能区，包含“设计”和“格式”两个选项卡，如图 4-63 所示。

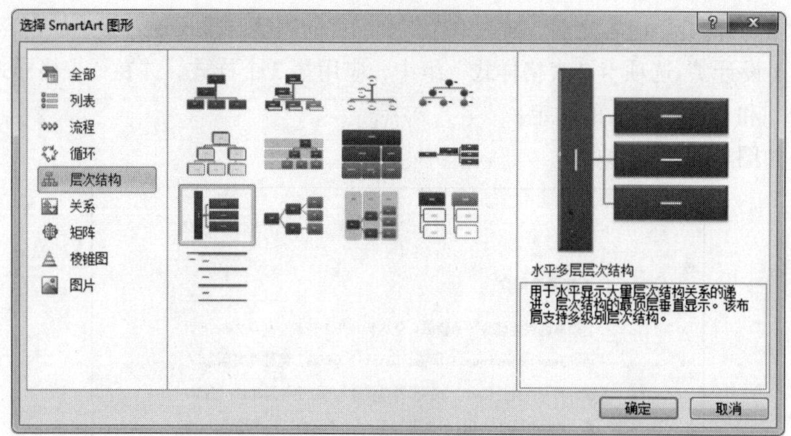

图 4-61　插入 SmartArt 图形

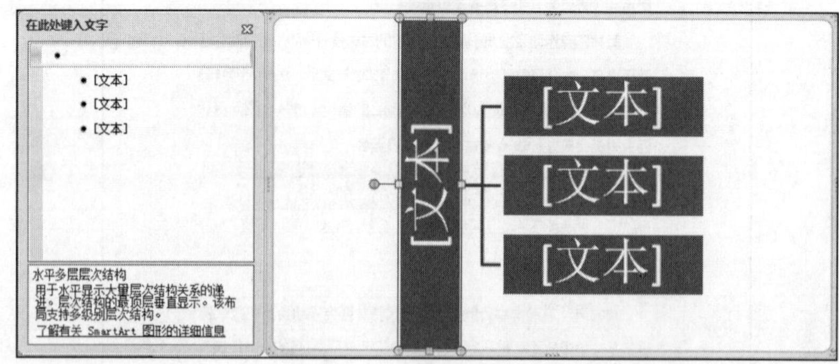

图 4-62　组织结构图设计

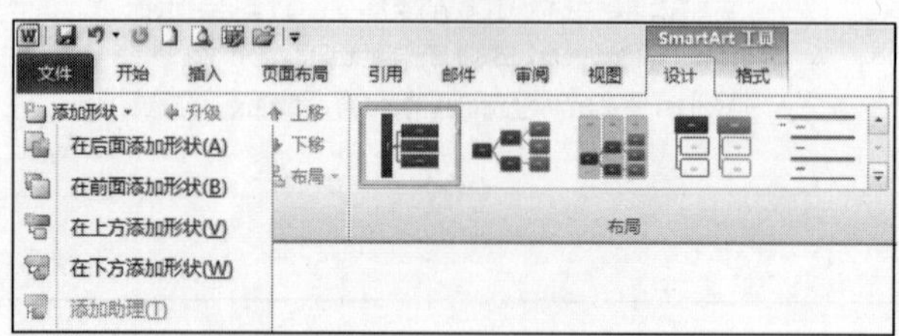

图 4-63　SmartArt 工具（设计）

② 选中第二级中的一个文本框，按【Delete】键删除。

③ 选中第二级中的一个文本框，在“SmartArt 工具（设计）”选项卡左侧“创建图形”组中，在“添加形状”下拉列表中选择“在下方添加形状”，添加一个第三级文本框，并处于选中状态，再在“添加形状”下拉列表中选择“在后面添加形状”，添加第二个第三级文本框。

④ 重复第③步操作，完成组织结构图的构建，如图 4-64 所示。“SmartArt 工具（设计）”选项卡左侧“创建图形”组中“升级”和“降级”可调整某文本框左右位置，“上移”和“下移”可调整某文本框上下位置。

⑤ 在左侧“在此处键入文字”窗口中输入每一个级别相应的文本，如图 4-65 所示。

⑥“SmartArt 工具（格式）”选项卡与“绘图工具（格式）”选项卡相似，在“形状”组中可改变图形形状；在“形状样式”组中可设置文本框外观样式；在“艺术字形状”组中可设置文本框内文字的效果，学生可自由设置图形和文字效果。效果图如图 4-66 所示。

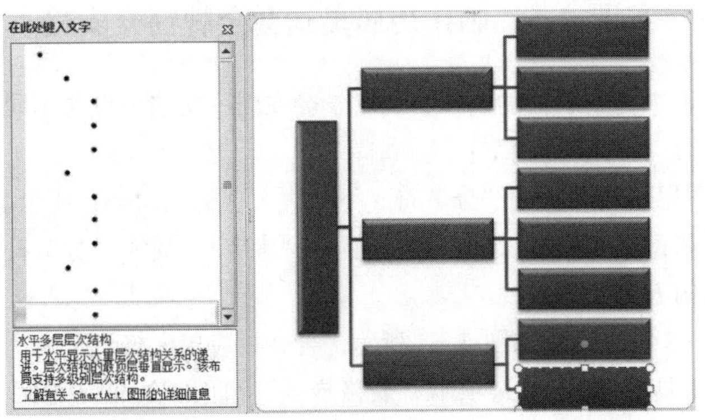

图 4-64　调整组织结构图

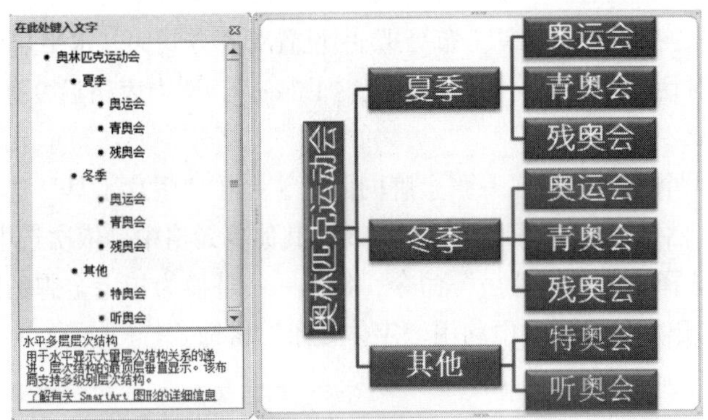

图 4-65　添加文本

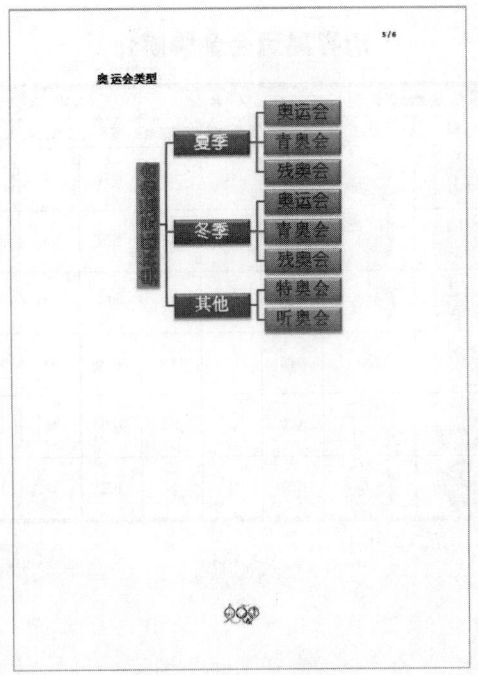

图 4-66　组织结构图效果

实训 A.5　制作历届奥运会金牌简介表格

本实训复习 Word 中复杂表格的制作，同时学会在同一文档中设置不同页面效果的方法。完成效果如图 4-67 所示。操作步骤如下：

① 在文档第四页尾部插入一个“分节符（下一页）”（见图 4-51 所示）。打开“页面设置”对话框，将第五页纸张设为“横向”，应用于设置为“本节”。插入“分节符”的目的就是使纸张横向的页面设置仅对第五页有效。

② 插入一个 14×8 的表格，如图 4-67 所示，合并相应单元格。

③ 利用“表格工具（设计）”选项卡“表格样式”组中“边框”为第一行第一个单元格绘制“斜下框线”，并在该单元格内第一行输入“内容”，第三行输入“届次”，如图 4-67 所示调整文本位置。

④ 选中整个表格，在“表格工具（布局）”中设置对齐方式为“水平居中”。选中表格后面 6 行，在表格“属性”对话框中将每行高度指定为“1.7 cm”。选中表格后 9 列，在“单元格大小”组中选择“分布列”。

⑤ 在第 3 行第 4 个单元格插入一张金牌的图片，并在“图片工具”选项卡将其大小调整为高 1.6 cm，宽 1.6 cm。然后，将该图片复制到第 5 行其他单元格中。依次选中复制的图片，右击，在弹出的快捷菜单中选择“更改图片…”命令，将其一一替换为指定金牌的图片。

⑥ 表格标题在“开始”选项卡中利用“字体效果”修饰。

6/6

历界奥运会金牌简介

内容 届次	时间	地点	金牌图案		第一名			第一名			第一名		
			正面	反面	国家	金牌总数	奖牌总数	国家	金牌总数	奖牌总数	国家	金牌总数	奖牌总数
三十届	2012 年	伦敦			美国	46	104	中国	38	88	英国	29	65
二十九届	2008 年	北京			中国	51	100	美国	36	110	俄罗斯	23	72
二十八届	2004 年	雅典			美国	35	103	中国	32	63	俄罗斯	27	92
二十七届	2000 年	悉尼			美国	39	97	俄罗斯	32	88	中国	[illegible]	[illegible]
二十六届	1996 年	亚特兰大			美国	44	101	俄罗斯	26	63	德国	20	65
第一届	1896 年	雅典			美国	11	20	希腊	10	46	德国	6	13

图 4-67　表格效果

实训 A.6　制 作 目 录

本实训完成自动目录的制作，复习大纲级别的设置方法。效果如图 4-68 所示。操作步骤如下：

① 将光标定位到第二页第一行，在“引用”选项卡的“目录”组中单击“目录”按钮，在下拉列表中选择“插入目录…”选项。如图 4-53 所示。

② 在“目录”对话框中将显示级别设为“1 级”。因为在实训三中只有标题设置了“1 级”的大纲级别。

③ 正文部分做了修改，只要选中目录区域，单击“更新目录”按钮，选择其中的“更新整个目录”完成更新，如图 4-68 所示。

目录

奥运会简介 3
奖牌 3
圣火 4
吉祥物 4
奥运会类型 5
历界奥运会金牌简介 6

图 4-68　目录效果

实训 A.7　插入页眉页脚

本实训复习页眉页脚的设置方法：

① 在“插入”选项卡中选择“页眉”，进入页眉的编辑区域。

② 单击“页眉页脚工具”组中“页码”按钮，在下拉列表中选择“页面顶端|加粗显示的数字 3”。

③ 按【Ctrl+A】组合键选择页眉全部内容，在“开始”选项卡“段落”组中选择右侧的框线，在列表中选择“无框线”，删除页眉中的横线。

④ 单击“转至页脚”，插入奥运会的 LOGO 图片。

⑤ 在“开始”选项卡设置对齐方式为“居中”。

⑥ 单击“关闭页眉页脚”，结束设置。

效果如图 4-59、图 4-60、图 4-66、图 4-67、图 4-68 所示。

实训小结

本实训综合了 Word 2010 中的各项操作技巧，既有对案例项目的巩固和复习，也涉及一些新的知识点。通过本实训完整的制作过程，会对 Word 应用有更加深入的了解和掌握，从而将 Word 作为实用工具在工作和学习中加以应用。

项目五 使用 Excel 2010 制作学生信息管理工作簿

学习目标

① 掌握 Excel 2010 的基本操作。
② 熟练完成对表格的各种数据的输入。
③ 掌握对工作簿和工作表的编辑方法。
④ 掌握公式和函数的使用方法。
⑤ 掌握数据的排序和筛选等数据处理方法。
⑥ 掌握制作图表的方法。
⑦ 掌握工作表格式化的方法。
⑧ 掌握工作簿和工作表的保护方法。
⑨ 掌握 Excel 2010 页面设置及打印方法。

Excel 2010 是 Microsoft Office 办公自动化系列软件当中的一款强大的电子表格处理软件。它不仅具有强大的数据处理分析功能，还提供了图表、财务、统计、求解规划方程等工具和函数，可以满足用户各方面的需求，因此被广泛应用于财务、金融、统计、行政和教育等领域。Excel 2010 与早期版本的 Excel 相比较拥有更多的方法分析、管理和共享信息，从而帮助用户做出更好、更明智的决策。

项目描述

在学校的管理中，对学生的个人信息和成绩的管理是必不可少的。现在我们为 2015 级铁道信号系的学生建立学生信息管理工作簿，方便对学生进行管理。其中，包括对学生的信息管理和查询，对学生的成绩管理和分析。能够实现通过对学生的姓名、班级、学号等信息进行检索，实现对学生成绩的计算、排序、汇总、查找；利用图表显示成绩分布等操作，实现对学生信息的综合管理功能。

项目分析

本项目通过学生信息表和成绩表的处理与分析案例，介绍了 Excel 2010 中文版的使用，包括 Excel 2010 的基本操作，公式和函数的使用，图表制作，工作表的格式化，数据的排序、筛选、分类汇总等内容。

本项目主要完成以下任务：

任务一：建立“学生信息工作簿”

任务二：插入三个新的工作表

任务三：计算“学生总成绩”工作表中学生的总分和平均分

任务四：1501 班各科总成绩统计

任务五：统计学生基本信息表中每个学生的年龄及奖学金获得情况

任务六：将“学生总成绩”工作表中的信息排序

任务七：将符合条件的学生信息显示出来

任务八：比较 1501 班和 1502 班各科成绩的平均分

任务九：将工作表进行格式化

任务十：插入图表

任务十一：工作簿和工作表的保护

任务十二：工作表的打印

相关知识点

① 认识 Excel 2010。

② 工作簿和工作表的基本操作。

③ 数据的输入技巧。

④ 使用公式和函数进行数据处理。

⑤ 对数据进行排序、筛选和分类汇总。

⑥ 对工作表格进行格式化处理。

⑦ 制作并修饰图表。

⑧ 保护工作簿和工作表。

⑨ 工作表的打印输出。

项目实施

任务一　建立“学生信息工作簿”

任务描述

为了方便对 2015 级铁道信号系学生的管理，创建一个工作簿——“2015 级铁道信号系学生信息管理”，在该工作簿中分别创建“学生基本信息”“学生总成绩”两个工作表，并将工作簿“2015 级铁道信号系学生信息管理”保存到“E 盘/学习资料/Excel 2010”文件夹，如图 5-1 和图 5-2 所示。

任务实施

① 了解 Excel 2010 工作界面和基本操作。

② 创建“2015 级铁道信号系学生信息管理”工作簿。

③ 输入基本数据。

	A	B	C	D	E	F	G
1	班级	学号	姓名	性别	身份证号	出生年月	学费
2	铁道信号1	201501001	李晖	男	152322199708232×××	1997年8月23日	¥4,800.00
3	铁道信号1	201501002	刘蓉	女	150201199801043×××	1998年1月4日	¥4,800.00
4	铁道信号1	201501003	刘思	女	150202199605301×××	1996年5月30日	¥4,800.00
5	铁道信号1	201501004	龙艳	女	150202199704251×××	1997年4月25日	¥4,800.00
6	铁道信号1	201501005	肖智艳	女	150203199702015×××	1997年2月1日	¥4,800.00
7	铁道信号1	201501006	杨欢	男	150300199803097×××	1998年3月9日	¥4,800.00
8	铁道信号1	201501007	杨昊璨	男	150404199812234×××	1998年12月23日	¥4,800.00
9	铁道信号1	201501008	邹雨	男	152327199706295×××	1997年6月29日	¥4,800.00
10	铁道信号1	201501009	陈鹏	男	150202199708164×××	1997年8月16日	¥4,800.00
11	铁道信号1	201501010	敬志敏	男	150204199812303×××	1998年12月30日	¥4,800.00
12	铁道信号1	201501011	李坚	男	150202199605301×××	1996年5月30日	¥4,800.00
13	铁道信号1	201501012	李渊铭	男	150205199511072×××	1995年11月7日	¥4,800.00
14	铁道信号1	201501013	卢鑫	男	150202199602065×××	1996年2月6日	¥4,800.00
15	铁道信号1	201501014	罗荣杰	男	150301199603127×××	1996年3月12日	¥4,800.00
16	铁道信号1	201501015	马剑	男	150203199809235×××	1998年9月23日	¥4,800.00
17	铁道信号1	201501016	彭辛革	男	152324199905247×××	1999年5月24日	¥4,800.00
18	铁道信号1	201501017	王伟	男	150204199706181×××	1997年6月18日	¥4,800.00
19	铁道信号1	201501018	吴寅	男	150205199702137×××	1997年2月13日	¥4,800.00
20	铁道信号1	201501019	伍蔚雄	男	150205199512235×××	1995年12月23日	¥4,800.00
21	铁道信号1	201501020	夏正才	男	150201199708238×××	1997年8月23日	¥4,800.00
22	铁道信号1	201501021	肖潇	男	150204199609118×××	1996年9月11日	¥4,800.00
23	铁道信号1	201501022	严森	男	150303199707235×××	1997年7月23日	¥4,800.00
24	铁道信号1	201501023	叶向阳	男	150327199607308×××	1996年7月30日	¥4,800.00
25	铁道信号1	201501024	余钢	男	150500199711259×××	1997年11月25日	¥4,800.00
26	铁道信号1	201501025	张涛	男	150203199802037×××	1998年2月3日	¥4,800.00
27	铁道信号1	201501026	罗文印	男	150204199705229×××	1997年5月22日	¥4,800.00
28	铁道信号1	201501027	王飞	男	150201199811090×××	1998年11月9日	¥4,800.00
29	铁道信号1	201501028	张琪	女	150523199608271×××	1996年8月27日	¥4,800.00
30	铁道信号1	201501029	刘俊	男	150202199804306×××	1998年4月30日	¥4,800.00
31	铁道信号1	201501030	马红丽	女	150301199911203×××	1999年11月20日	¥4,800.00
32	铁道信号1	201501031	刘宝英	女	150202199611041×××	1996年11月4日	¥4,800.00
33	铁道信号1	201501032	赵志杰	男	150101199806137×××	1998年6月13日	¥4,800.00
34	铁道信号1	201501033	李立军	男	150103199609113×××	1996年9月11日	¥4,800.00
35	铁道信号1	201501034	高娜	女	150204199611235×××	1996年11月23日	¥4,800.00
36	铁道信号1	201501035	腾飞	女	150104199707271×××	1997年7月27日	¥4,800.00
37	铁道信号1	201501036	马伟	男	150206199808173×××	1998年8月17日	¥4,800.00
38	铁道信号1	201501037	周正林	男	150103199705101×××	1997年5月10日	¥4,800.00
39	铁道信号1	201501038	百丽	女	150201199711047×××	1997年10月4日	¥4,800.00
40	铁道信号1	201501039	澈利根	男	150203199803249×××	1998年3月24日	¥4,800.00

图 5-1 “学生基本信息”工作表

一、预备知识

1. 术语简介

① 工作簿：当启动 Excel 2010 时，会自动创建一个新的工作簿，默认名称为“工作簿 1.xlsx”，一个工作簿可以包含多张工作表，最多 255 张。

② 工作表：一个工作簿可以包含多张工作表，一个新建的工作簿默认包含 3 张工作表，默认名称为 Sheet1、Sheet2、Sheet3。工作表是由若干行和列组成的，工作表中以数字标识行，以字母标识列，一张工作表最多可以包含 1 048 576 行、16 384 列。

③ 单元格：单元格是工作表的最小单位，也是基本单位。如果选中的单元格位于 B 列、5 行，则该单元格用 B5 标识，该单元格的地址为 B5，称为当前单元格。

④ 单元格区域：在 Excel 中，表示一个单元格区域，用左上角单元格的地址和右下角的单元格地址共同表示，如 A1:D6 表示从 A1 到 D6 中共 24 个单元格。

2. 窗口界面介绍

Excel 2010 启动后，在屏幕上即可出现其工作界面的主窗口，主要包括标题栏、快速访问工具栏、“文件”选项卡、功能区、工作区、编辑栏、名称栏、滚动条、工作表标签、状态栏等，如图 5-3 所示。

	A	B	C	D	E	F	G	H	I	J
1	班级	学号	姓名	数学	语文	英语	计算机	德育	体育	物理
2	铁道信号1501	201501001	李晖	73	60	61	72	81	82	93
3	铁道信号1501	201501002	刘蓉	58	37	67	77	86	87	88
4	铁道信号1501	201501003	刘思	77	71	89	92	94	92	97
5	铁道信号1501	201501004	龙艳	87	87	76	72	91	90	84
6	铁道信号1501	201501005	肖智艳	71	65	70	77	80	86	90
7	铁道信号1501	201501006	杨欢	73	63	60	87	81	87	77
8	铁道信号1501	201501007	杨旻璨	66	70	68	75	84	86	96
9	铁道信号1501	201501008	邹雨	77	88	73	86	92	87	90
10	铁道信号1501	201501009	陈鹏	68	60	67	78	65	75	90
11	铁道信号1501	201501010	敬志敏	77	70	69	78	89	77	76
12	铁道信号1501	201501011	李坚	73	72	60	60	70	76	90
13	铁道信号1501	201501012	李渊铭	62	60	52	58	60	69	70
14	铁道信号1501	201501013	卢鑫	57	68	45	61	62	61	83
15	铁道信号1501	201501014	罗荣杰	53	67	63	70	66	64	79
16	铁道信号1501	201501015	马剑	77	72	68	70	94	85	90
17	铁道信号1501	201501016	彭辛革	73	80	60	90	72	60	55
18	铁道信号1501	201501017	王伟	71	70	78	63	82	76	64
19	铁道信号1501	201501018	吴寅	90	72	81	70	80	78	78
20	铁道信号1501	201501019	伍蔚雄	77	76	60	66	85	63	71
21	铁道信号1501	201501020	夏正才	70	70	60	74	35	74	75
22	铁道信号1502	201501021	肖潇	33	77	65	60	62	60	68
23	铁道信号1502	201501022	严森	71	64	83	73	0	66	77
24	铁道信号1502	201501023	叶向阳	75	85	63	87	75	62	72
25	铁道信号1502	201501024	余钢	67	62	77	58	67	43	65
26	铁道信号1502	201501025	张涛	66	64	63	87	65	60	68
27	铁道信号1502	201501026	罗文印		85	86	86	78	76	74
28	铁道信号1502	201501027	王飞	89	70	68	68	75	78	70
29	铁道信号1502	201501028	张琪	82	90	89	90	80	90	88
30	铁道信号1502	201501029	刘俊	84	79	72		77	55	83
31	铁道信号1502	201501030	马红丽	89	89	92	95	72	93	
32	铁道信号1502	201501031	刘宝英		90	92	84	81	96	88
33	铁道信号1502	201501032	赵志杰	77	65	71	70	87	68	
34	铁道信号1502	201501033	李立军	66	85	63	71	77	72	68
35	铁道信号1502	201501034	高娜	74	35	74	75	73	80	60
36	铁道信号1502	201501035	腾飞	60	62	60	68	71	70	78
37	铁道信号1502	201501036	马伟	73	0	66	77	90	72	81
38	铁道信号1502	201501037	周正林	87	75	62	72	77	76	60
39	铁道信号1502	201501038	百丽	58	67	43	65	70	70	60
40	铁道信号1502	201501039	澈利根	87	65	60	68	33	77	65

图 5-2 “学生总成绩”工作表

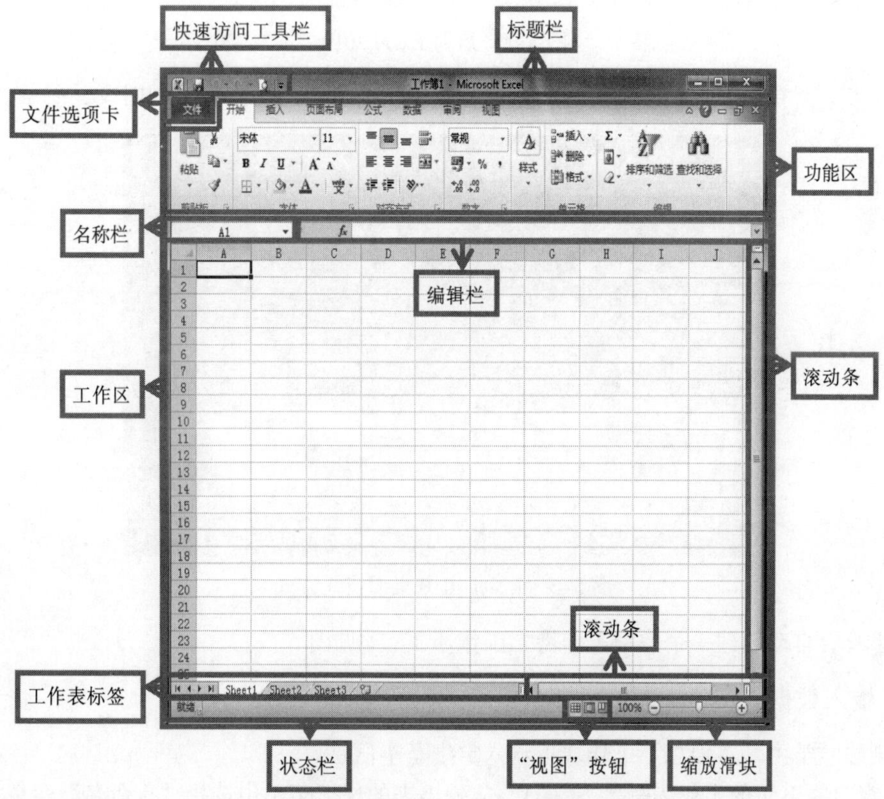

图 5-3　Excel 2010 界面

二、创建新的工作簿

① 选择“开始”→“所有程序”→“Microsoft Office”→“Microsoft Office Excel 2010”命令，即可启动 Excel 2010 应用程序，如图 5-4 所示。

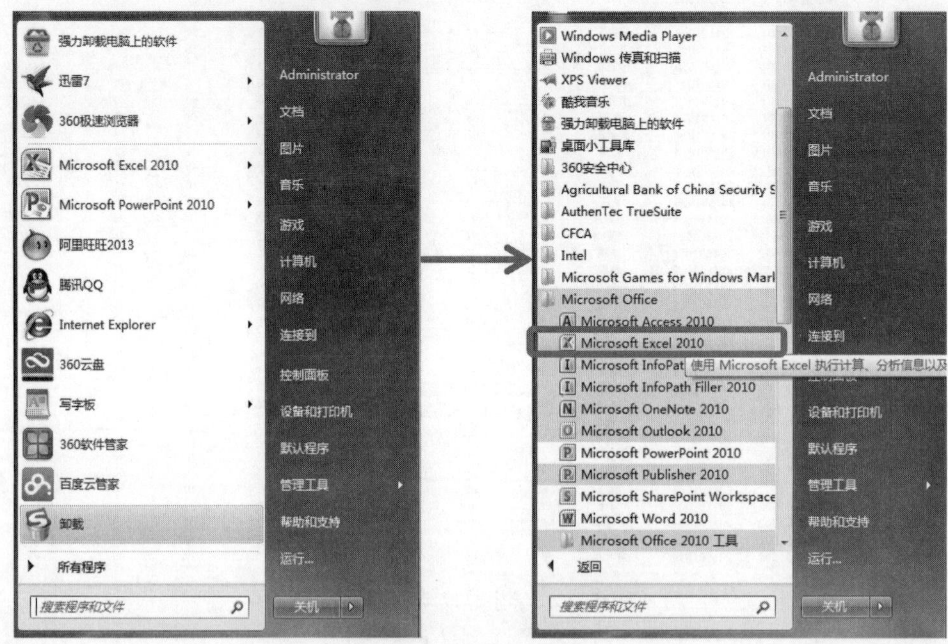

图 5-4 启动 Excel 2010

② 如果桌面有 Excel 2010 的快捷图标，还可以双击快捷图标启动，如图 5-5 所示。

图 5-5 Excel 2010 桌面快捷方式

③ 系统会自动创建一个空白工作簿“工作簿 1”（见图 5-3）。

三、输入数据

① 创建“学生基本信息”工作表，输入学生基本信息。

右击窗口左下角的工作表标签 Sheet1，从弹出来的快捷菜单中选择“重命名”命令，将默认名改为“学生基本信息”，如图 5-6 所示。

图 5-6　重命名

② 输入数据。

a. 在 A1 单元格中输入标题字段“班级”，按【Enter】键或方向键确认输入内容。

b. 在 A2 单元格中输入“班级”数据“铁道信号 1501”，将鼠标指针移到 A2 单元格右下角的填充柄处，此时指针呈“+”形状，按住【Ctrl】键，用鼠标左键拖动填充柄到 A20，松开鼠标左键，则从 A2 到 A20 填充了同样的数据“道铁信号 1501”，双击 A 列和 B 列之间的间隔线，将列宽调整至最合适宽度。用同样的方法在 A21 到 A40 区域内填充“铁道信号 1502”，完成“班级”字段的输入，如图 5-7 和图 5-8 所示。

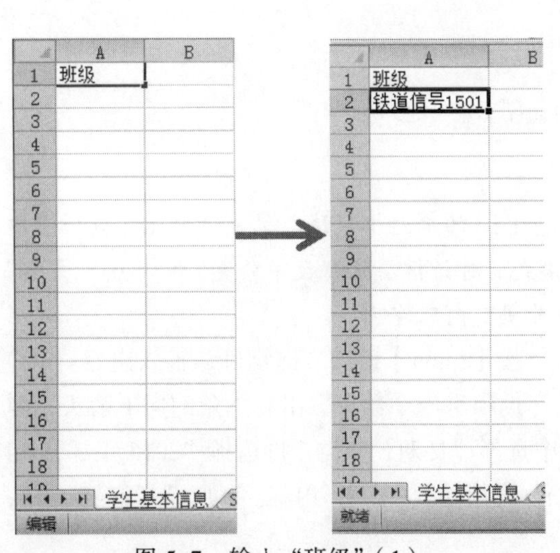

图 5-7　输入“班级”（1）

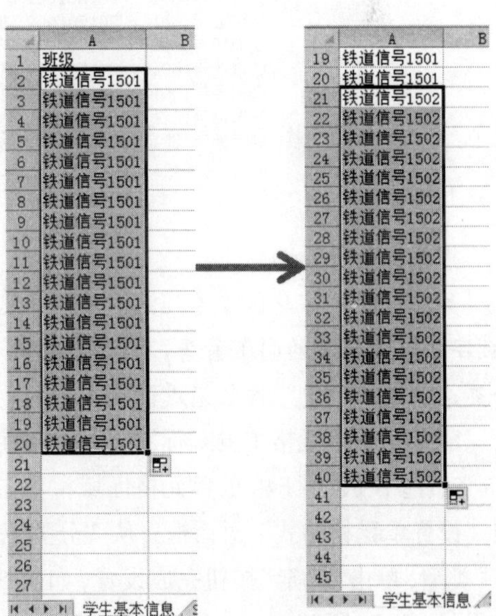

图 5-8　输入“班级”（2）

c. 在 B1 单元格中输入标题字段“学号”，按【Enter】键或方向键确认输入内容。

d. 在 B2 单元格中输入“学号”数据“201501001”，将鼠标指针移到 B2 单元格右下角的填充柄处，此时指针呈“+”形状，按住【Ctrl】键同时用鼠标左键拖动填充柄至 B40，松开鼠标左键，则从 B2 到 B40 填充了递增的数据“学号”，如图 5-9 所示。

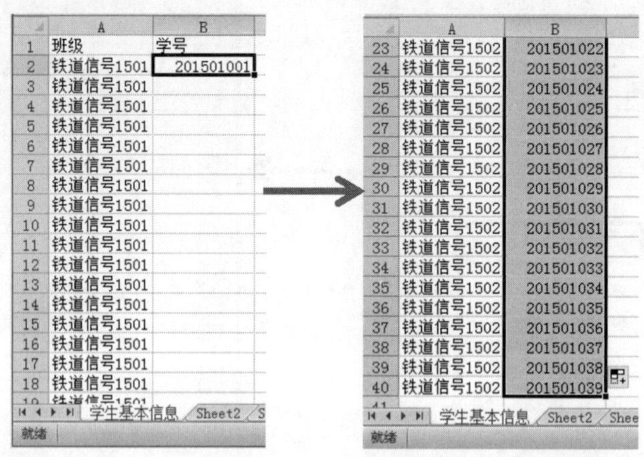

	A	B
1	班级	学号
2	铁道信号1501	201501001
3	铁道信号1501	
4	铁道信号1501	
5	铁道信号1501	
6	铁道信号1501	
7	铁道信号1501	
8	铁道信号1501	
9	铁道信号1501	
10	铁道信号1501	
11	铁道信号1501	
12	铁道信号1501	
13	铁道信号1501	
14	铁道信号1501	
15	铁道信号1501	
16	铁道信号1501	
17	铁道信号1501	
18	铁道信号1501	

	A	B
23	铁道信号1502	201501022
24	铁道信号1502	201501023
25	铁道信号1502	201501024
26	铁道信号1502	201501025
27	铁道信号1502	201501026
28	铁道信号1502	201501027
29	铁道信号1502	201501028
30	铁道信号1502	201501029
31	铁道信号1502	201501030
32	铁道信号1502	201501031
33	铁道信号1502	201501032
34	铁道信号1502	201501033
35	铁道信号1502	201501034
36	铁道信号1502	201501035
37	铁道信号1502	201501036
38	铁道信号1502	201501037
39	铁道信号1502	201501038
40	铁道信号1502	201501039

图 5-9 输入“学号”

e. 分别在 C1 和 D1 单元格中输入标题字段“姓名”和“性别”，在 C2 到 C40 及 D2 到 D40 中输入“姓名”和“性别”数据（见图 5-1）。

f. 在 E1 单元格中输入标题字段“身份证号”，按【Enter】键或方向键确认输入内容。

g. 通过将 E 列和 F 列列标之间的分割线向右拖动将 E 列的宽度调整至适合的宽度，在 E2 单元格中先输入“'”，再输入“身份证号”数据，用相同的方法填充 E3 到 E40 的数据，如图 5-10 和图 5-1 所示。

	A	B	C	D	E
1	班级	学号	姓名	姓别	身份证号
2	铁道信号1501	201501001	李晖	男	'52322199708232×××
3	铁道信号1501	201501002	刘蓉	女	
4	铁道信号1501	201501003	刘思	男	
5	铁道信号1501	201501004	龙艳	女	
6	铁道信号1501	201501005	肖智艳	女	
7	铁道信号1501	201501006	杨欢	男	
8	铁道信号1501	201501007	杨昊璨	男	

图 5-10 输入身份证号码（先输入“'”）

提示：

第二种输入“身份证号”的方法：先选中 E2 到 E40 的单元格区域，单击“开始”选项卡中“数字”组右下角的向下箭头，打开“设置单元格格式”对话框，从“数字分类”中单击“文本”分类，单击“确定”按钮完成设置，输入“身份证号码”内容即可。

h. 在 F1 单元格中输入标题字段“出生年月”，按【Enter】键或方向键确认输入内容。

i. 选中 F2 到 F40 的单元格区域，单击“开始”选项卡内“数字”组右下角的向下箭头，弹出“设置单元格格式”对话框，从“分类”列表框中选择“日期”分类，再选择“2015 年 3 月 14 日”类型，单击“确定”按钮完成设置，如图 5-11 所示，开始输入“日期”内容。例如，“1997-8-23”，结果如图 5-1 所示。

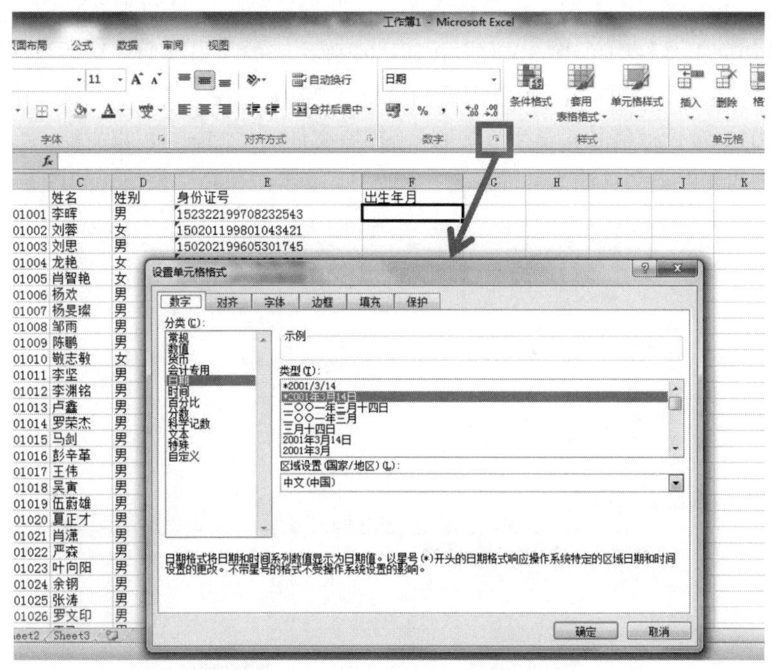

图 5-11　设置“日期”数字类型

j. 在 G1 单元格中输入标题字段“学费”，按【Enter】键或方向键确认输入内容。选中 G2 到 G40 的单元格区域，单击“开始”选项卡内“数字”组右下角的向下箭头，打开“设置单元格格式”对话框，从“数字分类”中选择“货币”分类，再设置小数位数为“2 位”，货币符号为“¥”，单击“确定”按钮完成设置，开始输入“学费”内容即可，如图 5-12 和图 5-1 所示。

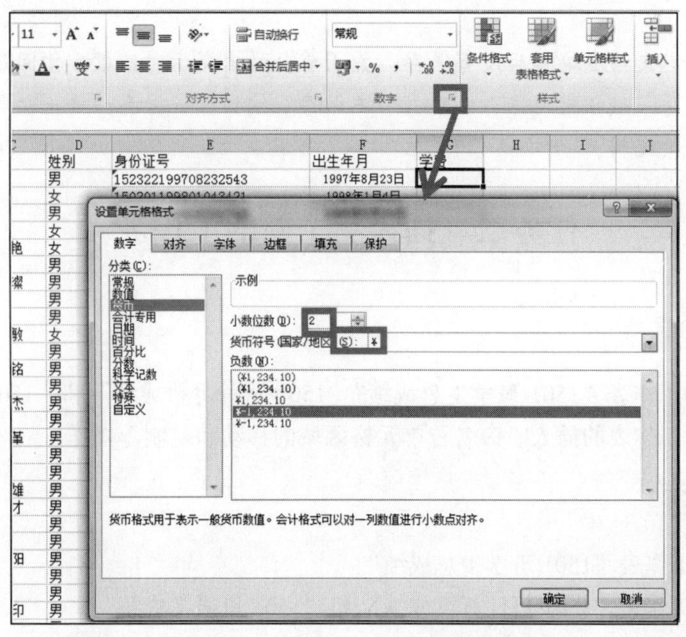

图 5-12　设置“货币”数字类型

③ 用同样的方法将工作表 Sheet2 重命名为“学生总成绩”（见图 5-2）。

④ 在快速访问工具栏中单击“保存”按钮。在弹出来的“另存为”对话框的保存位置列表框中选择文档保存位置，选中“E 盘\学习资料\Excel 2010”，在“文件名”文本框中输入新建文档的文件名“2015 级铁道信号系学生成绩表”（扩展文件名“.xlsx”可以省略，系统会按照“保存类型”中指定的文件类型自动为文件加上扩展名），单击“保存”按钮，如图 5-13 所示。

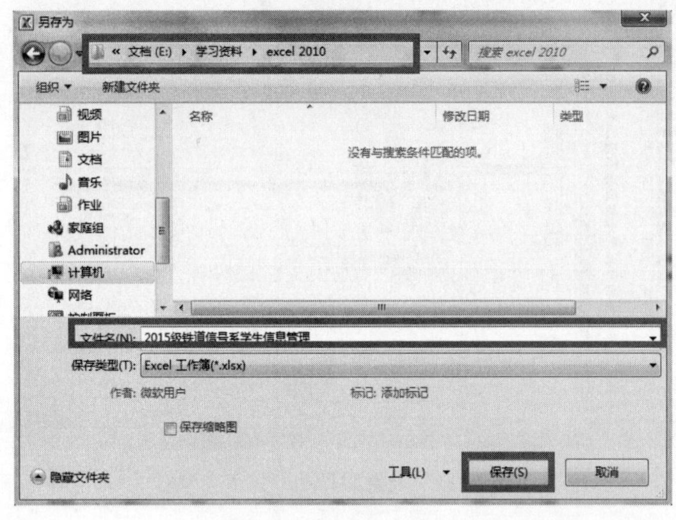

图 5-13 “保存”窗口

提示：文件保存后，Excel 2010 窗口的标题栏显示用户输入的文件名“2015 级铁道信号系学生基本信息”，任何一次对文档的修改必须执行“保存”操作方能生效。

⑤ 在窗口控制按钮区单击“关闭”按钮或选择“文件”→“关闭”命令，便可关闭当前工作簿。

提示：如果当前文档在编辑后没有保存，关闭前会弹出提示对话框，询问是否保存对工作簿的修改，单击“保存”按钮进行保存；单击“不保存”按钮放弃保存；单击“取消”按钮不关闭当前工作簿，可继续编辑。

任务二 插入三个新的工作表

任务描述

插入三个新的工作表“1501 班学生总成绩”“1501 班计算机成绩”和“1502 班语文成绩”，在该任务中需掌握工作表的插入、命名、单元格区域的移动和复制等操作。

任务实施

① 插入新的工作表“1501 班学生总成绩”。

② 插入新的工作表“1501 班计算机成绩”和“1502 班语文成绩”。

一、插入新的工作表“1501 班学生总成绩”

① 右击工作表标签区域的 Sheet3，从弹出来的快捷菜单中选择“重命名”命令。

② 工作表名称框会变成黑色底纹，输入新的工作表名称“铁道信号 1501 班总成绩”即可，如图 5-14 所示。

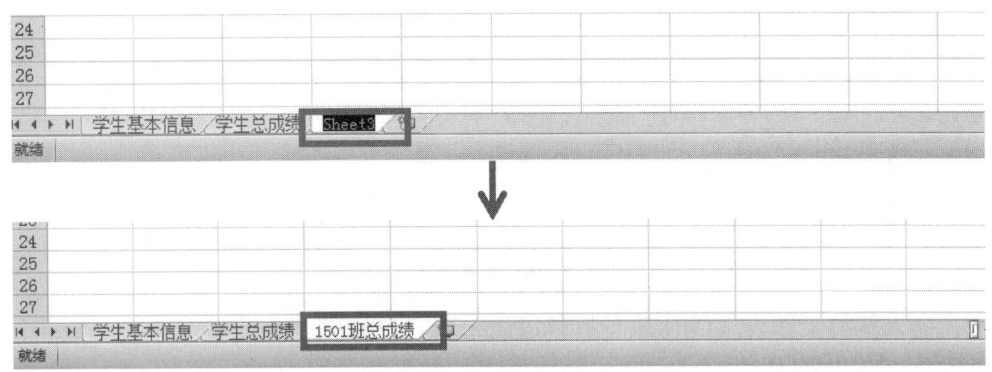

图 5-14 重命名工作表

③ 单击“学生总成绩”工作表标签，打开“学生总成绩”工作表，单击 A1 单元格，按住【Shift】键，再单击 J21 单元格，此时 A1 至 J21 单元格区域被选中，变成蓝颜色底纹。

④ 在选中的该区域内右击，从弹出来的快捷菜单中选择“复制”命令，如图 5-15 所示。

⑤ 单击“1501 班总成绩”工作表标签，打开“1501 班总成绩”工作表，右击 A1 单元格，从弹出来的快捷菜单中单击“粘贴选项”中的“粘贴”图标，如图 5-16 所示。

	A	B	C	D	E	F	G	H	I	J
1	班级	学号	姓名	数学	语文	英语	计算机	德育	体育	物理
2	铁道信号1501	201501001	李晖	73	60	61	72	81	82	93
3	铁道信号1501	201501002	刘蓉	58	37				7	88
4	铁道信号1501	201501003	刘思	77	71				2	97
5	铁道信号1501	201501004	龙艳	87	87				0	84
6	铁道信号1501	201501005	肖智艳	71	65	70	77	80	86	90
7	铁道信号1501	201501006	杨欢	73	63			1	87	77
8	铁道信号1501	201501007	杨昊璨	66	70			4	86	96
9	铁道信号1501	201501008	邹雨	77	88			2	87	90
10	铁道信号1501	201501009	陈鹏	68	60			5	75	90
11	铁道信号1501	201501010	敬志敏	77	70			9	77	76
12	铁道信号1501	201501011	李坚	73	72			0	76	90
13	铁道信号1501	201501012	李渊铭	62	60			0	69	70
14	铁道信号1501	201501013	卢鑫	57	68			2	61	83
15	铁道信号1501	201501014	罗荣杰	53	67			6	64	79
16	铁道信号1501	201501015	马剑	77	72			4	85	90
17	铁道信号1501	201501016	彭辛華	73	80			2	60	55
18	铁道信号1501	201501017	王伟	71	70			2	76	64
19	铁道信号1501	201501018	吴寅	90	72			0	78	78
20	铁道信号1501	201501019	伍蔚雄	77	76			5	63	71
21	铁道信号1501	201501020	夏正才	70	70			5	74	75
22	铁道信号1502	201501021	肖潇	33	77			2	60	68
23	铁道信号1502	201501022	严森	71	64			0	66	77
24	铁道信号1502	201501023	叶向阳	75	85			5	62	72
25	铁道信号1502	201501024	余钢	67	62			7	43	65
26	铁道信号1502	201501025	张涛	66	64			5	60	68
27	铁道信号1502	201501026	罗文印		85			8	76	74

图 5-15 数据复制

班级	学号	姓名	数学	语文	英语	计算机	德育	体育	物理
铁道信号1501	201501001	李晖	73	60	61	72	81	82	93
铁道信号1501	201501002	刘蓉	58	37	67	77	86	87	88
铁道信号15	[illegible]	思	77	71	89	92	94	92	97
铁道信号1	[illegible]	艳	87	87	76	72	91	90	84
铁道信号1	[illegible]	艳	71	65	70	77	80	86	90
铁道信号1	201501006	杨欢	73	63	60	87	81	87	77
铁道信号15	01501007	杨旻璨	66	70	68	75	84	86	96
铁道信号1501	201501008	邹雨	77	88	73	86	92	87	90
铁道信号1501	201501009	陈鹏	68	60	67	78	65	75	90
铁道信号1501	201501010	敬志敏	77	70	69	78	89	77	76
铁道信号1501	201501011	李坚	73	72	60	60	70	76	90
铁道信号1501	201501012	李渊铭	62	60	52	58	60	69	70
铁道信号1501	201501013	卢鑫	57	68	45	61	62	61	83
铁道信号1501	201501014	罗荣杰	53	67	63	70	66	64	79
铁道信号1501	201501015	马剑	77	72	68	70	94	85	90
铁道信号1501	201501016	彭辛革	73	80	60	90	72	60	55
铁道信号1501	201501017	王伟	71	70	78	63	82	76	64
铁道信号1501	201501018	吴寅	90	72	81	70	80	78	78
铁道信号1501	201501019	伍蔚雄	77	76	60	66	85	63	71
铁道信号1501	201501020	夏正才	70	70	60	74	35	74	75

粘贴选项:
粘贴 (P)

图 5-16 数据粘贴

二、插入新的工作表“1501 班计算机成绩”和“1502 班语文成绩”

① 单击工作表标签内的“插入工作表”小图标，在工作表标签中会出现一个新的工作表标签 Sheet2。

② 将该工作表重命名为“1501 班计算机成绩”。

③ 单击“学生总成绩”工作表标签，打开“学生总成绩”工作表，选中单元格区域 A1：C21，同时按住“Ctrl”键选择单元格区域 G1：G21，在选中的单元格区域右击，从弹出的快捷菜单中选择“复制”命令，如图 5-17 所示。

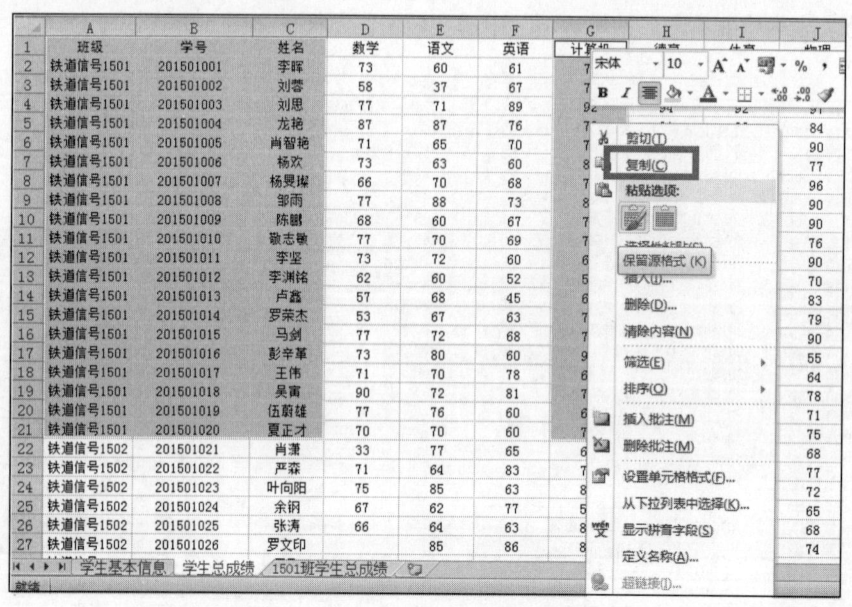

图 5-17 不连续数据区域的复制

④ 单击“1501 班计算机成绩”工作表标签，打开“1501 班计算机成绩”工作表，右击 A1 单元格，从弹出的快捷菜单中单击“粘贴选项”中的“保留原格式”图标，完成数据的粘贴，如图 5-18 所示。

	A	B	C	D
1	班级	学号	姓名	计算机
2	铁道信号150	201501001	李晖	72
3	铁道信号150	201501002	刘蓉	77
4	铁道信号150	201501003	刘思	92
5	铁道信号150	201501004	龙艳	72
6	铁道信号150	201501005	肖智艳	77
7	铁道信号150	201501006	杨欢	87
8	铁道信号150	201501007	杨昊璨	75
9	铁道信号150	201501008	邹雨	86
10	铁道信号150	201501009	陈鹏	78
11	铁道信号150	201501010	敬志敏	78
12	铁道信号150	201501011	李坚	60
13	铁道信号150	201501012	李渊铭	58
14	铁道信号150	201501013	卢鑫	61
15	铁道信号150	201501014	罗荣杰	70
16	铁道信号150	201501015	马剑	70
17	铁道信号150	201501016	彭辛革	90
18	铁道信号150	201501017	王伟	63
19	铁道信号150	201501018	吴寅	70
20	铁道信号150	201501019	伍蔚雄	66
21	铁道信号150	201501020	夏正才	74

学生基本信息 / 学生总成绩 / 1501班学生总成绩 / 1501班计算机成绩

图 5-18　数据粘贴

⑤ 用同样的方式创建“1502 班语文成绩”工作表，如图 5-19 所示。

	A	B	C
1	班级	学号	语文
2	铁道信号150	201501001	60
3	铁道信号150	201501002	37
4	铁道信号150	201501003	71
5	铁道信号150	201501004	87
6	铁道信号150	201501005	65
7	铁道信号150	201501006	63
8	铁道信号150	201501007	70
9	铁道信号150	201501008	88
10	铁道信号150	201501009	60
11	铁道信号150	201501010	70
12	铁道信号150	201501011	72
13	铁道信号150	201501012	60
14	铁道信号150	201501013	68
15	铁道信号150	201501014	67
16	铁道信号150	201501015	72
17	铁道信号150	201501016	80
18	铁道信号150	201501017	70
19	铁道信号150	201501018	72
20	铁道信号150	201501019	76
21	铁道信号150	201501020	70

学生基本信息 / 学生总成绩 / 1501班学生总成绩 / 1501班计算机成绩 / 1502班语文成绩

图 5-19　“1502 班语文成绩表”

任务三　计算“学生总成绩”工作表中学生的总分和平均分

Excel 2010 的一大特色就是可以利用公式对表格的数据进行处理，这里的公式就是数学中学

习到的各种运算法则，下面一起学习一下如何在 Excel 2010 中使用公式。

在工作表“学生总成绩”中，计算每位学生的总分和平均分。为计算每位学生的总分和平均分。

① 利用公式计算出第一位学生“李晖”的总分。

② 通过公式的填充，完成其他学生的总分计算。

③ 用同样的方法，计算出每位学生的平均分。

一、计算出“李晖”的总分

① 单击 K1 单元格，输入文字“总分”。

② 单击 K2 单元格，使其成为当前活动单元格。在该单元格内输入公式“=D2+E2+F2+G2+H2+I2+J2”，按【Enter】键确认，如图 5-20 所示。

YEAR =D2+E2+F2+G2+H2+I2+J2

	A	B	C	D	E	F	G	H	I	J	K	L
1	班级	学号	姓名	数学	语文	英语	计算机	德育	体育	物理	总分	
2	铁道信号1501	201501001	李晖	73	60	61	72	81	82	93	=D2+E2+F2+G2+H2+I2+J2	
3	铁道信号1501	201501002	刘蓉	58	37	67	77	86	87	88		
4	铁道信号1501	201501003	刘思	77	71	89	92	94	92	97		
5	铁道信号1501	201501004	龙艳	87	87	76	72	91	90	84		
6	铁道信号1501	201501005	肖智艳	71	65	70	77	80	86	90		
7	铁道信号1501	201501006	杨欢	73	63	60	87	81	87	77		

	A	B	C	D	E	F	G	H	I	J	K
1	班级	学号	姓名	数学	语文	英语	计算机	德育	体育	物理	总分
2	铁道信号1501	201501001	李晖	73	60	61	72	81	82	93	522
3	铁道信号1501	201501002	刘蓉	58	37	67	77	86	87	88	
4	铁道信号1501	201501003	刘思	77	71	89	92	94	92	97	
5	铁道信号1501	201501004	龙艳	87	87	76	72	91	90	84	
6	铁道信号1501	201501005	肖智艳	71	65	70	77	80	86	90	

图 5-20 计算“李晖”的总分

提示：第二种方法是单击 K2 单元格使其成为当前活动单元格，在编辑栏内输入“=D2+E2+F2+G2+H2+I2+J2”，按【Enter】键确认完成。在输入单元格名称时可以手工输入，也可以使用鼠标单击要添加的单元格，单元格名称也会出现在公式中，如图 5-21 所示。

YEAR =D2+E2+F2+G2+H2+I2+J2

	A	B	C	D	E	F	G	H	I	J	K	L
1	班级	学号	姓名	数学	语文	英语	计算机	德育	体育	物理	总分	
2	铁道信号1501	201501001	李晖	73	60	61	72	81	82	93	=D2+E2+F2+G2+H2+I2+J2	
3	铁道信号1501	201501002	刘蓉	58	37	67	77	86	87	88		
4	铁道信号1501	201501003	刘思	77	71	89	92	94	92	97		
5	铁道信号1501	201501004	龙艳	87	87	76	72	91	90	84		
6	铁道信号1501	201501005	肖智艳	71	65	70	77	80	86	90		
7	铁道信号1501	201501006	杨欢	73	63	60	87	81	87	77		

图 5-21 编辑栏内输入公式

③ 按【Enter】键或单击编辑栏左侧的绿色“√”，在单元格 K2 中计算出“李晖”的总分为“522”。

二、计算出每位学生的总分

① 单击 K3 单元格，使其成为当前活动单元格，将鼠标指针移动到该单元格右下角处，鼠标

指针变成“+”形状时，按住鼠标左键一直向下拖动至 K40 单元格。

② 复制公式将每位学生的总分都计算出来，如图 5-22 所示。

A	B	C	D	E	F	G	H	I	J	K
铁道信号1501	201501014	罗荣杰	53	67	63	70	66	64	79	462
铁道信号1501	201501015	马剑	77	72	68	70	94	85	90	556
铁道信号1501	201501016	彭辛革	73	80	60	90	72	60	55	490
铁道信号1501	201501017	王伟	71	70	78	63	82	76	64	504
铁道信号1501	201501018	吴寅	90	72	81	70	80	78	78	549
铁道信号1501	201501019	伍蔚雄	77	76	60	66	85	63	71	498
铁道信号1501	201501020	夏正才	70	70	60	74	35	74	75	458
铁道信号1502	201501021	肖潇	33	77	65	60	62	60	68	425
铁道信号1502	201501022	严森	71	64	83	73	0	66	77	434
铁道信号1502	201501023	叶向阳	75	85	63	87	75	62	72	519
铁道信号1502	201501024	余钢	67	62	77	58	67	43	65	439
铁道信号1502	201501025	张涛	66	64	63	87	65	60	68	473
铁道信号1502	201501026	罗文印		85	86	86	78	76	74	485
铁道信号1502	201501027	王飞	89	70	68	68	75	78	70	518
铁道信号1502	201501028	张琪	82	90	89	90	80	90	88	609
铁道信号1502	201501029	刘俊	84	79	72		77	55	83	450
铁道信号1502	201501030	马红丽	89	89	92	95	72	93		530
铁道信号1502	201501031	刘宝英		90	92	84	81	96	88	531
铁道信号1502	201501032	赵志杰	77	65	71	70	87	68		438
铁道信号1502	201501033	李立军	66	85	63	71	77	72	68	502
铁道信号1502	201501034	高娜	74	35	74	75	73	80	60	471
铁道信号1502	201501035	腾飞	60	62	60	68	71	70	78	469
铁道信号1502	201501036	马伟	73	0	66	77	90	72	81	459
铁道信号1502	201501037	周正林	87	75	62	72	77	76	60	509
铁道信号1502	201501038	百丽	58	67	43	65	70	70	60	433
铁道信号1502	201501039	澈利根	87	65	60	68	33	77	65	455

学生基本信息 / 学生总成绩 / 1501班学生总成绩 / 1501班计算机成绩 / 1502班语文成绩

图 5-22 计算每个人的总分

提示：拖动填充柄复制公式时，对单元格的引用也会随着公式的复制而改变，例如 K2 单元格的公式是“=D2+E2+F2+G2+H2+I2+J2”，复制到 K3 单元格，公式自动变为“=D3+E3+F3+G3+H3+ I3+J3”。

三、计算出“李晖”平均分

① 单击 L1 单元格，输入文本“平均分”。

② 单击 L2 单元格，使其成为当前活动单元格。

③ 在该单元格内输入公式“=K3/7”，按【Enter】键确认。

④ 在单元格 L2 中计算出“李晖”的平均分为 74.57，如图 5-23 所示。

YEAR =K2/7

	A	B	C	D	E	F	G	H	I	J	K	L
1	班级	学号	姓名	数学	语文	英语	计算机	德育	体育	物理	总分	平均分
2	铁道信号1501	201501001	李晖	73	60	61	72	81	82	93	522	=K2/7
3	铁道信号1501	201501002	刘蓉	58	37	67	77	86	87	88	500	
4	铁道信号1501	201501003	刘思	77	71	89	92	94	92	97	612	
5	铁道信号1501	201501004	龙艳	87	87	76	72	91	90	84	587	
6	铁道信号1501	201501005	肖智艳	71	65	70	77	80	86	90	539	
7	铁道信号1501	201501006	杨欢	73	63	60	87	81	87	77	528	

↓

	A	B	C	D	E	F	G	H	I	J	K	L
1	班级	学号	姓名	数学	语文	英语	计算机	德育	体育	物理	总分	平均分
2	铁道信号1501	201501001	李晖	73	60	61	72	81	82	93	522	74.57
3	铁道信号1501	201501002	刘蓉	58	37	67	77	86	87	88	500	
4	铁道信号1501	201501003	刘思	77	71	89	92	94	92	97	612	
5	铁道信号1501	201501004	龙艳	87	87	76	72	91	90	84	587	
6	铁道信号1501	201501005	肖智艳	71	65	70	77	80	86	90	539	
7	铁道信号1501	201501006	杨欢	73	63	60	87	81	87	77	528	

图 5-23 计算平均分

四、计算出每位学生的平均分

① 单击 L2 单元格，使其成为当前活动单元格，将鼠标指针移动到该单元格右下角处，鼠标指针变成“+”形状时，按住鼠标左键一直向下拖动至 L40 单元格。

② 至此将每位学生的平均分都计算出来，如图 5-24 所示。

	A	B	C	D	E	F	G	H	I	J	K	L
1	班级		姓名	数学	语文	英语	计算机	德育	体育	物理	总分	平均分
2	铁道信号1501	201501001	李晖	73	60	61	72	81	82	93	522	74.57
3	铁道信号1501	201501002	刘蓉	58	37	67	77	86	87	88	500	71.43
4	铁道信号1501	201501003	刘思	77	71	89	92	94	92	97	612	87.43
5	铁道信号1501	201501004	龙艳	87	87	76	72	91	90	84	587	83.86
6	铁道信号1501	201501005	肖智艳	71	65	70	77	80	86	90	539	77.00
7	铁道信号1501	201501006	杨欢	73	63	60	87	81	87	77	528	75.43
8	铁道信号1501	201501007	杨旻璨	66	70	68	75	84	86	96	545	77.86
9	铁道信号1501	201501008	邹雨	77	88	73	86	92	87	90	593	84.71
10	铁道信号1501	201501009	陈鹏	68	60	67	78	65	75	90	503	71.86
11	铁道信号1501	201501010	敬志敏	77	70	69	78	89	77	76	536	76.57
12	铁道信号1501	201501011	李坚	73	72	60	60	70	76	90	501	71.57
13	铁道信号1501	201501012	李渊铭	62	60	52	58	60	69	70	431	61.57
14	铁道信号1501	201501013	卢鑫	57	68	45	61	62	61	83	437	62.43
15	铁道信号1501	201501014	罗荣杰	53	67	63	70	66	64	79	462	66.00
16	铁道信号1501	201501015	马剑	77	72	68	70	94	85	90	556	79.43
17	铁道信号1501	201501016	彭辛革	73	80	60	90	72	60	55	490	70.00
18	铁道信号1501	201501017	王伟	71	70	78	63	82	76	64	504	72.00
19	铁道信号1501	201501018	吴寅	90	72	81	70	80	78	78	549	78.43
20	铁道信号1501	201501019	伍蔚雄	77	76	60	66	85	63	71	498	71.14
21	铁道信号1501	201501020	夏正才	70	70	60	74	35	74	75	458	65.43
22	铁道信号1502	201501021	肖潇	33	77	65	60	62	60	68	425	60.71
23	铁道信号1502	201501022	严森	71	64	83	73	0	66	77	434	62.00
24	铁道信号1502	201501023	叶向阳	75	85	63	87	75	62	72	519	74.14
25	铁道信号1502	201501024	余钢	67	62	77	58	67	43	65	439	62.71
26	铁道信号1502	201501025	张涛	66	64	63	87	65	60	68	473	67.57
27	铁道信号1502	201501026	罗文印		85	86	86	78	76	74	485	69.29

图 5-24　计算每个人的平均分

任务四　1501 班各科总成绩统计

任务描述

计算工作表“1501 班总成绩”中每科课程的平均分和总分的平均分，并计算出 1501 班的每个人的年龄及班级总人数，完成该任务需要完成以下几步：

任务实施

① 在 A22 和 A23 单元格中分别输入“平均分”和“班级人数”。

② 使用函数计算出每个人的总分。

③ 使用函数计算出每科课程的总分和平均分。

④ 使用函数计算出班级人数。

一、输入“平均分”“班级人数”及“总分”

① 单击打开工作表“1501 班总成绩”，单击 A22 单元格，使其成为当前活动单元格，输入内容“平均分”，按【Enter】键确认。

② 用同样的方法在 A23 单元格中输入内容“班级人数”，在 K1 单元格中输入内容“总分”，如图 5-25 所示。

	A	B	C	D	E	F	G	H	I	J	K
1	班级	学号	姓名	数学	语文	英语	计算机	德育	体育	物理	总分
2	铁道信号1501	201501001	李晖	73	60	61	72	81	82	93	
3	铁道信号1501	201501002	刘蓉	58	37	67	77	86	87	88	
4	铁道信号1501	201501003	刘思	77	71	89	92	94	92	97	
5	铁道信号1501	201501004	龙艳	87	87	76	72	91	90	84	
6	铁道信号1501	201501005	肖智艳	71	65	70	77	80	86	90	
7	铁道信号1501	201501006	杨欢	73	63	60	87	81	87	77	
8	铁道信号1501	201501007	杨旻璨	66	70	68	75	84	86	96	
9	铁道信号1501	201501008	邹雨	77	88	73	86	92	87	90	
10	铁道信号1501	201501009	陈鹏	68	60	67	78	65	75	90	
11	铁道信号1501	201501010	敬志敏	77	70	69	78	89	77	76	
12	铁道信号1501	201501011	李坚	73	72	60	60	70	76	90	
13	铁道信号1501	201501012	李渊铭	62	60	52	58	60	69	70	
14	铁道信号1501	201501013	卢鑫	57	68	45	61	62	61	83	
15	铁道信号1501	201501014	罗荣杰	53	67	63	70	66	64	79	
16	铁道信号1501	201501015	马剑	77	72	68	70	94	85	90	
17	铁道信号1501	201501016	彭辛革	73	80	60	90	72	60	55	
18	铁道信号1501	201501017	王伟	71	70	78	63	82	76	64	
19	铁道信号1501	201501018	吴寅	90	72	81	70	80	78	78	
20	铁道信号1501	201501019	伍蔚雄	77	76	60	66	85	63	71	
21	铁道信号1501	201501020	夏正才	70	70	60	74	35	74	75	
22	平均分										
23	班级人数										

图 5-25　输入内容

二、使用函数计算出每个人的总分

之前任务中已经使用公式的方法计算过总分，在 Excel 2010 中不仅可以使用公式来进行运算，还可以使用函数的方法完成复杂的运算。

① 单击选中单元格 K2，选择“公式”选项卡，再选择“插入函数”组中的“插入函数”选项，弹出“插入函数”对话框，如图 5-26 所示。

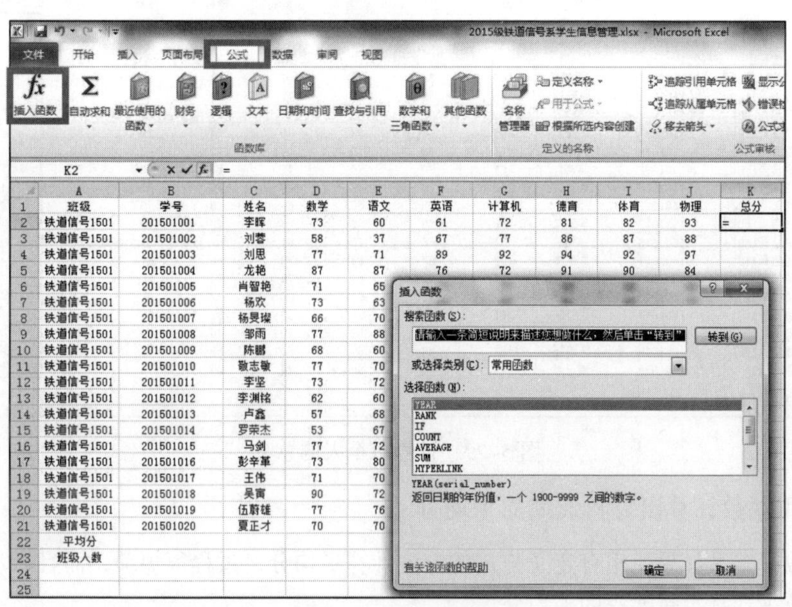

图 5-26　插入函数

② 在弹出来的“插入函数”对话框中，在选择类别中选择“常用函数”或“数学与三角函数”，然后在“选择函数”列表框中找到 SUM 函数，单击“确定”按钮确认，如图 5-27 所示。

③ 在弹出的 SUM 函数“函数参数”对话框中，输入函数参数 D2:J2，如图 5-28 所示。

提示： 也可单击函数参数文本框右侧的“▣”图标，在工作表中拖动选择单元格区域 D2:J2，再单击▣图标回到“函数参数”对话框，完成参数输入。

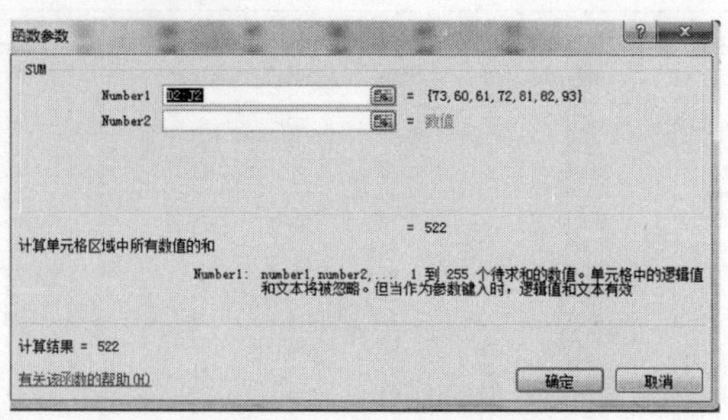

图 5-27　输入函数参数

④ 单击“确定”按钮，完成计算，得出结果 522，如图 5-28 所示。

K2　=SUM(D2:J2)

	A	B	C	D	E	F	G	H	I	J	K
1	班级	学号	姓名	数学	语文	英语	计算机	德育	体育	物理	总分
2	铁道信号1501	201501001	李晖	73	60	61	72	81	82	93	522
3	铁道信号1501	201501002	刘蓉	58	37	67	77	86	87	88	
4	铁道信号1501	201501003	刘思	77	71	89	92	94	92	97	

图 5-28　计算总分

⑤ 单击 K2 单元格，将鼠标移动到该单元格的右下角，鼠标指针变成“＋”时，按住鼠标左键向下拖动，直到 K21 单元格再松开，计算出每个人的总分，如图 5-29 所示。

	A	B	C	D	E	F	G	H	I	J	K
1	班级	学号	姓名	数学	语文	英语	计算机	德育	体育	物理	总分
2	铁道信号1501	201501001	李晖	73	60	61	72	81	82	93	522
3	铁道信号1501	201501002	刘蓉	58	37	67	77	86	87	88	500
4	铁道信号1501	201501003	刘思	77	71	89	92	94	92	97	612
5	铁道信号1501	201501004	龙艳	87	87	76	72	91	90	84	587
6	铁道信号1501	201501005	肖智艳	71	65	70	77	80	86	90	539
7	铁道信号1501	201501006	杨欢	73	63	60	87	81	87	77	528
8	铁道信号1501	201501007	杨旻璨	66	70	68	75	84	86	96	545
9	铁道信号1501	201501008	邹雨	77	88	73	86	92	87	90	593
10	铁道信号1501	201501009	陈鹏	68	60	67	78	65	75	90	503
11	铁道信号1501	201501010	敬志敏	77	70	69	78	89	77	76	536
12	铁道信号1501	201501011	李坚	73	72	60	60	70	76	90	501
13	铁道信号1501	201501012	李渊铭	62	60	52	58	60	69	70	431
14	铁道信号1501	201501013	卢鑫	57	68	45	61	62	61	83	437
15	铁道信号1501	201501014	罗荣杰	53	67	63	70	66	64	79	462
16	铁道信号1501	201501015	马剑	77	72	68	70	94	85	90	556
17	铁道信号1501	201501016	彭辛革	73	80	60	90	72	60	55	490
18	铁道信号1501	201501017	王伟	71	70	78	63	82	76	64	504
19	铁道信号1501	201501018	吴寅	90	72	81	70	80	78	78	549
20	铁道信号1501	201501019	伍蔚雄	77	76	60	66	85	63	71	498
21	铁道信号1501	201501020	夏正才	70	70	60	74	35	74	75	458
22	平均分										
23	班级人数										

图 5-29　计算每个人的总分

三、使用函数计算出每科成绩的平均分

由于人数很多，如果使用自定义公式的方法计算平均分，过程很烦琐，而且容易出错，所以可以使用函数来计算每科课程的平均分。

① 选中单元格 D22，选择“公式”选项卡，再单击“函数库”组中的“自动求和”下拉按钮，在下拉列表中选择“平均值”，结果如图 5-30 所示。

② 公式自动应用“AVERAGE”函数，函数参数自动选择上方的数值型数据区域 D2:D21。

③ 单击“确定”按钮，完成计算，得出结果 71.5。

④ 单击 D22 单元格，将鼠标移动到该单元格的右下角，鼠标指针变成“＋”时，按住鼠标左键向右拖动，直至 K22 松开，计算出每科成绩的平均分，如图 5-31 所示。

图 5-30　快速使用 AVERAGE 函数

16	铁道信号1501	201501015	马剑	77	72	68	70	94	85	90	556
17	铁道信号1501	201501016	彭辛革	73	80	60	90	72	60	55	490
18	铁道信号1501	201501017	王伟	71	70	78	63	82	76	64	504
19	铁道信号1501	201501018	吴寅	90	72	81	70	80	78	78	549
20	铁道信号1501	201501019	伍蔚雄	77	76	60	66	85	63	71	498
21	铁道信号1501	201501020	夏正才	70	70	60	74	35	74	75	458
22	平均分			71.5	68.9	66.35	73.8	77.45	77.75	81.8	517.55
23	班级人数										

图 5-31　计算平均分

四、使用函数计算出班级人数

① 选中单元格 B23，使用和求“平均分”相同的方法，选择“公式”选项卡，再选择“函数库”组中的“自动求和”选项，在下拉列表中选择“计数”。

② 自动生成公式“=COUNT(B2:B22)”，要修改 COUNT 函数参数为 B2:B21，可直接在工作表中拖动选择 B2:B21 区域，如图 5-32 所示。

B23　　fx =COUNT(B2:B22)

	A	B	C	D
1	班级	学号	姓名	数学
2	铁道信号1501	201501001	李晖	73
3	铁道信号1501	201501002	刘蓉	58
4	铁道信号1501	201501003	刘思	77
5	铁道信号1501	201501004	龙艳	87
6	铁道信号1501	201501005	肖智艳	71
7	铁道信号1501	201501006	杨欢	73
8	铁道信号1501	201501007	杨旻璨	66
9	铁道信号1501	201501008	邹雨	77
10	铁道信号1501	201501009	陈鹏	68
11	铁道信号1501	201501010	敬志敏	77
12	铁道信号1501	201501011	李坚	73
13	铁道信号1501	201501012	李渊铭	62
14	铁道信号1501	201501013	卢鑫	57
15	铁道信号1501	201501014	罗荣杰	53
16	铁道信号1501	201501015	马剑	77
17	铁道信号1501	201501016	彭辛革	73
18	铁道信号1501	201501017	王伟	71
19	铁道信号1501	201501018	吴寅	90
20	铁道信号1501	201501019	伍蔚雄	77
21	铁道信号1501	201501020	夏正才	70
22	平均分			71.5
23	班级人数	20		

图 5-32　统计班级人数

③ 单击“确定”按钮，完成计算，得出结果为“20”。

任务五　统计学生基本信息表中每个学生的年龄及奖学金获得情况

任务描述

在工作表“学生基本信息”中，在表格中插入一列，根据“出生年月”数据计算出每个人的年龄，将结果添加到新插入的列“年龄”中，并根据学生的总分情况计算奖学金获得情况，再插入一列“奖学金”，将计算结果添加到该列。奖学金计算方法为：总分大于600分为一等奖学金、500分～600分为二等奖学金、450分～500分为三等奖学金、小于450分无奖学金。

“学生基本信息”表中“性别”和“出生日期”列的内容可以通过“身份证号码”计算得到，在本任务中也介绍了计算所用的函数。

任务实施

① 利用IF函数计算性别。

② 利用DATE函数和MID函数计算出生日期。

③ 在工作表“学生基本信息”中插入两列，分别为“年龄”和“奖学金”。

④ 利用YEAR函数和NOW函数计算每个人的年龄，将计算结果添加到“年龄”列。

⑤ 利用IF函数的嵌套计算每个人的奖学金获得情况，将结果添加到“奖学金”列。

一、计算性别

如果身份证号码的第17位数值为奇数，则性别为“男”；如果为偶数，性别为“女”。

① 在“学生基本信息”工作表中选中D2单元格，输入公式“=IF(mod(mid(E2,17,1),2)=0,"女","男")”。

提示：

- 函数MID的功能是从中取子字符串，MID(E2,17,1)的结果是取出E2单元格中身份证号码的第17位数字。
- 函数MOD的功能是计算取出的第17位数字除以2的余数。
- 函数IF是条件函数，功能是判断计算得到的余数值是不是等于0，成立（等于0），则D2单元格的值为“女”，否则为“男”。
- 因为公式是由多个函数嵌套构成，所以直接输入比较方便。

② 按【Enter】键，完成D2单元格的计算。

③ 单击D2单元格，使其成为当前活动单元格，将鼠标指针移动到该单元格右下角处，鼠标指针变成“+”形状时，双击鼠标左键，自动复制公式至D41单元格。

二、计算出生日期

身份证号码中包含出生日期的信息。第7～10位数字是年份，第11～12位数字是月份，第

13～14 位数字是日期。

① 在“学生基本信息”工作表中选中 F2 单元格，输入公式“=Date(Mid(E2,7,4), Mid(E2,11,2), Mid(E2,13,2))”。

提示：Date 函数的功能是将年、月、日的值构成一个日期型数据。其参数有三个，分别是年、月、日的数值。

② 按【Enter】键，完成 F2 单元格的计算。

③ 单击 F2 单元格，使其成为当前活动单元格，将鼠标指针移动到该单元格右下角处，鼠标指针变成“+”形状时，双击鼠标左键，自动复制公式至 F41 单元格，结果如图 5-33 所示。

三、插入两列“年龄”“奖学金”

① 右键单击列标 G，从弹出来的快捷菜单中单击“插入”，即可自动插入一列。

② 在新插入的列右侧，出现一个“插入选项”，单击“插入选项”选择“与左边格式相同”选项，如图 5-33 所示。

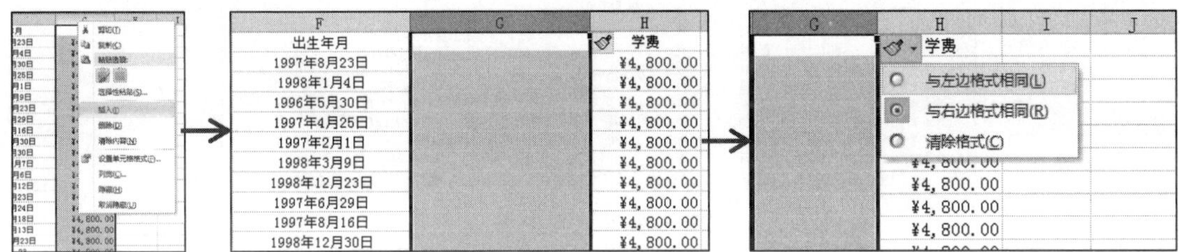

图 5-33　插入“年龄”列

③ 单击新插入的列中的单元格 G1，输入内容“年龄”，按【Enter】键确认。

④ 用同样的方法插入列“奖学金”，如图 5-34 所示。

	A	B	C	D	E	F	G	H	I
1	班级	学号	姓名	姓别	身份证号	出生年月	年龄	奖学金	学费
2	铁道信号1501	201501001	李晖	男	152322199708232000	1997年8月23日			¥4, 800. 00
3	铁道信号1501	201501002	刘蓉	女	150201199801043421	1998年1月4日			¥4, 800. 00
4	铁道信号1501	201501003	刘思	男	150202199605301745	1996年5月30日			¥4, 800. 00
5	铁道信号1501	201501004	龙艳	女	150202199704251765	1997年4月25日			¥4, 800. 00
6	铁道信号1501	201501005	肖智艳	女	150203199702015023	1997年2月1日			¥4, 800. 00

图 5-34　插入“奖学金”列

四、计算年龄，将结果添加到“年龄”列

① 单击 G2 单元格，在单元格内先输入“=”。

② 选择“公式”选项卡中的“函数库”组，单击“时间和日期”下拉按钮，从函数下拉列表框中选择 YEAR 函数，如图 5-35 所示。

③ 此时会弹出一个“函数参数”对话框，在 Serial_Number 文本框中添加 now()”，单击“确定”按钮，完成这部分输入，如图 5-36 所示。

④ 继续输入“—”号，用与第 2 步相同的方法，选择 YEAR 函数，输入参数 F2，单击“确定”按钮，完成这部分输入，如图 5-37 所示。

⑤ 此时会计算出一个日期“1900/1/18”，单击“开始”选项卡中“数字”组右下角的向下箭

头，从弹出的“设置单元格格式”对话框中选择“数字”选项卡，再选择“分类”中的“常规”选项，G2 单元格显示结果为 18，如图 5-38 和图 5-39 所示。

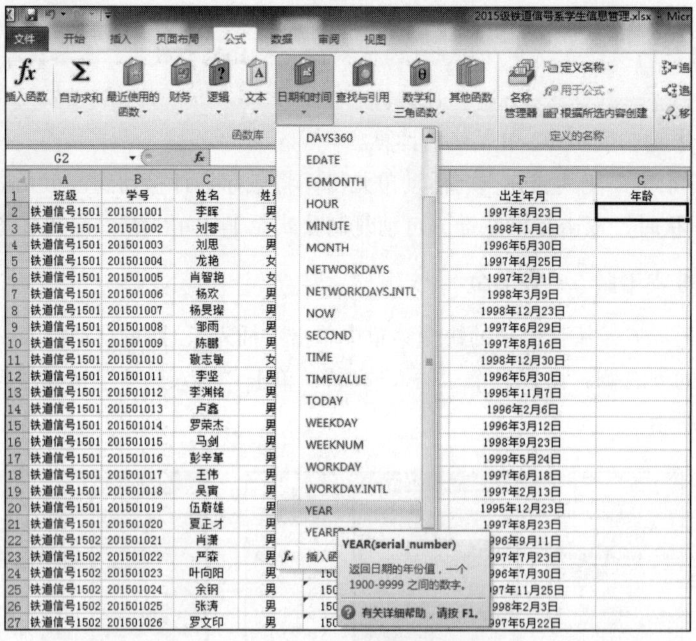

图 5-35 选择函数

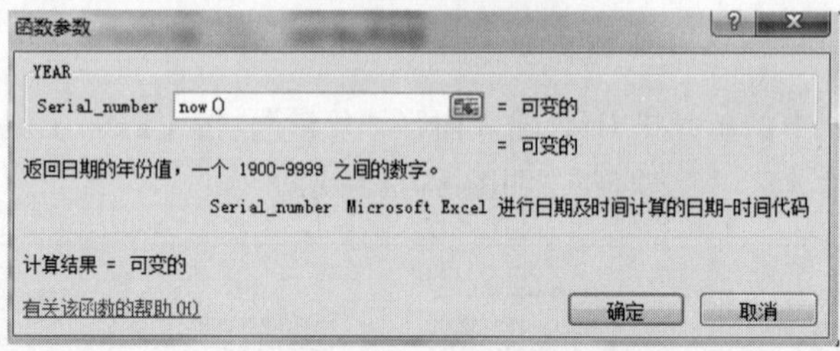

图 5-36 输入函数参数

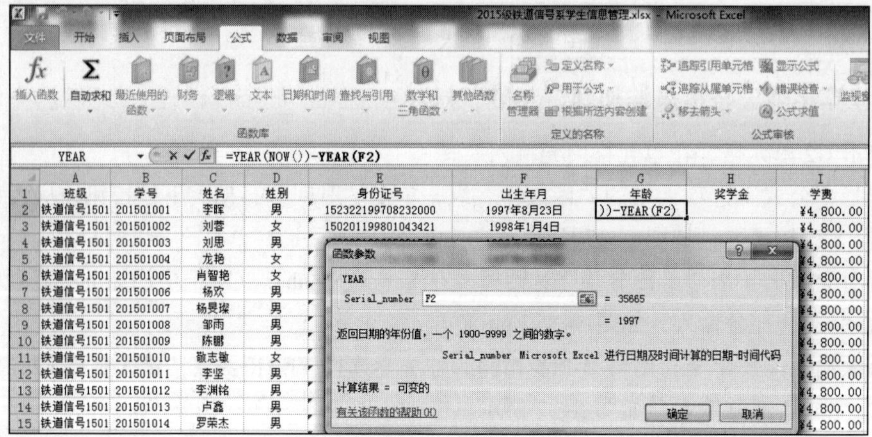

图 5-37 输入公式

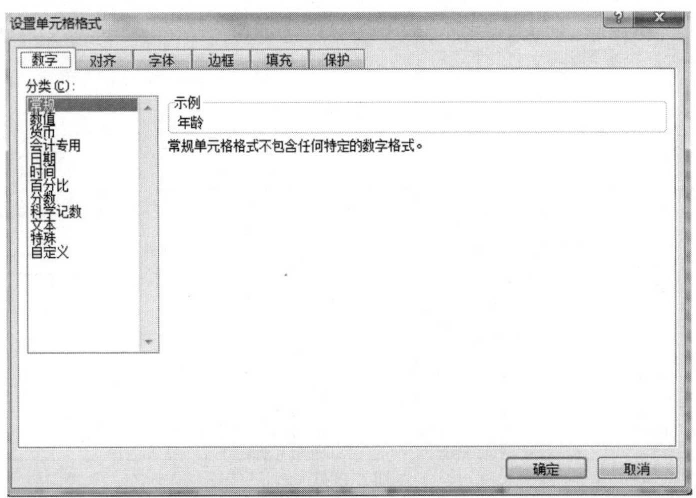

图 5-38　选择数字类型

	A	B	C	D	E	F	G	H	I
1	班级	学号	姓名	姓别	身份证号	出生年月	年龄	奖学金	学费
2	铁道信号1501	201501001	李晖	男	152322199708232×××	1997年8月23日	18		¥4,800.00
3	铁道信号1501	201501002	刘蓉	女	150201199801043×××	1998年1月4日			¥4,800.00
4	铁道信号1501	201501003	刘思	男	150202199605301×××	1996年5月30日			¥4,800.00
5	铁道信号1501	201501004	龙艳	女	150202199704251×××	1997年4月25日			¥4,800.00
6	铁道信号1501	201501005	肖智艳	女	150203199702015×××	1997年2月1日			¥4,800.00
7	铁道信号1501	201501006	杨欢	男	150300199803097×××	1998年3月9日			¥4,800.00

图 5-39　计算年龄

⑥ 通过填充柄的向下拖动计算出所有人的“年龄”数据，如图 5-40 所示。

	A	B	C	D	E	F	G	H	I
1	班级	学号	姓名	姓别	身份证号	出生年月	年龄	奖学金	学费
2	铁道信号1501	201501001	李晖	男	152322199708232×××	1997年8月23日	18		¥4,800.00
3	铁道信号1501	201501002	刘蓉	女	150201199801043×××	1998年1月4日	17		¥4,800.00
4	铁道信号1501	201501003	刘思	男	150202199605301×××	1996年5月30日	19		¥4,800.00
5	铁道信号1501	201501004	龙艳	女	150202199704251×××	1997年4月25日	18		¥4,800.00
6	铁道信号1501	201501005	肖智艳	女	150203199702015×××	1997年2月1日	18		¥4,800.00
7	铁道信号1501	201501006	杨欢	男	150300199803097×××	1998年3月9日	17		¥4,800.00
8	铁道信号1501	201501007	杨昊璨	男	150404199812234×××	1998年12月23日	17		¥4,800.00
9	铁道信号1501	201501008	邹雨	男	152327199706295×××	1997年6月29日	18		¥4,800.00
10	铁道信号1501	201501009	陈鹏	男	150202199708164×××	1997年8月16日	18		¥4,800.00
11	铁道信号1501	201501010	敬志敏	女	150204199812303×××	1998年12月30日	17		¥4,800.00
12	铁道信号1501	201501011	李坚	男	150202199605301×××	1996年5月30日	19		¥4,800.00
13	铁道信号1501	201501012	李渊铭	男	150205199511072×××	1995年11月7日	20		¥4,800.00
14	铁道信号1501	201501013	卢鑫	男	150202199602065×××	1996年2月6日	19		¥4,800.00
15	铁道信号1501	201501014	罗荣杰	男	150301199603127×××	1996年3月12日	19		¥4,800.00
16	铁道信号1501	201501015	马剑	男	150203199809235×××	1998年9月23日	17		¥4,800.00
17	铁道信号1501	201501016	彭辛革	男	152324199905247×××	1999年5月24日	16		¥4,800.00
18	铁道信号1501	201501017	王伟	男	150204199706181×××	1997年6月18日	18		¥4,800.00
19	铁道信号1501	201501018	吴寅	男	150205199702137×××	1997年2月13日	18		¥4,800.00
20	铁道信号1501	201501019	伍蔚雄	男	150205199512235×××	1995年12月23日	20		¥4,800.00
21	铁道信号1501	201501020	夏正才	男	150201199708238×××	1997年8月23日	18		¥4,800.00

图 5-40　计算每个人的年龄

五、计算每个人的奖学金获得情况，将结果添加到“奖学金”列

① 单击 H2 单元格，在单元格内先输入“=”。

② 再输入公式“=IF(学生总成绩!K2>=600, "一等", IF(学生总成绩!K2>=500,"二等",IF(学生总成绩!K2>=450,"三等","无")))”，如图 5-41 所示。

	A	B	C	D	E	F	G	H	I
1	班级	学号	姓名	姓别	身份证号	出生年月	年龄	奖学金	学费
2	铁道信号1501	201501001	李晖	男	152322199708232×××	1997年8月23日	18	二等	¥4,800.00
3	铁道信号1501	201501002	刘蓉	女	150201199801043×××	1998年1月4日	17		¥4,800.00
4	铁道信号1501	201501003	刘思	男	150202199605301×××	1996年5月30日	19		¥4,800.00
5	铁道信号1501	201501004	龙艳	女	150202199704251×××	1997年4月25日	18		¥4,800.00
6	铁道信号1501	201501005	肖智艳	女	150203199702015×××	1997年2月1日	18		¥4,800.00
7	铁道信号1501	201501006	杨欢	男	150300199803097×××	1998年3月9日	17		¥4,800.00
8	铁道信号1501	201501007	杨旻璨	男	150404199812234×××	1998年12月23日	17		¥4,800.00
9	铁道信号1501	201501008	邹雨	男	152327199706295×××	1997年6月29日	18		¥4,800.00
10	铁道信号1501	201501009	陈鹏	男	150202199708164×××	1997年8月16日	18		¥4,800.00
11	铁道信号1501	201501010	敬志敏	女	150204199812303×××	1998年12月30日	17		¥4,800.00
12	铁道信号1501	201501011	李坚	男	150202199605301×××	1996年5月30日	19		¥4,800.00

图 5-41　IF 函数的嵌套

提示：

- 奖学金分成四种情况，由 3 个 IF 函数嵌套，依次判断三个条件形成四个分支，决定 H2 单元格的值。
- 由于条件“>=600”不成立，才能判断到条件“>=500”，所以二等奖学金的条件是“600>总分>=500”，其他条件类似。
- 在一个工作簿中调用不同工作表之间的数据时用“工作表名称!单元格名称”的形式引用。“学生总成绩!K2”表示在“学生基本信息”表中对“学生总成绩”工作表中 K2 单元格的值的引用。

③ 按【Enter】键，得出结果“二等”，通过下拉填充柄得到每个人的奖学金情况，添加到 H2：H41，如图 5-42 所示。

J23

	A	B	C	D	E	F	G	H	I
1	班级	学号	姓名	姓别	身份证号	出生年月	年龄	奖学金	学费
2	铁道信号1501	201501001	李晖	男	152322199708232×××	1997年8月23日	18	二等	¥4,800.00
3	铁道信号1501	201501002	刘蓉	女	150201199801043×××	1998年1月4日	17	二等	¥4,800.00
4	铁道信号1501	201501003	刘思	男	150202199605301×××	1996年5月30日	19	一等	¥4,800.00
5	铁道信号1501	201501004	龙艳	女	150202199704251×××	1997年4月25日	18	二等	¥4,800.00
6	铁道信号1501	201501005	肖智艳	女	150203199702015×××	1997年2月1日	18	二等	¥4,800.00
7	铁道信号1501	201501006	杨欢	男	150300199803097×××	1998年3月9日	17	二等	¥4,800.00
8	铁道信号1501	201501007	杨旻璨	男	150404199812234×××	1998年12月23日	17	二等	¥4,800.00
9	铁道信号1501	201501008	邹雨	男	152327199706295×××	1997年6月29日	18	二等	¥4,800.00
10	铁道信号1501	201501009	陈鹏	男	150202199708164×××	1997年8月16日	18	二等	¥4,800.00
11	铁道信号1501	201501010	敬志敏	女	150204199812303×××	1998年12月30日	17	二等	¥4,800.00
12	铁道信号1501	201501011	李坚	男	150202199605301×××	1996年5月30日	19	二等	¥4,800.00
13	铁道信号1501	201501012	李渊铭	男	150205199511072×××	1995年11月7日	20	无	¥4,800.00
14	铁道信号1501	201501013	卢鑫	男	150202199602065×××	1996年2月6日	19	无	¥4,800.00
15	铁道信号1501	201501014	罗荣杰	男	150301199603127×××	1996年3月12日	19	三等	¥4,800.00
16	铁道信号1501	201501015	马剑	男	150203199809235×××	1998年9月23日	17	二等	¥4,800.00
17	铁道信号1501	201501016	彭辛革	男	152324199905247×××	1999年5月24日	16	三等	¥4,800.00
18	铁道信号1501	201501017	王伟	男	150204199706181×××	1997年6月18日	18	二等	¥4,800.00
19	铁道信号1501	201501018	吴寅	男	150205199702137×××	1997年2月13日	18	二等	¥4,800.00
20	铁道信号1501	201501019	伍蔚雄	男	150205199512235×××	1995年12月23日	20	三等	¥4,800.00
21	铁道信号1501	201501020	夏正才	男	150201199708238×××	1997年8月23日	18	三等	¥4,800.00
22	铁道信号1502	201501021	肖潇	男	150204199609118×××	1996年9月11日	19	无	¥4,800.00

图 5-42　计算奖学金

任务六　将“学生总成绩”工作表中的信息排序

任务描述

在“学生总成绩”工作表中，根据学生总分排名次；按计算机成绩和姓名两级条件进行排序。本任务采用多种方法完成排序的目的。

任务实施

① 将“学生总成绩”工作表中的信息按总分进行排名次。

② 将“学生总成绩”工作表中的信息按计算机成绩和姓名的笔画数进行排序。

一、按总分排名次

1．输入“排名”

在 M1 单元格中输入“排名”。

2．使用“数据”选项卡中的“排序和筛选”组快速排序

① 选中“总分”(K 列) 任意一个单元格，单击“数据”选项卡“排序和筛选”组中的“$\frac{Z}{A}\downarrow$”图标，快速完成按“总分”字段的降序排列。

② 在 M2 单元格中输入“1”，将鼠标定位到 M2 右下角，按住【Ctrl】键，向下拖动鼠标至 M40 单元格，如图 5-43 所示。

M2　fx　1

	A	B	C	D	E	F	G	H	I	J	K	L	M
1	班级	学号	姓名	数学	语文	英语	计算机	德育	体育	物理	总分	平均分	排名
2	铁道信号1501	201501003	刘思	77	71	89	92	94	92	97	612	87.43	1
3	铁道信号1502	201501028	张琪	82	90	89	90	80	90	88	609	87.00	2
4	铁道信号1501	201501008	邹雨	77	88	73	86	92	87	90	593	84.71	3
5	铁道信号1501	201501004	龙艳	87	87	76	72	91	90	84	587	83.86	4
6	铁道信号1501	201501015	马剑	77	72	68	70	94	85	90	556	79.43	5
7	铁道信号1501	201501018	吴寅	90	72	81	70	80	78	78	549	78.43	6
8	铁道信号1501	201501007	杨旻璨	66	70	68	75	84	86	96	545	77.86	7
9	铁道信号1501	201501005	肖智艳	71	65	70	77	80	86	90	539	77.00	8
10	铁道信号1501	201501010	敬志敏	77	70	69	78	89	77	76	536	76.57	9
11	铁道信号1502	201501031	刘宝英		90	92	84	81	96	88	531	75.86	10
12	铁道信号1502	201501030	马红丽	89	89	92	95	72	93		530	75.71	11
13	铁道信号1501	201501006	杨欢	73	63	60	87	81	87	77	528	75.43	12
14	铁道信号1501	201501001	李晖	73	60	61	72	81	82	93	522	74.57	13
15	铁道信号1502	201501023	叶向阳	75	85	63	87	75	62	72	519	74.14	14
16	铁道信号1502	201501027	王飞	89	70	68	68	75	78	70	518	74.00	15
17	铁道信号1502	201501037	周正林	87	75	62	72	77	76	60	509	72.71	16
18	铁道信号1501	201501017	王伟	71	70	78	63	82	76	64	504	72.00	17
19	铁道信号1501	201501009	陈鹏	68	60	67	78	65	75	90	503	71.86	18
20	铁道信号1502	201501033	李立军	66	85	63	71	77	72	68	502	71.71	19
21	铁道信号1501	201501011	李坚	73	72	60	60	70	76	90	501	71.57	20
22	铁道信号1501	201501002	刘蓉	58	37	67	77	86	87	88	500	71.43	21
23	铁道信号1501	201501019	伍蔚雄	77	76	60	66	85	63	71	498	71.14	22
24	铁道信号1501	201501016	彭辛革	73	80	60	90	72	60	55	490	70.00	23
25	铁道信号1502	201501026	罗文印		85	86	86	78	76	74	485	69.29	24
26	铁道信号1502	201501025	张涛	66	64	63	87	65	60	68	473	67.57	25
27	铁道信号1502	201501034	高卿	74	35	74	75	73	80	60	471	67.29	26
28	铁道信号1502	201501035	腾飞	60	62	60	68	71	70	78	469	67.00	27
29	铁道信号1501	201501014	罗荣杰	53	67	63	70	66	64	79	462	66.00	28
30	铁道信号1502	201501036	马伟	73	0	66	77	90	72	81	459	65.57	29
31	铁道信号1501	201501020	夏正才	70	70	60	74	35	74	75	458	65.43	30
32	铁道信号1502	201501039	澈利根	87	65	60	68	33	77	65	455	65.00	31
33	铁道信号1502	201501029	刘俊	84	79	72		77	55	83	450	64.29	32
34	铁道信号1502	201501024	余钢	67	62	77	58	67	43	65	439	62.71	33
35	铁道信号1502	201501032	赵志杰	77	65	71	70	87	68		438	62.57	34
36	铁道信号1501	201501013	卢鑫	57	68	45	61	62	61	83	437	62.43	35
37	铁道信号1502	201501022	严森	71	64	83	73	0	66	77	434	62.00	36
38	铁道信号1502	201501038	百丽	58	67	43	65	70	70	60	433	61.86	37
39	铁道信号1501	201501012	李渊铭	62	60	52	58	60	69	70	431	61.57	38
40	铁道信号1502	201501021	肖潇	33	77	65	60	62	60	68	425	60.71	39

图 5-43　快速排序

3．使用函数来进行排序

① 在单元格 M1 中输入内容“排名”。单击单元格 M2，选择“公式”选项卡，再选择“插入

函数”组，打开“插入函数”对话框。

② 在“插入函数”对话框中“选择函数”下拉列表中选择 RANK 函数，如图 5-44 所示。

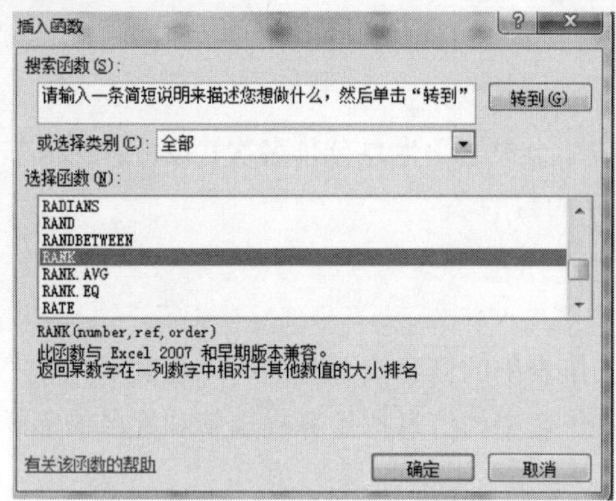

图 5-44 选择 RANK 函数

③ 此时会弹出一个“函数参数”对话框，在该对话框的 Number 文本框中输入 K2，在文本框 Ref 中输入 K$2:K$40，再单击“确定”按钮完成，如图 5-45 所示。

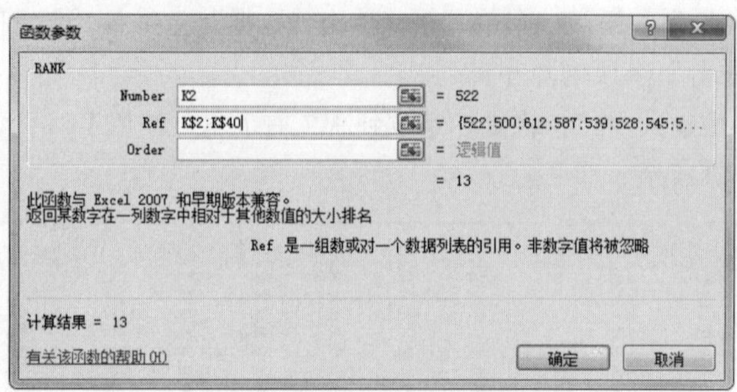

图 5-45 输入 RANK 函数参数

④ 在单元格 M2 中显示排名 13，向下拖动填充柄计算出每个人的排名，如图 5-46 所示。

M2 =RANK(K2,K$2:K$40)

	A	B	C	D	E	F	G	H	I	J	K	L	M
1	班级	学号	姓名	数学	语文	英语	计算机	德育	体育	物理	总分	平均分	排名
2	铁道信号1501	201501001	李晖	73	60	61	72	81	82	93	522	74.57	13
3	铁道信号1501	201501002	刘蓉	58	37	67	77	86	87	88	500	71.43	21
4	铁道信号1501	201501003	刘思	77	71	89	92	94	92	97	612	87.43	1
5	铁道信号1501	201501004	龙艳	87	87	76	72	91	90	84	587	83.86	4
6	铁道信号1501	201501005	肖智艳	71	65	70	77	80	86	90	539	77.00	8
7	铁道信号1501	201501006	杨欢	73	63	60	87	81	87	77	528	75.43	12
8	铁道信号1501	201501007	杨旻璨	66	70	68	75	84	86	96	545	77.86	7
9	铁道信号1501	201501008	邹雨	77	88	73	86	92	87	90	593	84.71	3
10	铁道信号1501	201501009	陈鹏	68	60	67	78	65	75	90	503	71.86	18
11	铁道信号1501	201501010	敬志敏	77	70	69	78	89	77	76	536	76.57	9
12	铁道信号1501	201501011	李坚	73	72	60	60	70	76	90	501	71.57	20
13	铁道信号1501	201501012	李渊铭	62	60	52	58	60	69	70	431	61.57	38
14	铁道信号1501	201501013	卢鑫	57	68	45	61	62	61	83	437	62.43	35
15	铁道信号1501	201501014	罗荣杰	53	67	63	70	66	64	79	462	66.00	28
16	铁道信号1501	201501015	马剑	77	72	68	70	94	85	90	556	79.43	5
17	铁道信号1501	201501016	彭辛革	73	80	60	90	72	60	55	490	70.00	23
18	铁道信号1501	201501017	王伟	71	70	78	63	82	76	64	504	72.00	17
19	铁道信号1501	201501018	吴寅	90	72	81	70	80	78	78	549	78.43	6
20	铁道信号1501	201501019	伍蔚雄	77	76	60	66	85	63	71	498	71.14	22
21	铁道信号1501	201501020	夏正才	70	70	60	74	35	74	75	458	65.43	30
22	铁道信号1502	201501021	肖潇	33	77	65	60	62	60	68	425	60.71	39
23	铁道信号1502	201501022	严森	71	64	83	73	0	66	77	434	62.00	36
24	铁道信号1502	201501023	叶向阳	75	85	63	87	75	62	72	519	74.14	14
25	铁道信号1502	201501024	余钢	67	62	77	58	67	43	65	439	62.71	33
26	铁道信号1502	201501025	张涛	66	64	63	87	65	60	68	473	67.57	25

图 5-46 排名结果

二、将“学生总成绩”工作表中的信息按计算机成绩排降序，再用姓名按笔划排升序

① 单击“数据”选项卡中“排序和筛选”组中的“排序”按钮。自动选中可参与排序的数据区域，并弹出“排序”对话框，如图 5-47 所示。

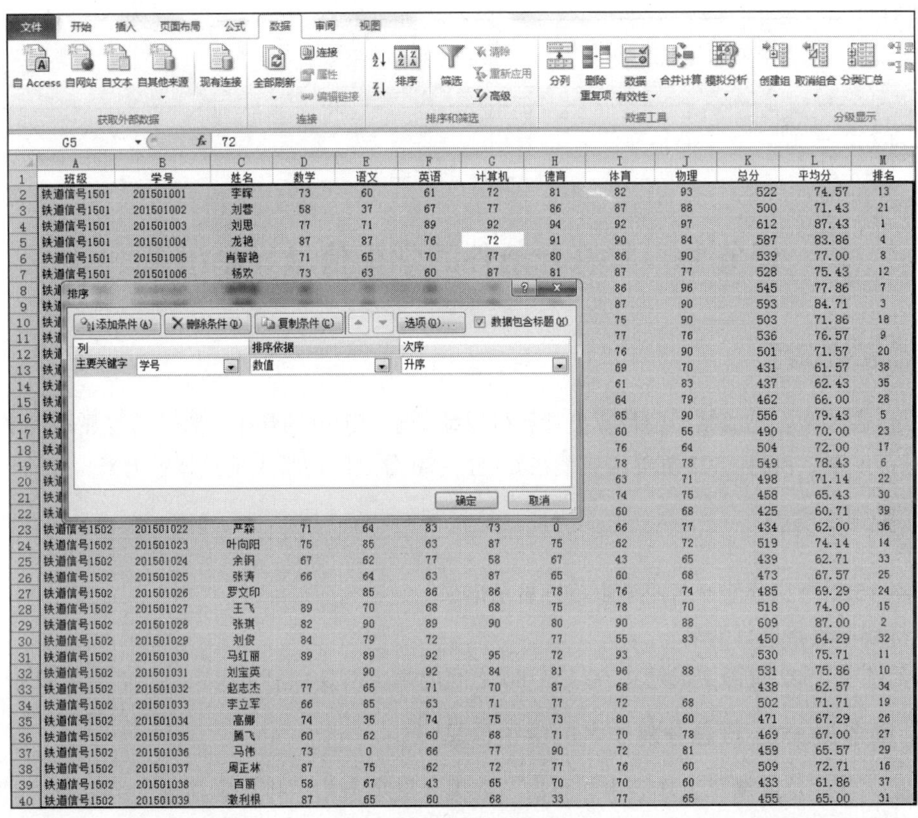

图 5-47　排序

② 在“排序”对话框中单击“主要关键字”右侧的倒三角图标，从下拉菜单中选择“计算机”选项，再选择“次序”中的“降序”。

③ 单击“排序”对话框中的“添加条件”按钮，添加一条次要关键字，在“次要关键字”下拉列表中选择“姓名”选项，再选择“次序”中的“升序”。

④ 单击“选项…”按钮，在弹出的“排序选项”对话框中选择“笔画排序”，如图 5-48 所示。

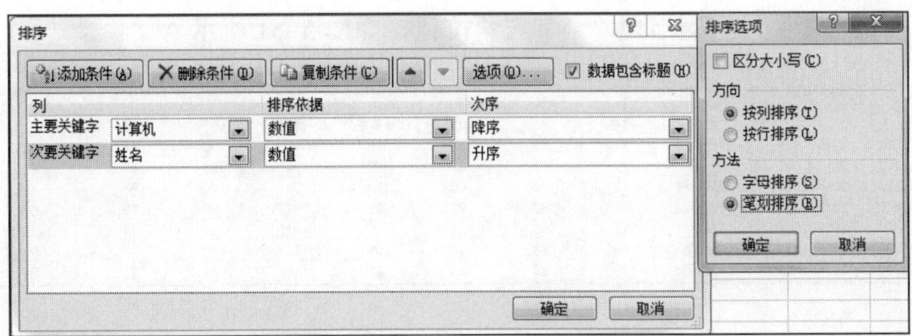

图 5-48　主、次要关键字

⑤ 依次单击“确定”按钮两次，完成排序。排序结果如图 5-49 所示。当计算机成绩相同时，按姓氏笔画升序排列。

	A	B	C	D	E	F	G	H	I	J	K	L	M
1	班级	学号	姓名	数学	语文	英语	计算机	德育	体育	物理	总分	平均分	排名
2	铁道信号1502	201501030	马红丽	89	89	92	95	72	93		530	75.71	11
3	铁道信号1501	201501003	刘思	77	71	89	92	94	92	97	612	87.43	1
4	铁道信号1502	201501028	张琪	82	90	89	90	80	90	88	609	87.00	2
5	铁道信号1501	201501016	彭辛革	73	80	60	90	72	60	55	490	70.00	23
6	铁道信号1502	201501023	叶向阳	75	85	63	87	75	62	72	519	74.14	14
7	铁道信号1501	201501006	杨欢	73	63	60	87	81	87	77	528	75.43	12
8	铁道信号1502	201501025	张涛	66	64	63	87	65	60	68	473	67.57	25
9	铁道信号1501	201501008	邹雨	77	88	73	86	92	87	90	593	84.71	3
10	铁道信号1502	201501026	罗文印		85	86	86	78	76	74	485	69.29	24

图 5-49　排序结果

任务七　将符合条件的学生信息显示出来

在工作表“学生总成绩”中计算出计算机成绩大于 70 分的学生并将其信息显示出来，将表格数据进行恢复，再将 1502 班英语成绩在 60 分～80 分之间的学生信息显示出来。

任务实施

① 将 1501 班总分前 5 名的学生信息显示出来。

② 将数据表格进行恢复。

③ 筛选出 1502 班语文成绩在 60 分～80 之间的学生信息，显示出来。

一、筛选出 1501 班总分前 5 名的学生信息

① 在“学生总成绩”工作表中，单击“数据”选项卡中“排序和筛选”组中的“筛选”按钮，如图 5-50 所示。

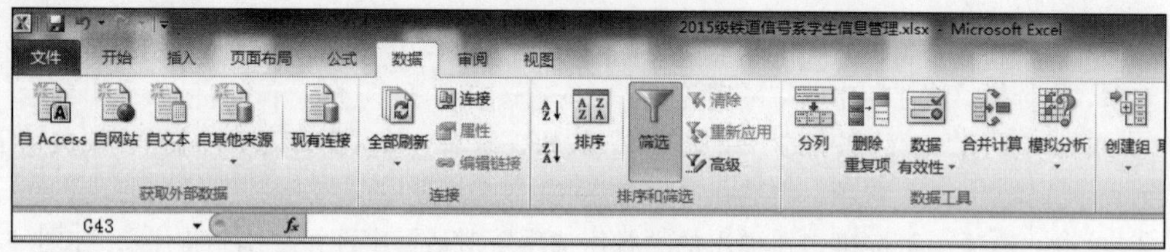

图 5-50　选择筛选

② 此时在每一个字段右侧出现一个下三角按钮，如图 5-51 所示。

	A	B	C	D	E	F	G	H	I	J	K	L
1	班级	学号	姓名	数学	语文	英语	计算机	德育	体育	物理	总分	平均分
2	铁道信号1502	201501028	张琪	82	90	89	90	80	90	88	609	87.00
3	铁道信号1501	201501003	刘思	77	71	89	92	94	92	97	612	87.43
4	铁道信号1501	201501016	彭辛革	73	80	60	90	72	60	55	490	70.00
5	铁道信号1502	201501031	刘宝英		90	92	84	81	96	88	531	75.86
6	铁道信号1501	201501006	杨欢	73	63	60	87	81	87	77	528	75.43
7	铁道信号1502	201501030	马红丽	89	89	92	95	72	93		530	75.71
8	铁道信号1502	201501023	叶向阳	75	85	63	87	75	62	72	519	74.14

图 5-51　出现三角按钮

③ 单击“班级”右侧的下三角按钮，在列表框中选择“1501班”，单击“确定”按钮，如图 5-52 所示。工作表中将只显示“铁道信号 1501”班的学生信息。

图 5-52　筛选“班级”

④ 单击“总分”右侧的下三角按钮，在下拉列表框中单击“数字筛选”→“10 个最大的值…”，如图 5-53 所示。

⑤ 此时会弹出来一个“自动筛选前 10 个”对话框，如图 5-54 所示，将中间数字调整为“5”，单击“确定”按钮，即完成筛选，如图 5-55 所示。只有 4 个学生信息，这说明在两个班总分前 5 名的学生中，1501 班有 4 个。要想看到 1501 班第 5 名，增加项数即可。要看后 5 名，选“最小”即可。

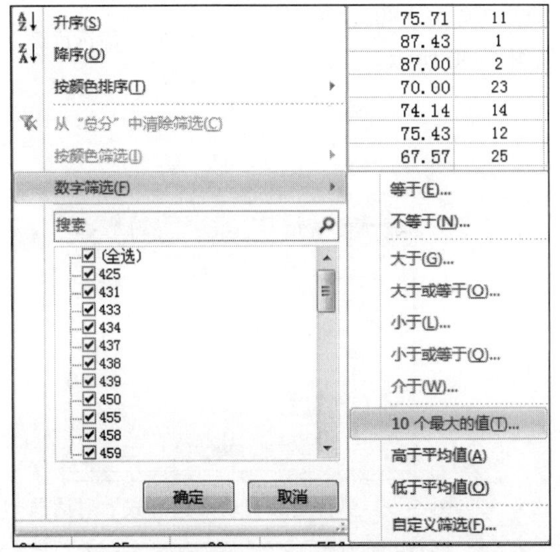

图 5-53　数字筛选

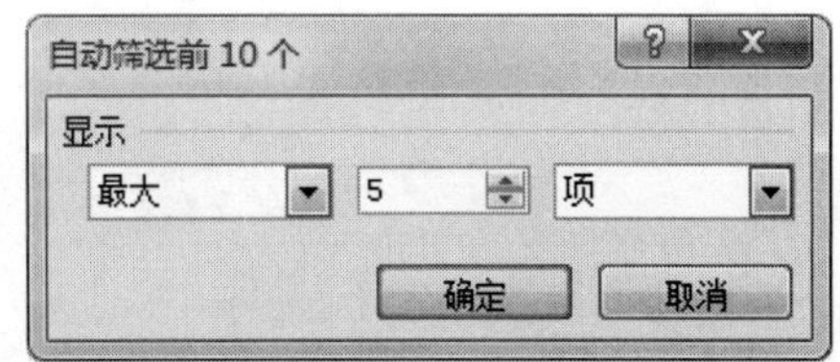

图 5-54　筛选前 5 个

1	班级	学号	姓名	数学	语文	英语	计算机	德育	体育	物理	总分	平均分	排名
2	铁道信号1501	201501003	刘思	77	71	89	92	94	92	97	612	87.43	1
4	铁道信号1501	201501008	邹雨	77	88	73	86	92	87	90	593	84.71	3
5	铁道信号1501	201501004	龙艳	87	87	76	72	91	90	84	587	83.86	4
6	铁道信号1501	201501015	马剑	77	72	68	70	94	85	90	556	79.43	5

图 5-55　筛选结果

⑥ 在“排序和筛选”组中选择“清除”，恢复数据，如图 5-56 所示。

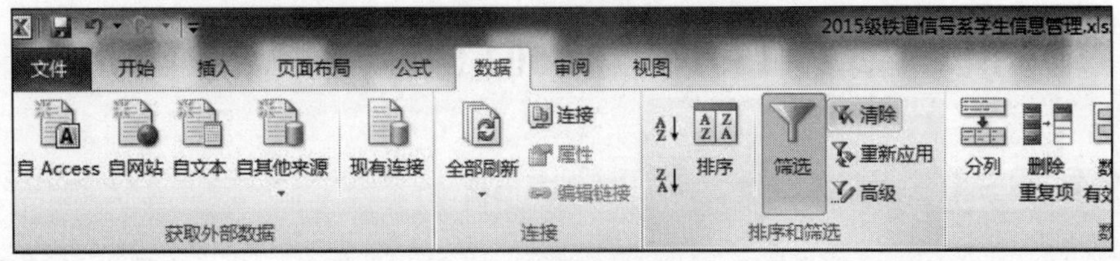

图 5-56　清除筛选

二、筛选出 1502 班语文成绩在 60 分～80 之间的学生信息

① 选择【数据】选项卡，再选择【排序和筛选】组内的【筛选】命令。

② 此时在每一个字段右侧出现一个下三角按钮。

③ 单击“班级”右侧的下三角按钮，在列表框中选择“1502 班”，单击“确定”按钮确定，如图 5-57 所示。

④ 单击“语文”右侧的下三角按钮，在“数字筛选”中选择“自定义筛选”，如图 5-58 所示。

⑤ 此时会弹出一个“自定义自动筛选方式”对话框，在上面框中选择“大于”条件，在旁边的文本框中输入“60”，再选择“与”按钮，在下面的文本框中选择“小于”，旁边的文本框中输入“80”，如图 5-59 所示，单击“确定”按钮，完成筛选，如图 5-60 所示。

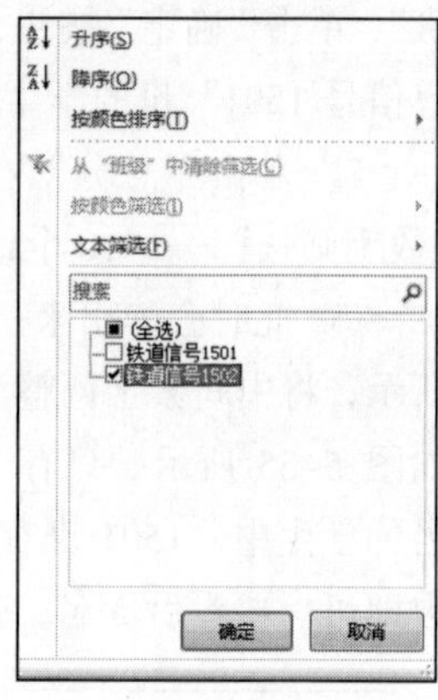

图 5-57 筛选班级

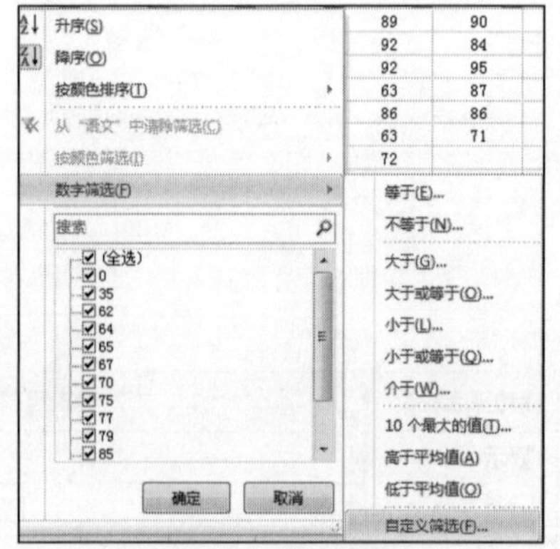

图 5-58 数字筛选

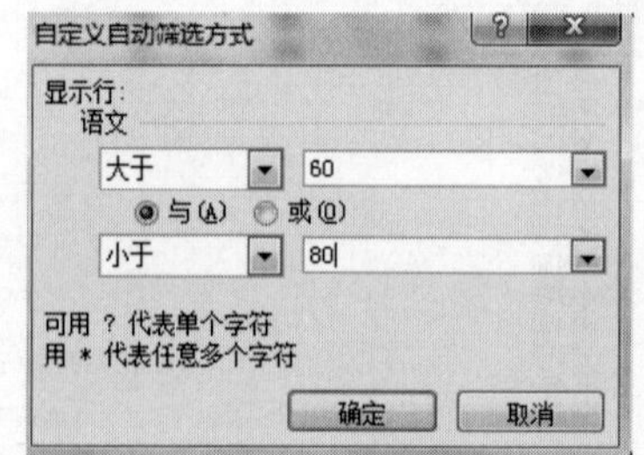

图 5-59 “自定义自动筛选方式”对话框

	A	B	C	D	E	F	G	H	I	J	K	L
1	班级	学号	姓名	数学	语文	英语	计算机	德育	体育	物理	总分	平均分
16	铁道信号1502	201501029	刘俊	84	79	72		77	55	83	450	64.29
18	铁道信号1502	201501021	肖潇	33	77	65	60	62	60	68	425	60.71
20	铁道信号1502	201501037	周正林	87	75	62	72	77	76	60	509	72.71
21	铁道信号1502	201501027	王飞	89	70	68	68	75	78	70	518	74.00
24	铁道信号1502	201501038	百丽	58	67	43	65	70	70	60	433	61.86
28	铁道信号1502	201501032	赵志杰	77	65	71	70	87	68		438	62.57
29	铁道信号1502	201501039	漱利根	87	65	60	68	33	77	65	455	65.00
30	铁道信号1502	201501025	张涛	66	64	63	87	65	60	68	473	67.57
31	铁道信号1502	201501022	严森	71	64	83	73	0	66	77	434	62.00
33	铁道信号1502	201501035	腾飞	60	62	60	68	71	70	78	469	67.00
36	铁道信号1502	201501024	余钢	67	62	77	58	67	43	65	439	62.71
41												

图 5-60 筛选结果

任务八 比较 1501 班和 1502 班各科成绩的平均分

在“学生总成绩”中，将所有数据按照“班级”进行分类汇总，分类字段选择“班级”、汇总方式选择“求平均值”、选定汇总项选择“数学”“语文”“英语”“计算机”“德育”“体育”“物理”“总分”“平均分”等。这样就可以比较两个班各科成绩的高低。

任务实施

① 按“班级”排序学生总成绩。

② 按班级分类汇总各科成绩。

一、按“班级”排序

将光标定位于“班级”列任意单元格中，单击“数据”选项卡“排序和筛选”组中的“A↓Z”图标，快速按“班级”升序排，目的是将 1501 班和 1502 班的记录（行）放在一起，再分类汇总。即汇总前一定要对分类字段（列）排序。

二、按“班级”分类汇总

① 选择“数据”选项卡“分级显示”组内的“分类汇总”命令，如图 5-61 所示。系统会自动选中有效的数据区，同时会弹出一个“分类汇总”对话框，在对话框“分类字段”下拉列表中选择“班级”，“汇总方式”选择“求平均值”，“选定汇总项”选择“数学”“语文”“英语”“计算机”“德育”“体育”“物理”“总分”“平均分”等，如图 5-62 所示。

图 5-61　分类汇总选项

② 选中“替换当前分类汇总”复选框和“汇总结果显示在数据下方”复选框，单击“确定”按钮确认完成，结果如图 5-63 所示。

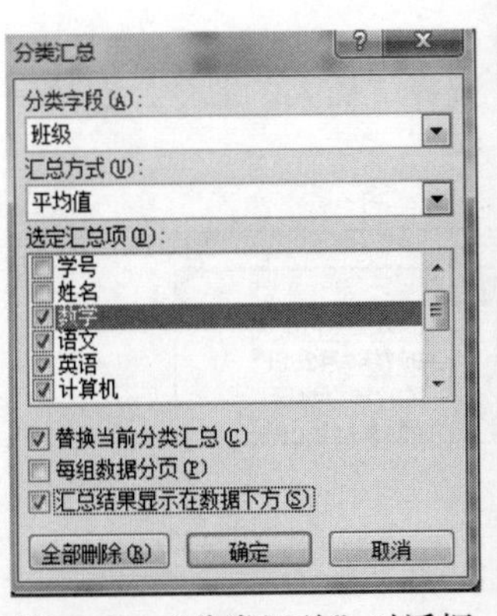

图 5-62　“分类汇总”对话框

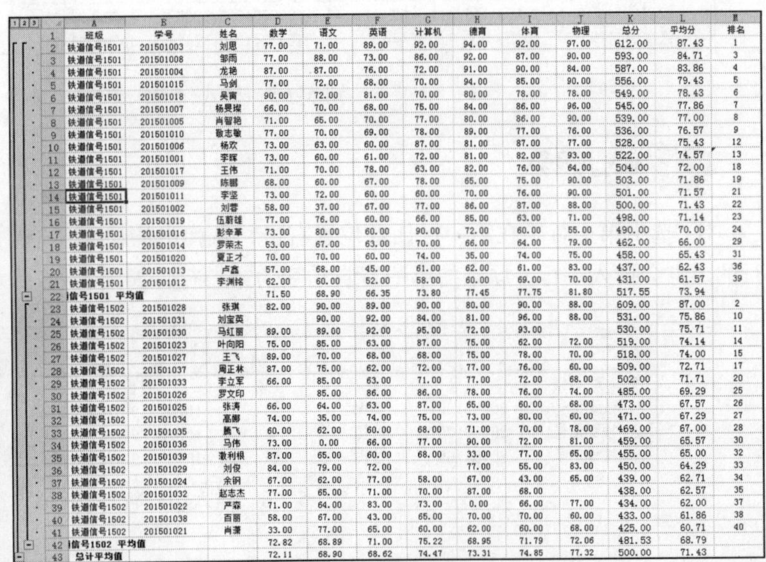

	A	B	C	D	E	F	G	H	I	J	K	L	M
1	班级	学号	姓名	数学	语文	英语	计算机	德育	体育	物理	总分	平均分	排名
2	铁道信号1501	201501003	刘思	77.00	71.00	89.00	92.00	94.00	92.00	97.00	612.00	87.43	1
3	铁道信号1501	201501008	邹雨	77.00	88.00	73.00	86.00	92.00	87.00	90.00	593.00	84.71	3
4	铁道信号1501	201501004	龙艳	87.00	87.00	76.00	72.00	91.00	90.00	84.00	587.00	83.86	4
5	铁道信号1501	201501015	马剑	77.00	72.00	68.00	70.00	94.00	85.00	90.00	556.00	79.43	5
6	铁道信号1501	201501018	吴寅	90.00	72.00	81.00	70.00	80.00	78.00	78.00	549.00	78.43	6
7	铁道信号1501	201501007	杨旻璨	66.00	70.00	68.00	75.00	84.00	86.00	96.00	545.00	77.86	7
8	铁道信号1501	201501005	肖智艳	71.00	65.00	70.00	77.00	80.00	86.00	90.00	539.00	77.00	8
9	铁道信号1501	201501010	敬志敏	77.00	70.00	69.00	78.00	89.00	77.00	76.00	536.00	76.57	9
10	铁道信号1501	201501006	杨欢	73.00	63.00	60.00	87.00	81.00	87.00	77.00	528.00	75.43	12
11	铁道信号1501	201501001	李晖	73.00	60.00	61.00	72.00	81.00	82.00	93.00	522.00	74.57	13
12	铁道信号1501	201501017	王伟	71.00	70.00	78.00	63.00	82.00	76.00	64.00	504.00	72.00	18
13	铁道信号1501	201501009	陈鹏	68.00	60.00	67.00	78.00	65.00	75.00	90.00	503.00	71.86	19
14	铁道信号1501	201501011	李坚	73.00	72.00	60.00	60.00	70.00	76.00	90.00	501.00	71.57	21
15	铁道信号1501	201501002	刘蓉	58.00	37.00	67.00	77.00	86.00	87.00	88.00	500.00	71.43	22
16	铁道信号1501	201501019	伍蔚雄	77.00	76.00	60.00	66.00	85.00	63.00	71.00	498.00	71.14	23
17	铁道信号1501	201501016	彭幸革	73.00	80.00	60.00	90.00	72.00	60.00	55.00	490.00	70.00	24
18	铁道信号1501	201501014	罗荣杰	53.00	67.00	63.00	70.00	66.00	64.00	79.00	462.00	66.00	29
19	铁道信号1501	201501020	夏正才	70.00	70.00	60.00	74.00	35.00	74.00	75.00	458.00	65.43	31
20	铁道信号1501	201501013	卢鑫	57.00	68.00	45.00	61.00	62.00	61.00	83.00	437.00	62.43	36
21	铁道信号1501	201501012	李渊铭	62.00	60.00	52.00	58.00	60.00	69.00	70.00	431.00	61.57	39
22	信号1501 平均值			71.50	68.90	66.35	73.80	77.45	77.75	81.80	517.55	73.94	
23	铁道信号1502	201501028	张琪	82.00	90.00	89.00	90.00	80.00	90.00	88.00	609.00	87.00	2
24	铁道信号1502	201501031	刘宝英		90.00	92.00	84.00	81.00	96.00	88.00	531.00	75.86	10
25	铁道信号1502	201501030	马红丽	89.00	89.00	92.00	95.00	72.00	93.00		530.00	75.71	11
26	铁道信号1502	201501023	叶向阳	75.00	85.00	63.00	87.00	75.00	62.00	72.00	519.00	74.14	14
27	铁道信号1502	201501027	王飞	89.00	70.00	68.00	68.00	75.00	78.00	70.00	518.00	74.00	15
28	铁道信号1502	201501037	周正林	87.00	75.00	62.00	72.00	77.00	76.00	60.00	509.00	72.71	17
29	铁道信号1502	201501033	李立军	66.00	85.00	63.00	71.00	77.00	72.00	68.00	502.00	71.71	20
30	铁道信号1502	201501026	罗文印		85.00	86.00	86.00	78.00	76.00	74.00	485.00	69.29	25
31	铁道信号1502	201501025	张涛	66.00	64.00	63.00	87.00	65.00	60.00	68.00	473.00	67.57	26
32	铁道信号1502	201501034	高卿	74.00	35.00	74.00	75.00	73.00	80.00	60.00	471.00	67.29	27
33	铁道信号1502	201501035	腾飞	60.00	62.00	60.00	68.00	71.00	70.00	78.00	469.00	67.00	28
34	铁道信号1502	201501036	马伟	73.00	0.00	66.00	77.00	90.00	72.00	81.00	459.00	65.57	30
35	铁道信号1502	201501039	澈利根	87.00	65.00	60.00	68.00	33.00	77.00	65.00	455.00	65.00	32
36	铁道信号1502	201501029	刘俊	84.00	79.00	72.00		77.00	55.00	83.00	450.00	64.29	33
37	铁道信号1502	201501024	余钢	67.00	62.00	77.00	58.00	67.00	43.00	65.00	439.00	62.71	34
38	铁道信号1502	201501032	赵志杰	77.00	65.00	71.00	70.00	87.00	68.00		438.00	62.57	35
39	铁道信号1502	201501022	严森	71.00	64.00	83.00	73.00	0.00	66.00	77.00	434.00	62.00	37
40	铁道信号1502	201501038	百丽	58.00	67.00	43.00	65.00	70.00	70.00	60.00	433.00	61.86	38
41	铁道信号1502	201501021	肖潇	33.00	77.00	65.00	60.00	62.00	60.00	68.00	425.00	60.71	40
42	信号1502 平均值			72.82	68.89	71.00	75.22	68.95	71.79	72.06	481.53	68.79	
43	总计平均值			72.11	68.90	68.62	74.47	73.31	74.85	77.32	500.00	71.43	

图 5-63　分类汇总结果

③ 单击工作表窗口左上角的“2”，让汇总结果显示到2级，如图5-64所示，就可以比较两个班的成绩。

	A	B	C	D	E	F	G	H	I	J	K	L
1	班级	学号	姓名	数学	语文	英语	计算机	德育	体育	物理	总分	平均分
22	信号1501 平均值			71.50	68.90	66.35	73.80	77.45	77.75	81.80	517.55	73.94
42	信号1502 平均值			72.82	68.89	71.00	75.22	68.95	71.79	72.06	481.53	68.79
43	总计平均值			72.11	68.90	68.62	74.47	73.31	74.85	77.32	500.00	71.43

图5-64　分类汇总结果（2级）

任务九　将工作表进行格式化

为了使显示效果更加美观，可以对数据表格进行格式化设置，将工作表“学生基本信息”按照以下要求进行格式化，如图5-65所示。

	A	B	C	D	E	F	G	H	I
1	2015级铁道信号系学生信息								
2	班级	学号	姓名	姓别	身份证号	出生年月	年龄	奖学金	学费
3	铁道信号1501	201501001	李晖	男	152322199708232×××	1997年8月23日	18	一等	¥4,800.00
4	铁道信号1501	201501002	刘蓉	女	150201199801043×××	1998年1月4日	17	二等	¥4,800.00
5	铁道信号1501	201501003	刘思	男	150202199605301×××	1996年5月30日	19	二等	¥4,800.00
6	铁道信号1501	201501004	龙艳	女	150202199704251×××	1997年4月25日	18	二等	¥4,800.00
7	铁道信号1501	201501005	肖智艳	女	150203199702015×××	1997年2月1日	18	二等	¥4,800.00
8	铁道信号1501	201501006	杨欢	男	150300199803097×××	1998年3月9日	17	二等	¥4,800.00
9	铁道信号1501	201501007	杨昊璨	男	150404199812234×××	1998年12月23日	17	二等	¥4,800.00
10	铁道信号1501	201501008	邹雨		152327199706295×××	1997年6月29日	18	二等	¥4,800.00
11	铁道信号1501	201501009	陈鹏	男	150202199708164×××	1997年8月16日	18	二等	¥4,800.00
12	铁道信号1501	201501010	敬志敏	女	150204199812303×××	1998年12月30日	17	二等	¥4,800.00
13	铁道信号1501	201501011	李坚	男	150202199605301×××	1996年5月30日	19	二等	¥4,800.00
14	铁道信号1501	201501012	李渊铭	男	150205199511072×××	1995年11月7日	20	二等	¥4,800.00
15	铁道信号1501	201501013	卢鑫	男	150202199602065×××	1996年2月6日	19	二等	¥4,800.00
16	铁道信号1501	201501014	罗荣杰	男	150301199603127×××	1996年3月12日	19	二等	¥4,800.00
17	铁道信号1501	201501015	马剑	男	150203199809235×××	1998年9月23日	17	三等	¥4,800.00
18	铁道信号1501	201501016	彭辛革	男	152324199905247×××	1999年5月24日	16	三等	¥4,800.00

图5-65　格式化效果图

① 选中第一行，在第一行任意位置右击，从弹出的快捷菜单中选择“插入”命令，在第一行的上方会插入一行，原来的第一行自动变为第二行，如图5-66所示。

	A	B	C	D	E	F
1						
2	班级	学号	姓名	姓别	身份证号	出生年月
3	铁道信号1501	201501001	李晖	男	152322199708232000	1997年8月23日
4	铁道信号1501	201501002	刘蓉	女	150201199801043421	1998年1月4日
5	铁道信号1501	201501003	刘思	男	150202199605301745	1996年5月30日

图5-66　插入第一行

② 右击新插入的第一行，从弹出的快捷菜单中选择“行高”命令，将行高设置为“26”，如图 5-67 所示。

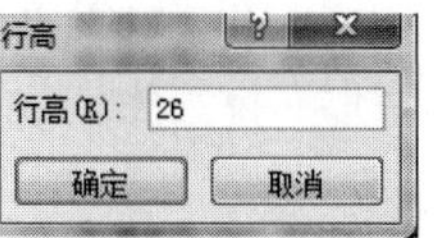

图 5-67　设置行高

③ 选中 A1:I1 单元格区域，选择“开始”选项卡中“对齐方式”组的“合并后居中”按钮，将选中的单元格区域合并为一个单元格，如图 5-68 所示。

图 5-68　合并及居中

④ 在合并好的单元格内输入“2015 级铁道信号系学生信息”，从“开始”选项卡中选择“字体”组，将文字格式设置为“黑体”“20”“加粗”“红色”。

⑤ 选中第 2 行 A2:I2 区域，将文字格式设置为“隶书”“18”“绿色”，如图 5-69 所示。

图 5-69　设置字体

⑥ 选中全部的数据区域，在数据区域右击，从弹出的快捷菜单中选择“设置单元格格式”命令，弹出“设置单元格格式”对话框。

⑦ 在“设置单元格格式”对话框中选择“对齐”选项卡，将“水平对齐”和“垂直对齐”方式都选择为“居中”，如图 5-70 所示。

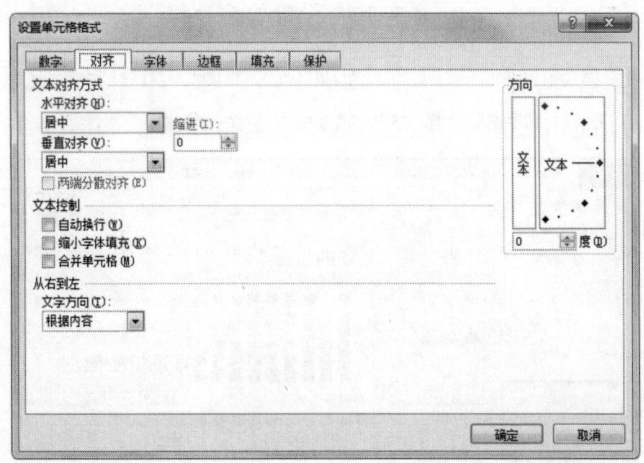

图 5-70　设置对齐方式

⑧ 在“设置单元格格式”对话框中选择“字体”选项卡，将“字体”设置为“宋体(正文)”，“字形”设置为“常规”、将“字号”设置为“14”，如图 5-71 所示。

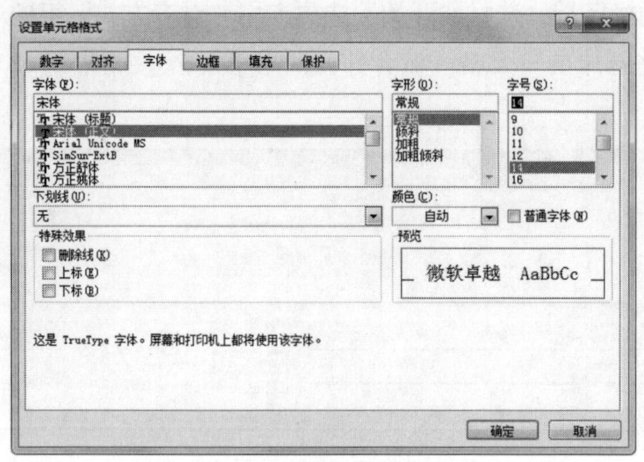

图 5-71 设置数据字体

⑨ 在“设置单元格格式”对话框中选择“边框”选项卡，设置“线条”样式为“——”，在“预置”中选择“外边框”和“内部”，设置“线条”样式为“------”，“颜色”设置为“蓝色”，在“预置”中选择“内部”，如图 5-72 所示。

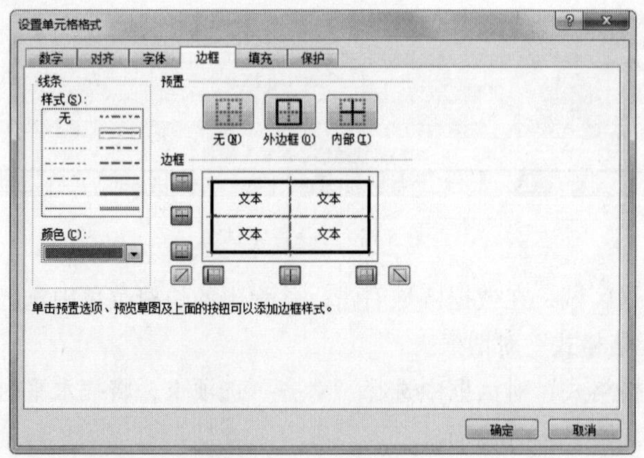

图 5-72 设置边框

⑩ 选中第 2 行 A2-I2 区域，在“开始”选项卡“字体”组中将填充色设为“浅紫色”。也可在“设置单元格格式”对话框中选择“填充”选项卡进行设置，如图 5-73 所示。

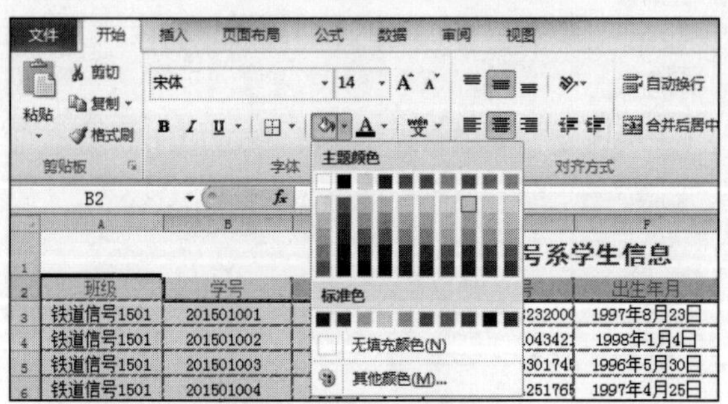

图 5-73 填充颜色

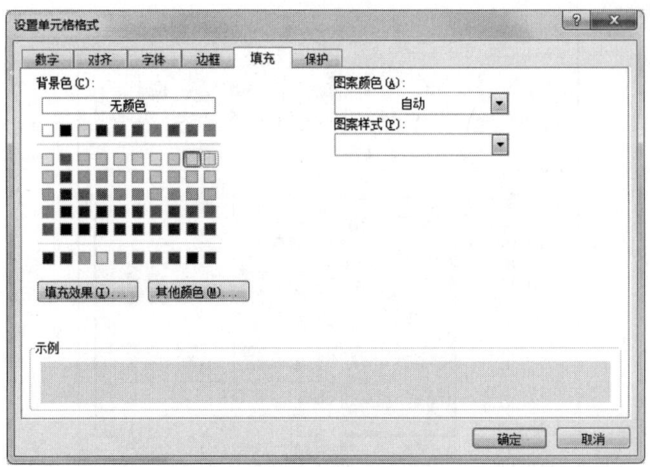

图 5-73　填充颜色（续）

任务十　插 入 图 表

任务描述

为了更直观地展现数据、分析数据等，需要把数据做成图表，现在就以柱形图表为例进行讲解。

在工作表“学生总成绩”中，选择学号为 201501001—201501010 的学生信息创建一个图表，X 轴显示“学生姓名”、Y 轴显示“成绩”、图例中包含“数学”“英语”“语文”“计算机”等科目成绩，对图标进行编辑，并将创建好的图表显示在数据下方。

任务实施

① 在学生总成绩表中插入图表。

② 对插入的图表进行修饰。

一、插入图表

① 选中数据区域“C1～G11”，如图 5-74 所示。注意要将第 1 行的表头一起选中。

② 选择“插入”选项卡，再选择“图表”组中的“柱形图”命令，选择“簇状柱形图”，如图 5-75 所示。

姓名	数学	语文	英语	计算机
李晖	73	60	61	72
刘蓉	58	37	67	77
刘思	77	71	89	92
龙艳	87	87	76	72
肖智艳	71	65	70	77
杨欢	73	63	60	87
杨旻璨	66	70	68	75
邹雨	77	88	73	86
陈鹏	68	60	67	78
敬志敏	77	70	69	78
李坚	73	72	60	60

图 5-74　选择数据区域

③ 工作区中立即会显示出默认的柱形图图表，如图 5-76 所示，并在“功能区”中激活出图表工具选项卡，其中包括设计、布局、格式等。

④ 选择“图表工具”选项卡中的“设计”选项卡，再选择“图表布局”组的“布局 9”，添加图表和坐标轴的标题。单击更改标题和 X、Y 轴的标题名称，结果如图 5-77 所示。

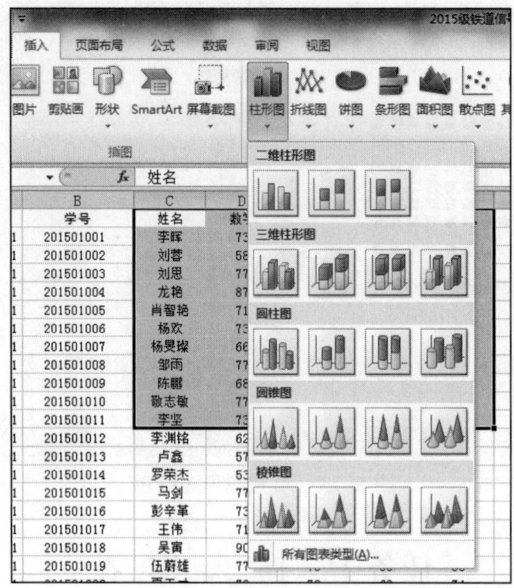

图 5-75 选择图表类型

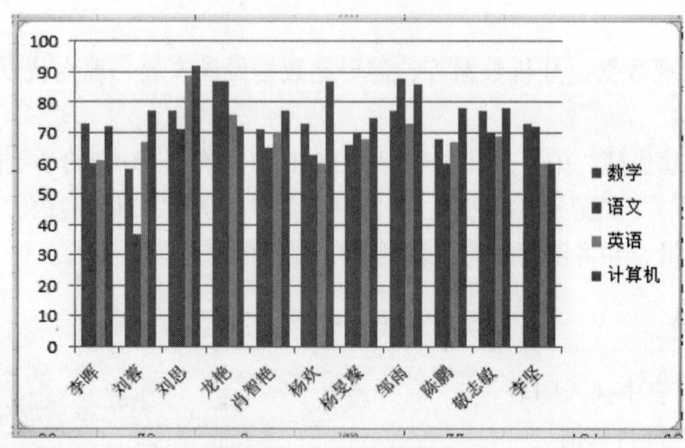

图 5-76 默认柱形图图表

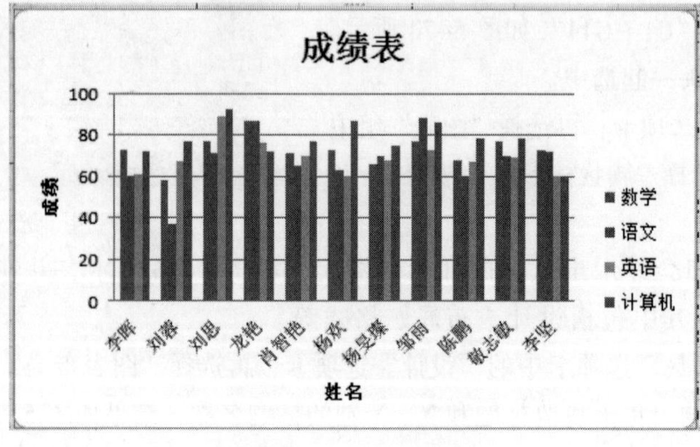

图 5-77 添加标题

二、修饰图表

① 拖动“图表区”右边界，增大其宽度，让姓名能水平显示。

② 将“纵坐标轴”标题“成绩”拖动至纵坐标轴上方，在“图表工具（布局）”选项卡“标签”组中选择“坐标轴标题”，在下拉列表中选择“主要纵坐标轴标题”→“横排标题”，如图 5-78 所示。

③ 同样，在“图表工具（布局）”选项卡“标签”组中单击“图例”按钮，在下拉列表中选择“在顶部显示图例”，让图例显示在图表区顶部。

④“图表工具（格式）”选项卡与“绘图工具（格式）”选项卡类似，依次选中图表标题和图例，在“艺术字样式”组中修改其文字样式。

图 5-78　调整标题

⑤ 最终结果如图 5-79 所示。

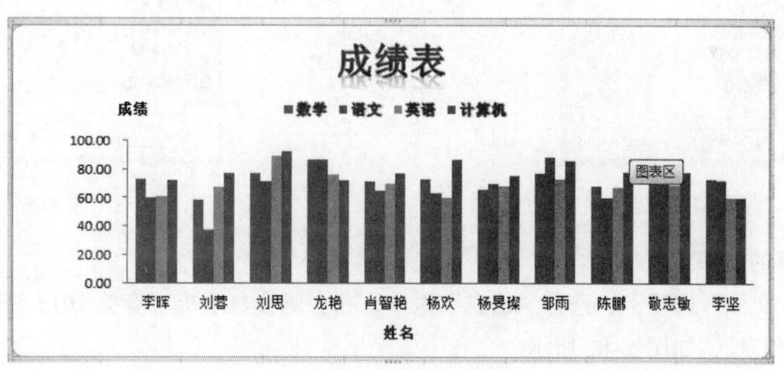

图 5-79　修饰结果

任务十一　工作簿和工作表的保护

任务描述

在实际工作中，对于创建好的工作簿和工作表需要进行保密或者防止他人进行查看或修改，需要将工作簿或工作表进行保护。

任务实施

① 工作簿的保护。

② 工作簿的加密。

③ 工作表的保护。

一、工作簿的保护

① 若不想其他用户修改工作簿“2015 级铁道信号系学生信息管理”，可以为工作簿设置保护。

a. 单击任务栏中对应的工作簿图标“2015 级铁道信号系学生信息管理”。

b. 选择“审阅”选项卡，再选择“更改”组中的“保护工作簿”命令，此时弹出一个“保护结构和窗口”对话框。也可通过选择“文件”选项卡→“信息”→“保护工作簿”→“保护工作簿结构”打开这个窗口。

c. 在该对话框中有两个复选框，分别是“结构”和“窗口”，分别进行勾选，如图 5-80 所示。

d. 如果选中“结构”复选框，可以防止修改工作表的结构，可以防止删除、重新命名、复制、移动工作表等。

e. 如果选中“窗口”复选框，可以防止修改工作簿的窗口，窗口控制按钮变为隐藏。并且多数窗口功能例如移动、缩放、恢复、最小化、新建、关闭、拆分和冻结窗口将不起作用。

f. 在“密码”文本框中输入密码“123”后单击“确定”按钮，弹出“确认密码”对话框，在对话框的“重新输入密码”文本框中再次输入密码，单击“确定”按钮，工作簿保护完成，如图 5-81 所示。

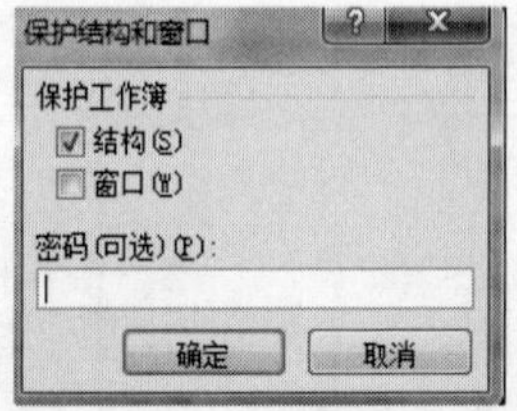

图 5-80 “保护结构和窗口”对话框

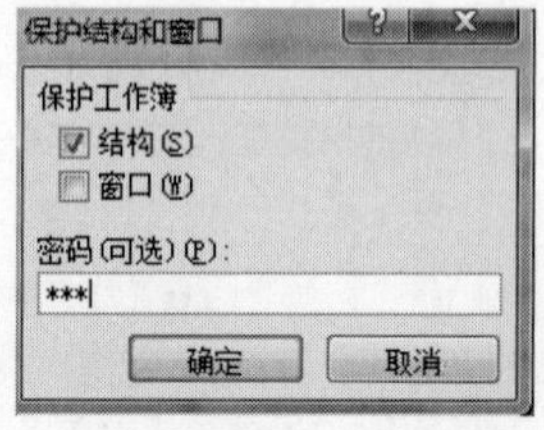

图 5-81 添加密码

② 工作簿的加密：

a. 单击“文件”选项卡，选择“信息”选项，在右侧会显示出“有关 2015 级铁道信号系学生信息管理的信息”，如图 5-82 所示。

图 5-82 “信息”选项

b. 单击列表中的“保护工作簿”，从下拉菜单中选择“用密码进行加密”选项，显示“加密文档”对话框，如图 5-83 所示。

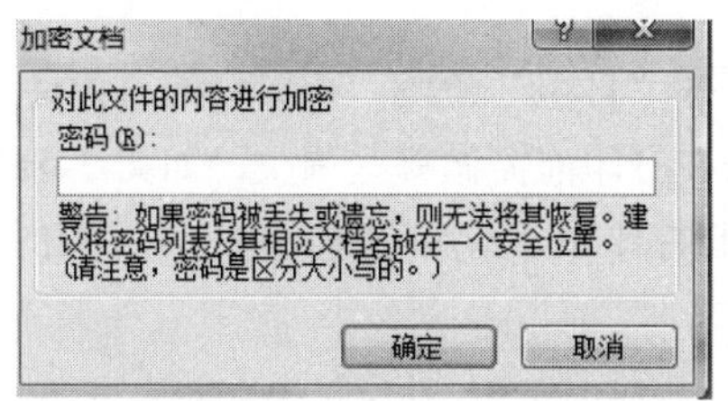

图 5-83　“加密文档”对话框

c. 在“密码”文本框中输入密码“123”，单击“确定”按钮后出现“确认密码”对话框，再输入一遍密码，单击“确定”按钮，完成操作。

二、“学生基本信息”工作表的保护

① 单击打开“学生基本信息”工作表，在“审阅”选项卡“更改”组中选择“保护工作表”选项，弹出“保护工作表”对话框，如图 5-84 所示。

② 在“保护工作表”对话框中选择需要保护的工作表选项。

③ 在文本框中输入密码“123”。

④ 单击“确定”按钮后会弹出“确认秘密”对话框，在“重新输入密码”文本框中再次输入密码，单击“确定”按钮，工作表“学生基本信息”保护完成，如图 5-85 所示。

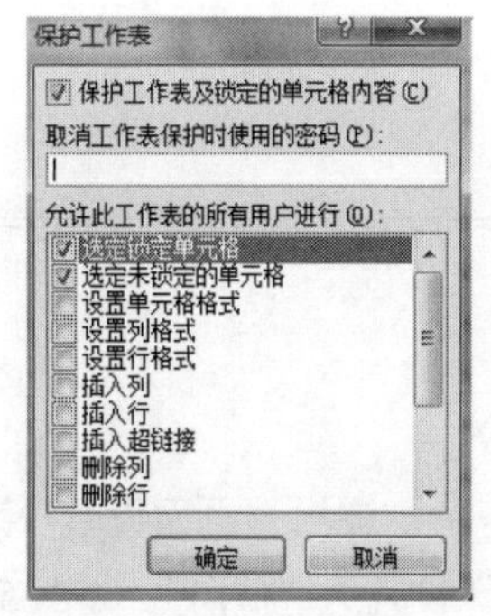

图 5-84　“保护工作表”窗口

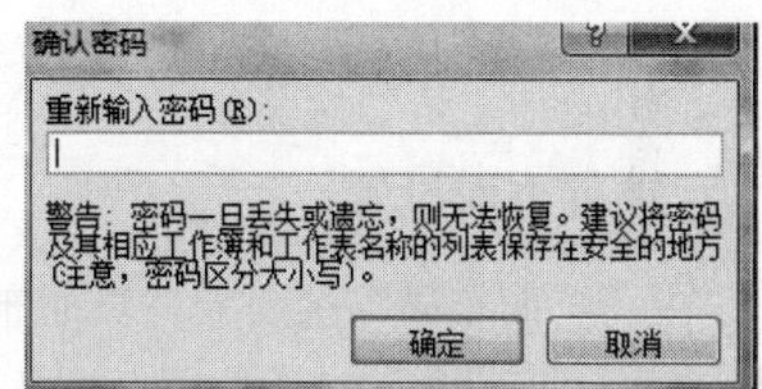

图 5-85　“确认密码”对话框

任务十二　工作表的打印

任务描述

在实际工作中，表格输入和修饰后经常需要打印输出，将工作表“学生基本信息”进行打印。

任务实施

① 预览工作表。

② 进行页面设置。

③ 打印工作表。

一、预览工作表

① 在“文件”选项卡中选择“打印”命令，在窗口的右侧会呈现即将打印的文档。

② 预览文档，查看工作表在打印前需做哪些调整，如图 5-86 所示。

③ 由于表格较大，一页纸打印不下，可选择窗口最下方的“页面设置”，将表格缩放成一页。

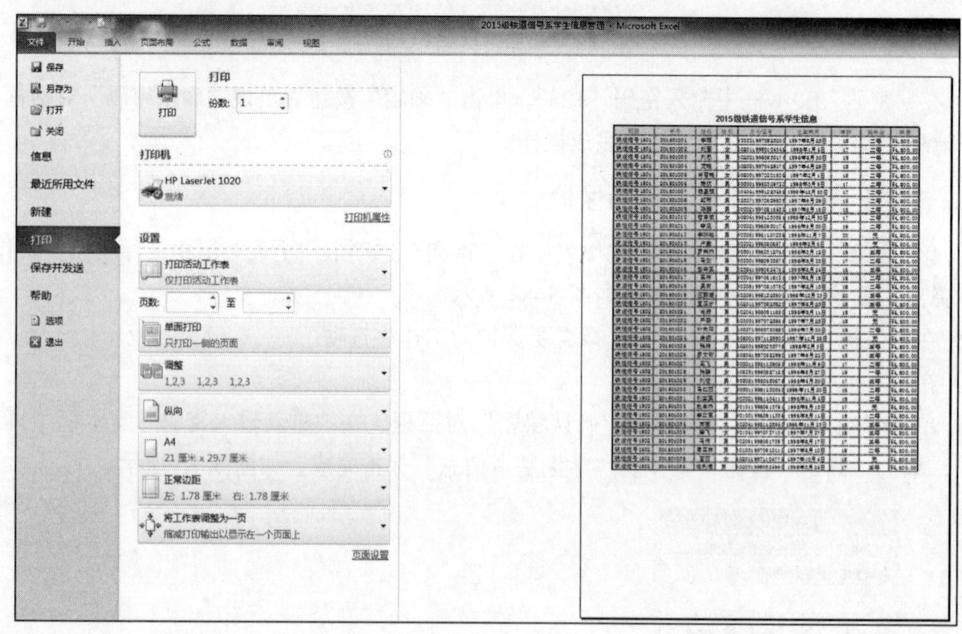

图 5-86 打印预览

二、进行页面设置

① 在“页面布局”选项卡“页面布局”组中单击右下角箭头，弹出“页面设置”对话框。

② 在“页面设置”对话框中，选择“页面”选项卡，“方向”设置为“横向”，如图 5-87 所示。

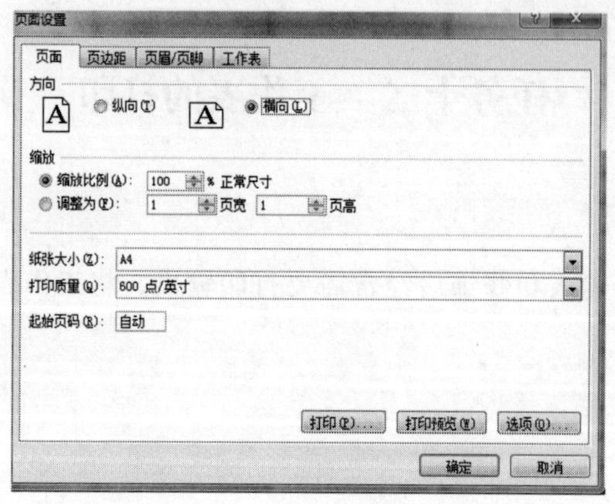

图 5-87 “页面设置”对话框

③ 在“页面设置”对话框中，选择“页眉/页脚”选项卡，单击“自定义页脚”按钮，弹出“页脚”对话框，在“右”文本框中填写“制表日期:”并单击“日期”按钮，最后单击“确定”按钮，如图 5-88 所示。

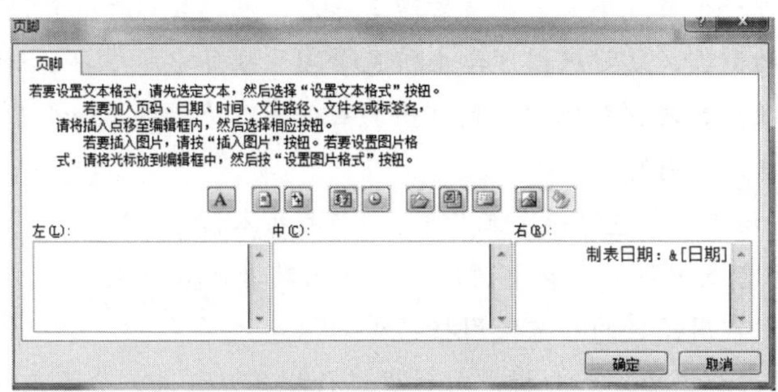

图 5-88　添加“页脚”

三、打印工作表

在“文件”选项卡中，选择“打印”命令，将“份数”设置为“10”，并设置“打印活动工作表”，即可打印，如图 5-89 所示。

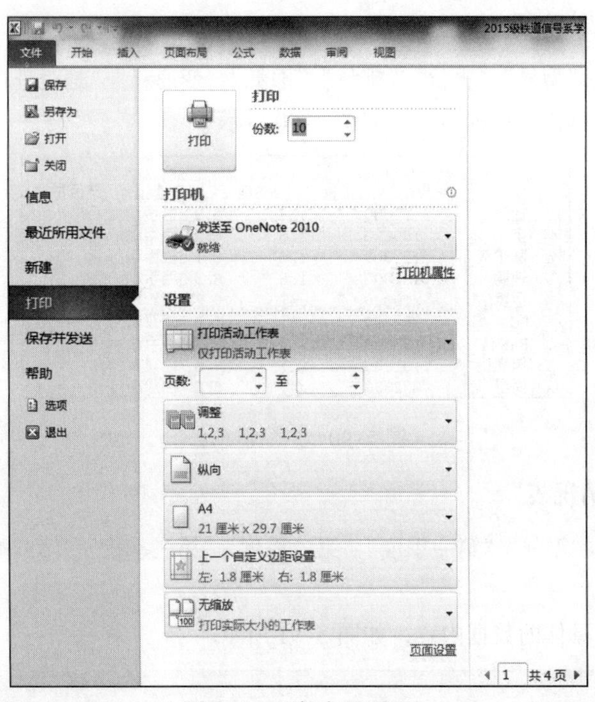

图 5-89　“打印”页面

通过本项目的学习，应掌握并熟悉 Excel 2010 在数据处理方面的功能，让学生能够了解 Excel 2010 的基本操作技巧和方法，学会利用 Excel 2010 实现数据的管理和分析，其中包括数据的输入、计算、分析方法等。

实训 B 制作某汽车公司销售管理工作簿

本实训目标是制作一个某汽车公司销售管理工作簿，包括公司产品信息表，销售情况表等内容。通过这一工作簿的制作，复习巩固“学生信息管理”项目中所学习的知识点及操作技巧，熟悉 Excel 2010 工具的使用，发挥想像力，制作出美观并富有个性的 Excel 工作簿。

本实训工作簿包括以下内容：

① 数据的输入。该工作簿包含两个工作表：“产品基本信息表”和“产品销售情况表”。

② 数据的计算。重点练习工作表中使用公式和函数进行数据运算的方法和技巧，包括公式的使用、函数的使用、常用函数的熟练使用技巧等知识点。

③ 数据管理。通过数据管理和分析，对数据进行排序、筛选、分类汇总等操作。

④ 图表的制作。制作一个图表，将数据的内在关系用更加直观的方式显示出来。

⑤ 工作表的格式化。对表格进行格式化处理，使工作表更加美观、立体。

实训 B.1 数据的输入

一、“产品信息表”

① 在第一行输入“型号”“报价”“排量”“油耗”“变速箱”“是否进口”等内容。

② 在每一列输入具体的数据内容，如图 5-90 所示。

	A	B	C	D	E	F
1	型号	报价	排量	油耗	变速箱	是否进口
2	捷达	75000	1.4	6.9	5档手动	否
3	宝来	109800	1.6	6.2	5档手动	否
4	高尔夫	121900	1.6	6.1	5档手动	否
5	速腾	131800	1.6	6.5	5档手动	否
6	迈腾	219800	1.4T	6.2	7档双离合	否
7	CC	252800	1.8T	7.5	7档双离合	否
8	PASSAT	183600	1.4T	6.7	5档手动	否
9	甲壳虫	191800	1.2T	7.6	7档双离合	是
10	尚酷	222800	1.4T	6.5	7档双离合	是

图 5-90 产品信息表

二、“产品销售情况表”

① 在第一行输入“型号”“第一季度”“第二季度”“第三季度”“第四季度”“总销售量”“总销售额”等内容。

② 在每一列输入具体的数据内容，如图 5-91 所示。

	A	B	C	D	E	F	G
1	型号	第一季度	第二季度	第三季度	第四季度	总销售量	总销售额
2	捷达	23500	18650	25980	34580		
3	宝莱	19800	21389	15460	27890		
4	高尔夫	21119	15230	15340	21780		
5	速腾	39087	25980	18907	21480		
6	迈腾	10067	12980	23098	18560		
7	CC	9854	10540	21098	16540		
8	PASSAT	21008	18907	9870	12305		
9	甲壳虫	5409	9765	3670	5480		
10	尚酷	4398	2907	8450	5320		

图 5-91 产品销售情况表

实训 B.2 计算销售数量和销售额

一、本实训重要知识点

① 使用公式进行数据处理；

② 使用函数进行数据处理；

③ 常用函数的使用；

④ 跨工作表进行数据调用。

二、计算总销售量

① 单击单元格 F2，输入公式“=B2+C2+D2+E2”。

② 计算得到第一个结果后使用填充柄向下拖动进行填充，计算出其他车型的总销售量数据。

三、计算总销售额

① 单击单元格 G2，输入公式“=F2*产品信息表!B2”。

② 计算得到第一个结果后使用填充柄向下拖动进行填充，计算出其他车型的总销售额数据。

四、计算总销售量

① 单击单元格 B11，使其成为当前活动单元格。

② 从菜单栏中选择“公式”菜单，再选择“函数库”组中的“插入函数”选项，打开“插入函数”对话框。

③ 在“插入函数”对话框中，选择“SUM”函数，打开“函数参数”对话框。

④ 在“函数参数”对话框中“Number1”右侧的文本框中输入“B2：B10”，单击“确定”按钮确认。

⑤ 此时在 B11 单元格中显示结果“154242”，通过向右拖动填充柄得出 C11：E11 单元格区域内的数据。

⑥ 完成效果如图 5-92 所示。

	A	B	C	D	E	F	G
1	型号	第一季度	第二季度	第三季度	第四季度	总销售量	总销售额
2	捷达	23500	18650	25980	34580	102710	7703250000.00
3	宝来	19800	21389	15460	27890	84539	9282382200.00
4	高尔夫	21119	15230	15340	21780	73469	8955871100.00
5	速腾	39087	25980	18907	21480	105454	13898837200.00
6	迈腾	10067	12980	23098	18560	64705	14222159000.00
7	CC	9854	10540	21098	16540	58032	14670489600.00
8	PASSAT	21008	18907	9870	12305	62090	11399724000.00
9	甲壳虫	5409	9765	3670	5480	24324	4665343200.00
10	尚酷	4398	2907	8450	5320	21075	4695510000.00
11	季度总销售量	154242	136348	141873	163935		
12							

图 5-92 计算总销售量、总销售额

五、计算是否为畅销款

① 单击 H1 单元格，输入内容“是否为畅销款”。

② 单击 H2 单元格，在单元格内输入“=IF(F2>60000,"是","否")”。

③ 通过 IF 函数计算出单元格 H2 内的数据“是”，通过向下拖动填充柄得出 H3：H10 单元格区域内的数据。

④ 完成效果如图 5-93 所示。

	A	B	C	D	E	F	G	H
1	型号	第一季度	第二季度	第三季度	第四季度	总销售量	总销售额	是否为畅销款
2	捷达	23500	18650	25980	34580	102710	7703250000.00	是
3	宝来	19800	21389	15460	27890	84539	9282382200.00	是
4	高尔夫	21119	15230	15340	21780	73469	8955871100.00	是
5	速腾	39087	25980	18907	21480	105454	13898837200.00	是
6	迈腾	10067	12980	23098	18560	64705	14222159000.00	是
7	CC	9854	10540	21098	16540	58032	14670489600.00	否
8	PASSAT	21008	18907	9870	12305	62090	11399724000.00	是
9	甲壳虫	5409	9765	3670	5480	24324	4665343200.00	否
10	尚酷	4398	2907	8450	5320	21075	4695510000.00	否
11	季度总销售量	154242	136348	141873	163935			
12								

图 5-93 计算总销售量、总销售额

实训 B.3 进行排序和筛选

一、本实训重要知识点

熟练对数据进行排序和筛选。

二、将工作表“产品销售情况表”中的数据按照“总销售量”进行排序

① 选中 G 列将数据类型设置为“货币”类型。

② 选中需要进行排序的数据区域。

③ 从菜单栏中选择“数据”菜单，再从“排序和筛选”组中单击“排序”按钮。

④ 此时弹出“排序”对话框，在该对话框的“主要关键字”选项中选择“总销售量”、“排序依据”为“数值”、“次序”为“升序”。

⑤ 单击“确定”按钮确认。

完成效果如图 5-94 所示。

	A	B	C	D	E	F	G	H
1	型号	第一季度	第二季度	第三季度	第四季度	总销售量	总销售额	是否为畅销款
2	尚酷	4398	2907	8450	5320	21075	¥4,695,510,000.00	否
3	甲壳虫	5409	9765	3670	5480	24324	¥4,665,343,200.00	否
4	CC	9854	10540	21098	16540	58032	¥14,670,489,600.00	否
5	PASSAT	21008	18907	9870	12305	62090	¥11,399,724,000.00	是
6	迈腾	10067	12980	23098	18560	64705	¥14,222,159,000.00	是
7	高尔夫	21119	15230	15340	21780	73469	¥8,955,871,100.00	是
8	宝来	19800	21389	15460	27890	84539	¥9,282,382,200.00	是
9	捷达	23500	18650	25980	34580	102710	¥7,703,250,000.00	是
10	速腾	39087	25980	18907	21480	105454	¥13,898,837,200.00	是
11	季度总销售量	154242	136348	141873	163935			

图 5-94 计算是否为畅销款

三、将工作表“产品销售情况表”中的数据按照“总销售额”进行排名，显示排名

① 在“I1”单元格内输入“排名”。

② 单击“I2”单元格，从菜单栏中选择“公式”菜单，选择“插入函数”选项。

③ 打开“选择函数”对话框，在对话框中选择“函数类型”中的“RANK”函数，单击“确定”按钮打开“函数参数”对话框。

④ 在“函数参数”对话框中，“Number”项输入“G2”，“Ref”项输入“$G$2:$G$10”，按“确定”按钮确认。

⑤ 在“I2”单元格中显示“8”，通过鼠标向下拖动完成其他数据区域的数据计算。

完成效果如图 5-95 所示。

型号	第一季度	第二季度	第三季度	第四季度	总销售量	总销售额	是否为畅销款	排名
尚酷	4398	2907	8450	5320	21075	¥4,695,510,000.00	否	8
甲壳虫	5409	9765	3670	5480	24324	¥4,665,343,200.00	否	9
CC	9854	10540	21098	16540	58032	¥14,670,489,600.00	否	1
PASSAT	21008	18907	9870	12305	62090	¥11,399,724,000.00	是	4
迈腾	10067	12980	23098	18560	64705	¥14,222,159,000.00	是	2
高尔夫	21119	15230	15340	21780	73469	¥8,955,871,100.00	是	6
宝来	19800	21389	15460	27890	84539	¥9,282,382,200.00	是	5
捷达	23500	18650	25980	34580	102710	¥7,703,250,000.00	是	7
速腾	39087	25980	18907	21480	105454	¥13,898,837,200.00	是	3
季度总销售量	154242	136348	141873	163935				

图 5-95　计算排名

四、筛选出第一季度销量前五的产品信息

① 选中需要进行筛选的数据区域。

② 选择“数据”选项卡，再从“排序和筛选”组中单击“筛选”按钮。

③ 此时每一列的第一个单元格右侧都会出现倒三角形的小图标，单击“第一季”单元格右侧的小图标，选择“数字筛选”选项中的“10 个最大的值”，打开“自动筛选前十个”对话框。

④ 在该对话框内将“显示”设置为“最小、5、项”。

⑤ 单击“确定”按钮确认。

完成效果如图 5-96 所示。

型号	第一季	第二季	第三季	第四季	总销售	总销售额	是否为畅销	排名
尚酷	4398	2907	8450	5320	21075	¥4,695,510,000.00	否	8
甲壳虫	5409	9765	3670	5480	24324	¥4,665,343,200.00	否	9
CC	9854	10540	21098	16540	58032	¥14,670,489,600.00	否	1
迈腾	10067	12980	23098	18560	64705	¥14,222,159,000.00	是	2
宝来	19800	21389	15460	27890	84539	¥9,282,382,200.00	是	5

图 5-96　筛选

实训 B.4　进行分类汇总

① 在第一列左侧插入一列，在新的 A1 单元格中输入内容“公司”。

② 将 A2：A5 和 A6：A10 单元格区域分别进行合并，成为两个单元格，分别输入内容“分公司一”及“分公司二”，如图 5-97 所示。

公司	型号	第一季度	第二季度	第三季度	第四季度	总销售量	总销售额	是否为畅销款	排名
分公司一	尚酷	4398	2907	8450	5320	21075	¥4,695,510,000.00	否	8
	甲壳虫	5409	9765	3670	5480	24324	¥4,665,343,200.00	否	9
	CC	9854	10540	21098	16540	58032	¥14,670,489,600.00	否	1
	PASSAT	21008	18907	9870	12305	62090	¥11,399,724,000.00	是	4
分公司二	迈腾	10067	12980	23098	18560	64705	¥14,222,159,000.00	是	2
	高尔夫	21119	15230	15340	21780	73469	¥8,955,871,100.00	是	6
	宝来	19800	21389	15460	27890	84539	¥9,282,382,200.00	是	5
	捷达	23500	18650	25980	34580	102710	¥7,703,250,000.00	是	7
	速腾	39087	25980	18907	21480	105454	¥13,898,837,200.00	是	3
	季度总销售量	154242	136348	141873	163935				

图 5-97　输入内容

③ 选中“I1：I10”“J1：J10”“B11：F11”单元格区域，将单元格区域内的数据进行清除。

④ 选中要进行分类汇总的数据区域。

⑤ 选择“数据”选项卡，再从“分级显示”组中单击“分类汇总”按钮，打开“分类汇总”对话框。

⑥ 在“分类汇总”对话框中，“分类字段”选择“公司”，“分类方式”选择“求和”，“选定汇总项”

选择“第一季度、第二季度、第三季度、第四季度、销售总量、销售总额”，单击“确定”按钮确认。

完成效果如图 5-98 所示。

	A	B	C	D	E	F	G	H
1	公司	型号	第一季度	第二季度	第三季度	第四季度	总销售量	总销售额
2		尚酷	4398	2907	8450	5320	21075	¥4, 695, 510, 000. 00
3	分公司一	甲壳虫	5409	9765	3670	5480	24324	¥4, 665, 343, 200. 00
4		CC	9854	10540	21098	16540	58032	¥14, 670, 489, 600. 00
5		PASSAT	21008	18907	9870	12305	62090	¥11, 399, 724, 000. 00
6	**公司一 汇总**		40669	42119	43088	39645	165521	¥35, 431, 066, 800. 00
7		迈腾	10067	12980	23098	18560	64705	¥14, 222, 159, 000. 00
8		高尔夫	21119	15230	15340	21780	73469	¥8, 955, 871, 100. 00
9	分公司二	宝来	19800	21389	15460	27890	84539	¥9, 282, 382, 200. 00
10		捷达	23500	18650	25980	34580	102710	¥7, 703, 250, 000. 00
11		速腾	39087	25980	18907	21480	105454	¥13, 898, 837, 200. 00
12	**公司二 汇总**		113573	94229	98785	124290	430877	¥54, 062, 499, 500. 00
13	**总计**		154242	136348	141873	163935	596398	¥89, 493, 566, 300. 00

图 5-98　分类汇总

实训 B.5　制 作 图 表

操作步骤如下：

① 选择要制作图表的数据区域“A1:F10”。

② 选择“插入”选项卡，再从“图表”组中单击“柱形图”按钮，选择“簇状柱形图”。

③ 此时工作区会显示一个图表，在工作表上方显示“图表工具”。

④ 从“图表工具”中选择“布局”选项卡，将“图表标题”设置为“图表上方”，内容为“季度销售图”。

⑤ 在“坐标轴标题”选项中，将“主要横坐标轴标题”设置为“坐标轴下方标题”，内容为“产品”。

⑥ 在“坐标轴标题”选项中，将“主要纵坐标轴标题”设置为“竖排标题”，内容为“销售量”。

⑦ 在“图例”选项中，将“图例”位置设置为“右侧显示图例”。

完成效果如图 5-99 所示。

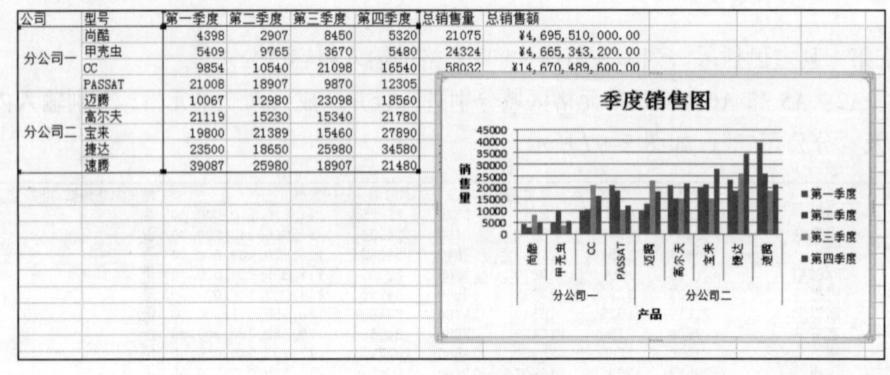

公司	型号	第一季度	第二季度	第三季度	第四季度	总销售量	总销售额
	尚酷	4398	2907	8450	5320	21075	¥4, 695, 510, 000. 00
分公司一	甲壳虫	5409	9765	3670	5480	24324	¥4, 665, 343, 200. 00
	CC	9854	10540	21098	16540	58032	¥14, 670, 489, 600. 00
	PASSAT	21008	18907	9870	12305		
	迈腾	10067	12980	23098	18560		
	高尔夫	21119	15230	15340	21780		
分公司二	宝来	19800	21389	15460	27890		
	捷达	23500	18650	25980	34580		
	速腾	39087	25980	18907	21480		

图 5-99　制作图表

实训 B.6　表格的格式化

一、本实训重要知识点

① 数字类型设置。

② 字体、字形、字号等设置。

③ 对齐方式设置。

④ 边框设置。

⑤ 填充设置。

⑥ 套用表格格式。

二、对表格“产品信息表”中的数据进行格式化处理

① 在第一行上方插入一行，将行高设置为“26”。

② 选中 A1：F1 单元格区域，设置成“合并并居中”。

③ 输入内容“产品信息表”，将文字设置为“宋体、24 号、加粗、蓝色”。

④ 选中 B2：B10 单元格区域，再从“开始”菜单栏中单击“数字”功能区右下角的箭头按钮，打开“设置单元格格式”对话框。

⑤ 在“设置单元格格式”对话框中选择“数字”选项卡，从“分类”中选择“货币”，将“小数位数”设置为“2”，将“货币符号”选择“¥”，单击“确定”按钮确认。

⑥ 选中 A2：F11 单元格区域，将该区域内的文字设置为“宋体、18、紫色”，并将对齐方式设置为“水平居中、垂直居中”。

⑦ 选中 A1：F11 单元格区域，将边框设置为“外边框”和“内部”及“蓝色”。

⑧ 将表格填充为“灰色”。

完成效果如图 5-100 所示。

三、套用格式

① 选中要进行格式设置的单元格区域。

② 选择“开始”选项卡，从“样式”组中单击“单元格样式”按钮，选择“数据和模型”中的“输出”，如图 5-101 所示。

产品信息表					
型号	报价	排量	油耗	变速箱	是否进口
捷达	¥75,000.00	1.4	6.9	5档手动	否
宝来	¥109,800.00	1.6	6.2	5档手动	否
高尔夫	¥121,900.00	1.6	6.1	5档手动	否
速腾	¥131,800.00	1.6	6.5	5档手动	否
迈腾	¥219,800.00	1.4T	6.2	7档双离合	否
CC	¥252,800.00	1.8T	7.5	7档双离合	否
PASSAT	¥183,600.00	1.4T	6.7	5档手动	否
甲壳虫	¥191,800.00	1.2T	7.6	7档双离合	是
尚酷	¥222,800.00	1.4T	6.5	7档双离合	是

图 5-100 格式化表格

产品信息表					
型号	报价	排量	油耗	变速箱	是否进口
捷达	¥75,000.00	1.4	6.9	5档手动	否
宝来	¥109,800.00	1.6	6.2	5档手动	否
高尔夫	¥121,900.00	1.6	6.1	5档手动	否
速腾	¥131,800.00	1.6	6.5	5档手动	否
迈腾	¥219,800.00	1.4T	6.2	7档双离合	否
CC	¥252,800.00	1.8T	7.5	7档双离合	否
PASSAT	¥183,600.00	1.4T	6.7	5档手动	否
甲壳虫	¥191,800.00	1.2T	7.6	7档双离合	是
尚酷	¥222,800.00	1.4T	6.5	7档双离合	是

图 5-101 套用格式

实训小结

本实训综合了 Excel 2010 中的各项操作技巧，既有对案例项目的巩固和复习，也涉及一些新的知识点。学生经过这个实训完整的制作过程，会对 Excel 应用有更加深入的了解和掌握，可将 Excel 作为实用工具在工作和学习中加以应用。

项目六 使用PowerPoint 2010制作汽车类型常识介绍演示文稿

学习目标

① 熟悉演示文稿的创建与编辑方法。

② 掌握演示文稿母版、模板、配色方案的应用。

③ 掌握幻灯片中插入对象的方法。

④ 掌握演示文稿放映方式的设置。

⑤ 掌握为演示文稿中对象设置动画效果。

⑥ 了解演示文稿的打印输出。

PowerPoint 2010 是微软集成办公软件 Office 2010 中的一个重要组成部分，它的主要功能是制作演示文稿，它集文字、图形、图像、多媒体对象于一体，用户可以在这个软件平台上充分发挥自己的想像力和创造力，轻松快捷地制作各种具有专业风格、生动美观的演示文稿，并可将其应用于演讲、论文答辩、商业和电视节目制作、广告和产品发布、商业展示或发布到互联网上。

项目描述

使用 PowerPoint 2010 制作一个名为“某汽车简介.pptx”的介绍性演示文稿，通过项目实施的过程，逐步介绍 PowerPoint 2010 工作界面和操作技巧。同时，结合已经学过的 Word 2010 的知识，完成每一张幻灯片的制作和演示文稿整体的处理。结合具体的操作步骤，掌握制作演示文稿的相关知识点，从幻灯片的编辑、动画与超链接的灵活应用，直到演示文稿整体的设计和最终的放映整个流程。

项目分析

本项目主要完成对某汽车常规知识的提炼输入，结合图片用幻灯片完成基本内容的展示。重点包括：合理应用幻灯片版式编辑图文对象；应用母版设置统一功能；动画和超链接的应用；幻灯片切换方式的合理设置；放映方式的调整等。

本项目主要完成以下任务：

任务一：制作介绍某汽车幻灯片封面

任务二：设定统一的幻灯片效果

任务三：汽车产品简介

任务四：不同类别汽车产品展示

任务五：各种车型的销量分析

任务六：交互式动作

任务七：放映和打印

相关知识点

本项目所用到的重要知识如下：

① 文本的编辑和格式化。

② 新幻灯片的建立。

③ 声音的插入和设置。

④ 组织介绍构图的使用。

⑤ 图片的插入和编辑。

⑥ 表格插入和编辑。

⑦ 图表的编辑。

⑧ 幻灯片母版的使用。

⑨ 目录的制作和超链接的使用。

⑩ 设定统一的幻灯片效果。

⑪ 放映和打印本项目。

项目实施

任务一　制作介绍某汽车幻灯片封面

任务描述

本任务目的是制作演示文稿标题封面，熟悉 PowerPoint 2010 的工作界面和基本操作，学习图片、文字、声音等对象的添加和编辑技巧，以及文档的相关操作。

任务实施

① 启动中文版 PowerPoint 2010。

② 选项卡介绍。

③ 保存演示文稿。

④ 更改背景图片。

⑤ 输入并格式化文本。

⑥ 插入声音。

一、启动中文版 PowerPoint 2010

单击“开始”→“所有程序”→“Microsoft Office”→“Microsoft PowerPoint 2010”，启动软件运行，如图 6-1 所示。在左侧的窗格会看到“幻灯片”选项卡和“大纲”选项卡，以便于以后对幻灯片进行相关的编辑操作。

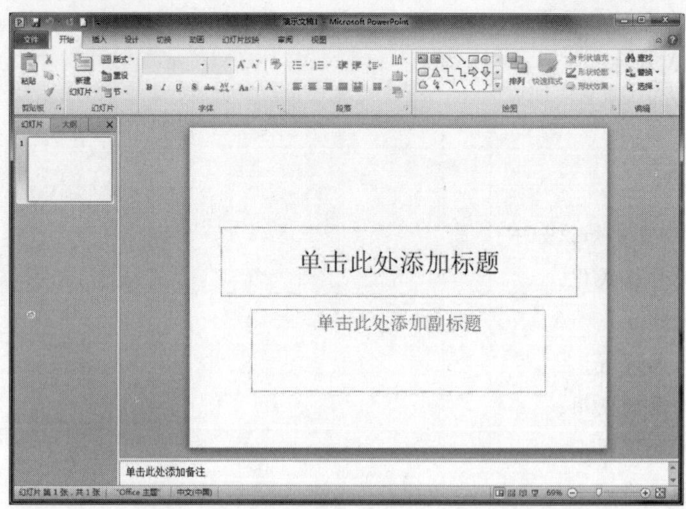

图 6-1　Microsoft PowerPoint 2010 界面

二、主要选项卡介绍

①“开始”选项卡，如图 6-2 所示。

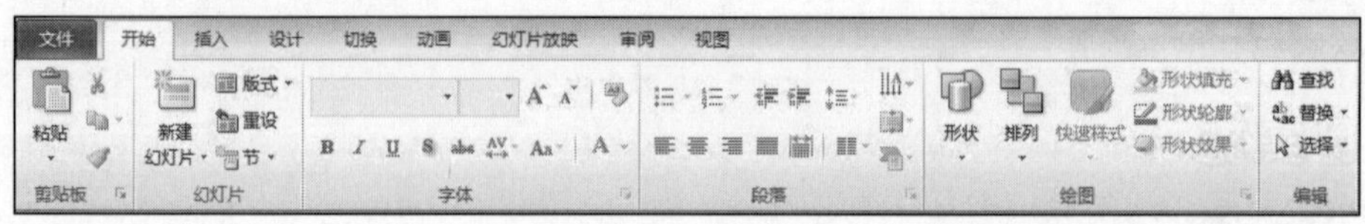

图 6-2　开始选项卡

- “剪贴板”组：用来进行相关对象的粘贴和复制，同时还有格式刷的功能。
- “幻灯片”组：选择不同版式新建幻灯片，也可调整幻灯片的布局。
- “字体”组：文本字符格式的设置，包括“字体”“字号”“字形”和“颜色”等。
- “段落”组：文本段落格式设置，包括“文本对齐方式”“间距”“项目符号和编号”和“边框底纹”等。
- “绘图”组：包括各种简单图形的绘制，以及填充颜色、边框线条的定义。
- “编辑”组：用来查找和替换文本。

②“插入”选项卡，如图 6-3 所示。

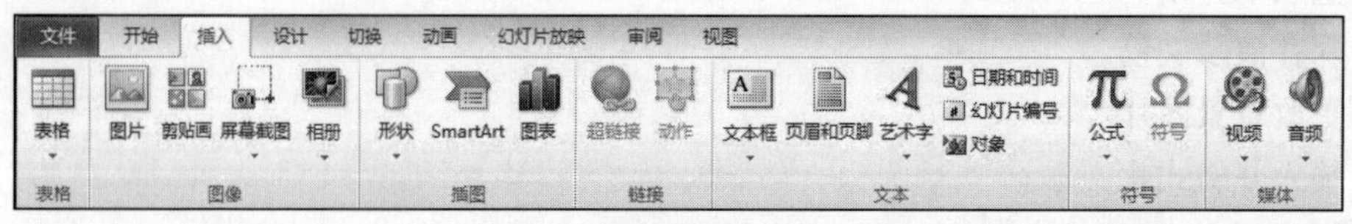

图 6-3　插入选项卡

- “表”组：用于插入表格。
- “图像”组：用于插入图片、剪贴画等图片对象。
- “插图”组：用于插入自选图形、结构图和图表等。

- “链接”组：用于设置超链接和动作等交互性元素。
- “文本”组：用于插入文本、艺术字、页眉页脚等对象。
- “媒体”组：用于插入声音和视频对象。

③“设计”选项卡如图 6-4 所示。

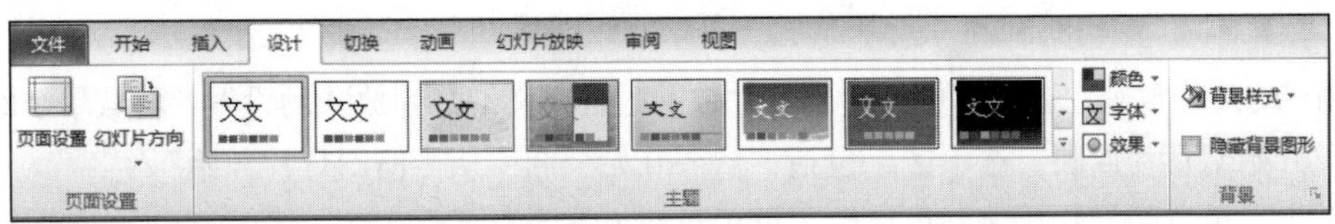

图 6-4 设计选项卡

使用“设计”选项卡可自定义演示文稿的背景、主题设计模版和颜色或页面设置。

- 单击“页面设置”可启动“页面设置”对话框。
- 在“主题”组中，单击某主题可将其应用于演示文稿。
- 单击“背景样式”可为演示文稿选择背景色。

④“切换”选项卡，如图 6-5 所示。

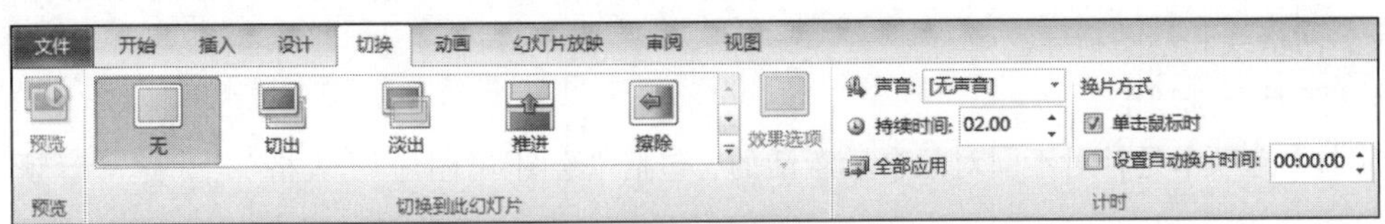

图 6-5 切换选项卡

使用“切换”选项卡可对当前幻灯片进行应用、更改、删除或切换等操作。

- 在“切换到此幻灯片”组单击某切换效果可将其应用于当前幻灯片。
- 在“声音”列表中，可从多种声音中进行选择以在切换过程中播放。
- 在“换片方式”下，可选择“单击鼠标时”和“设置自动换片时间”的方式切换幻灯片。

⑤“动画”选项卡，如图 6-6 所示。

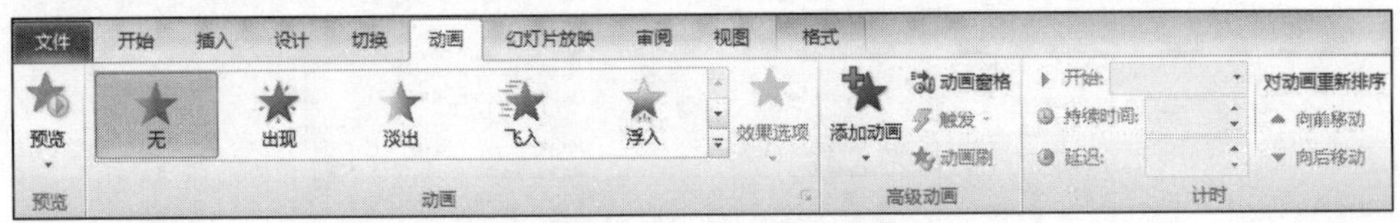

图 6-6 动画选项卡

使用“动画”选项卡可对幻灯片上的对象应用、更改或删除动画。

- 单击“添加动画”，可在列表中选择任意一种常用动画效果应用于选定对象。
- 在“动画”选项区中可选择一种动画效果快速应用到当前对象上。
- “计时”选项区用于设置动画的开始方式和持续时间。
- 单击“动画窗格”，可打开动画窗格调整动画顺序和设置动画参数。

⑥“幻灯片放映”选项卡，如图 6-7 所示。

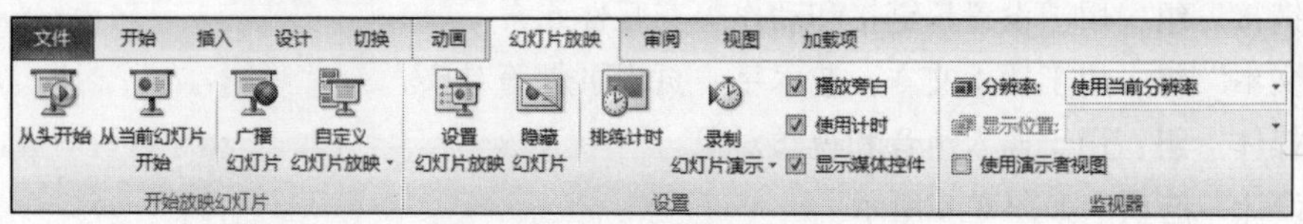

图 6-7 幻灯片切换选项卡

使用“幻灯片放映”选项卡可开始幻灯片放映、自定义幻灯片放映的设置、隐藏单个幻灯片。

- “开始幻灯片放映”选项区，包括“从头开始”和“从当前幻灯片开始”。
- 单击“设置幻灯片放映”可启动“设置放映方式”对话框。

⑦“视图”选项卡，如图 6-8 所示。

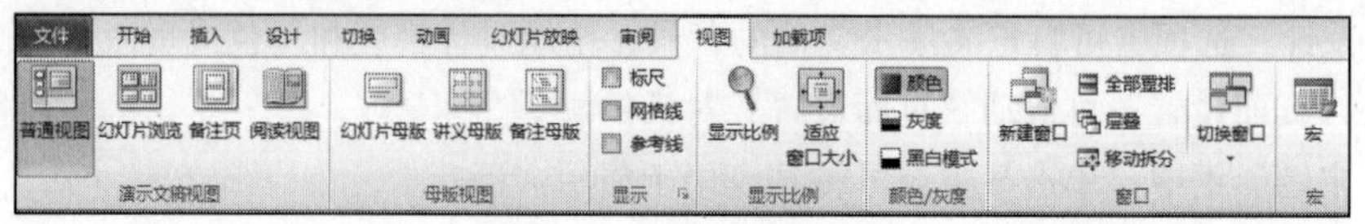

图 6-8 “视图”选项卡

使用“视图”选项卡可以切换视图模式，查看幻灯片母版，调整显示比例，还可以打开或关闭标尺、网格线和绘图指导。

⑧“工具”选项卡

“工具”选项卡是针对不同对象自动激活的，包括“绘图”“图片”“表格”“图表”“音频”“视频”等。

三、保存演示文稿

单击 Microsoft PowerPoint 2010 界面的左上角的“💾”图标，在弹出的“另存为”对话框中将文件命名为“汽车简介”，扩展名为默认的“.pptx”，如图 6-9 所示。

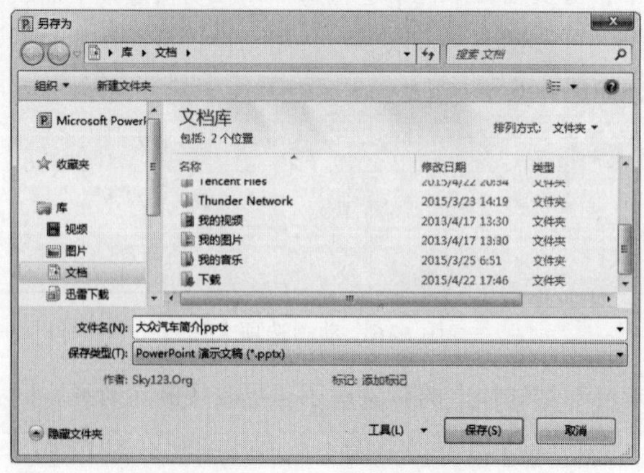

图 6-9 “另存为”对话框

四、更改背景图片

在“设计”选项卡的“背景”组中选择“背景样式”，单击“设置背景格式”，弹出“设置背景格式”对话框，如图 6-10 所示。选中“图片或文理填充”之后，单击插入自“文件…”选择相应的图片确定即可，这时发现幻灯片的背景已经发生了变化，效果如图 6-11 所示。

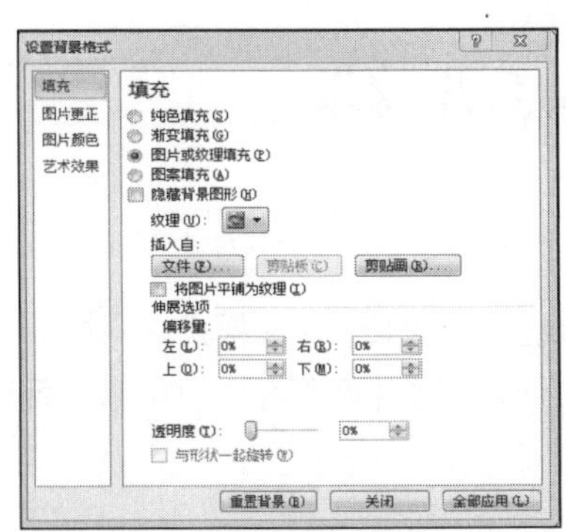

图 6-10　设置背景格式对话框

图 6-11　设置背景完成效果

五、输入并格式化文字

将光标定位到幻灯片中的“单击此处添加标题”的文本框，输入文字“汽车产品简介”在“开始”选项卡“字体”组中将字号设置为“48”，字体为“微软雅黑”“加粗”，字体颜色为“浅蓝”。在“单击此处添加副标题”的文本框中输入文字“制作日期 2015.5”，字号设置为“18”，字体为“微软雅黑”“加粗”，字体颜色为“橙色”，对齐方式为“右对齐”。

此处文字和文本框的格式化方法和 Word 2010 中的方法一致，效果如图 6-12 所示。

图 6-12　产品简介封面

六、插入声音

为了提升演示文稿的播放效果，需要在其中插入声音。

① 在“插入”选项卡“媒体”组中单击“音频”图标，在下拉列表中选择“文件中的音频”，在弹出的“插入音频”对话框中选中声音文件，然后单击“插入”，完成音频的插入。

② 选中音频图标，在“音频工具（播放）”选项卡“音频选项”组中的“将循环播放，直到停止”和“放映时隐藏”两个选项前面的复选框选中，并在“开始”列表中选择“跨幻灯片播放”，如图 6-13 所示。

最终效果如图 6-14 所示。

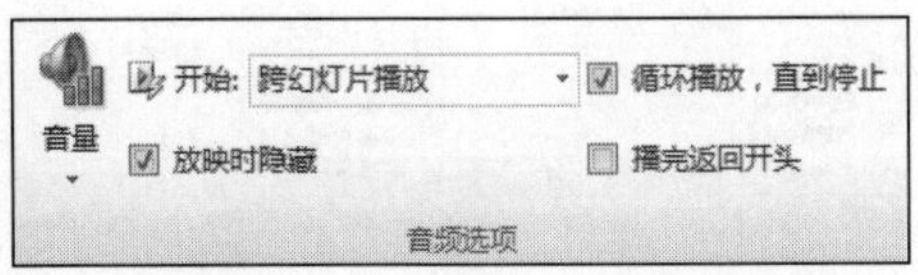

图 6-13　播放选项课面板区

图 6-14　封面最终效果

任务二　设定统一的幻灯片效果

任务描述

本任务通过对幻灯片母版的设计，让所有幻灯片具有统一的背景、文本样式。同样，在母版上添加一个超链接返回第二张目录幻灯片，则应用母版的所有幻灯片都具有这一功能，而不必在每一张幻灯片上添加。

任务实施

① 统一幻灯片文本样式。

② 统一项目中的标头和LOGO。

③ 统一背景。

一、统一幻灯片文本样式

① 单击“视图”选项卡“母版视图”组中的“幻灯片母版”命令，进入幻灯片母版编辑视图状态，此时“幻灯片母版”选项卡自动激活，如图6-15所示。

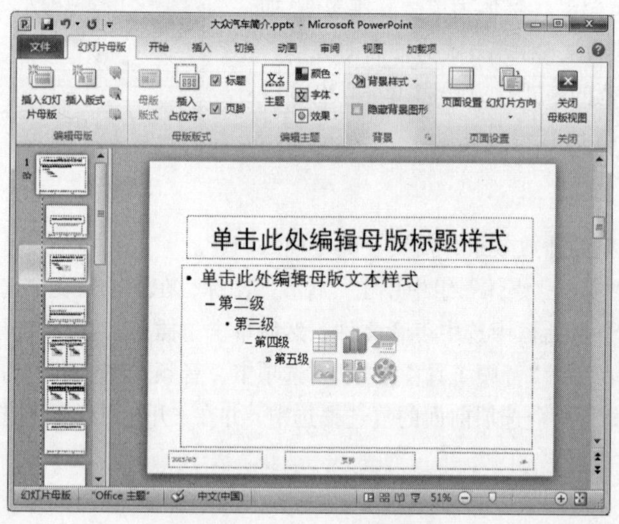

图6-15　幻灯片母版视图

② 在项目中标题字号、字体颜色都是统一的，所以右击“单击此处编辑母版标题样式”文本框，在弹出的快捷菜单中选择“字体”命令，打开“字体”对话框。如图6-16所示，设置好相应的选项后单击“确定”按钮返回。

③ 其他文本样式如果也需要统一，方法与定义标题一样。

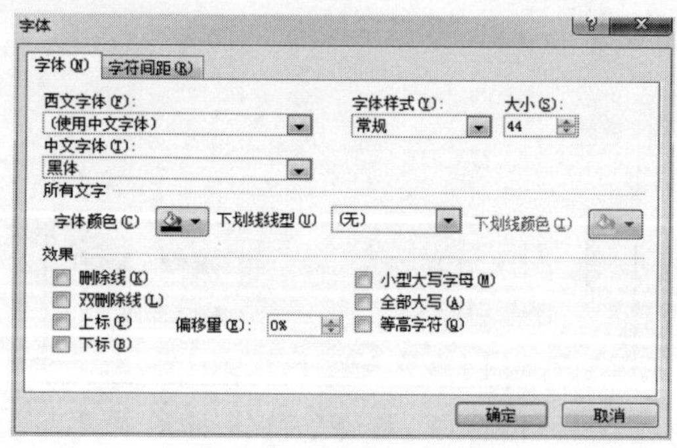

图6-16　“字体”对话框

二、统一项目中的标头和 LOGO

① 在正文母版编辑页面，在“插入”选项卡“文本”组中单击“艺术字”，在出现的艺术字编辑框中输入“追求卓越，永争第一”。艺术字编辑方法与 Word 2010 中的编辑方法相同。调整好艺术字大小和位置。

② 在“插入”选项卡“图像”组中单击“图片”按钮，弹出“图片选择”对话框，选择汽车的 logo 图片文件插入到母版中，调整好大小和位置。如图 6–17，在设置背景时一定要注意图片的颜色，图片颜色不宜太浓，否则会与前景中的对象出现冲突。

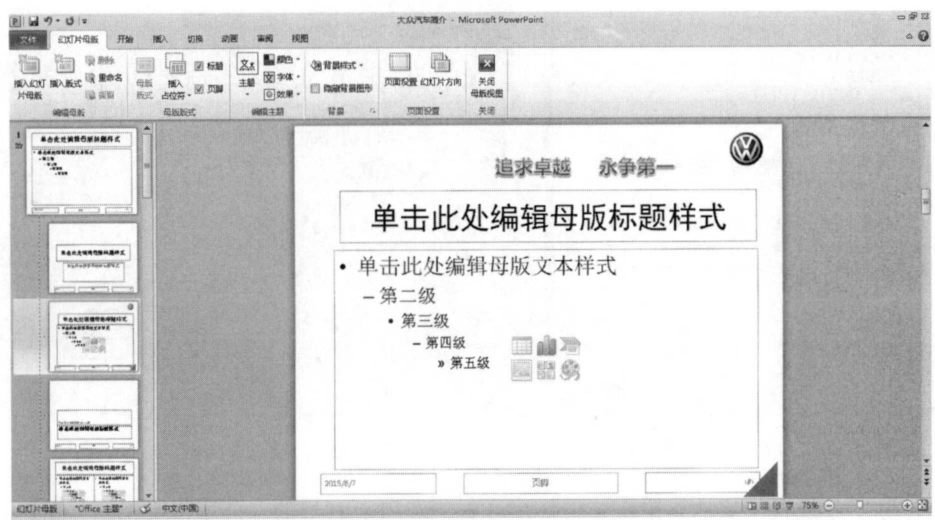

图 6–17　母版中自定义的标头

③ 去除图片白色背景。在插入 LOGO 图片后，选中图片，此时“图片（格式）”选项卡激活。在“图片（格式）”“调整”组中选择“颜色”下拉选项，单击“设置透明色”按钮，在徽标的空白区域单击一下，这时白色就变为透明色了，如图 6–18 所示。

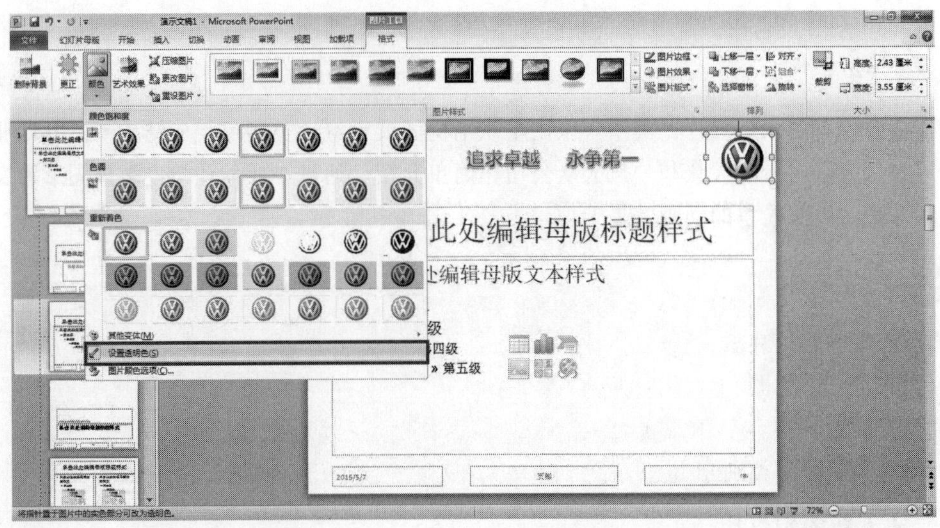

图 6–18　母版中的 LOGO

三、项目中统一的背景。

① 在“幻灯片母版”选项卡“背景”组中单击右下角的“ ”图标，弹出“设置背景格式”对话框，如图 6-19 所示。

② 在对话框中选中“图片或文理填充”，然后单击“文件”按钮，选择准备好的素材图片文件“背景.jpg”，单击“确定”按钮即可，如图 6-20 所示。

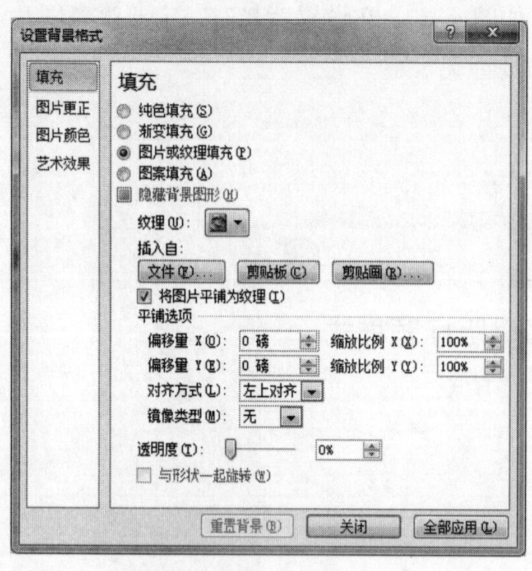

图 6-19　母版背景设置

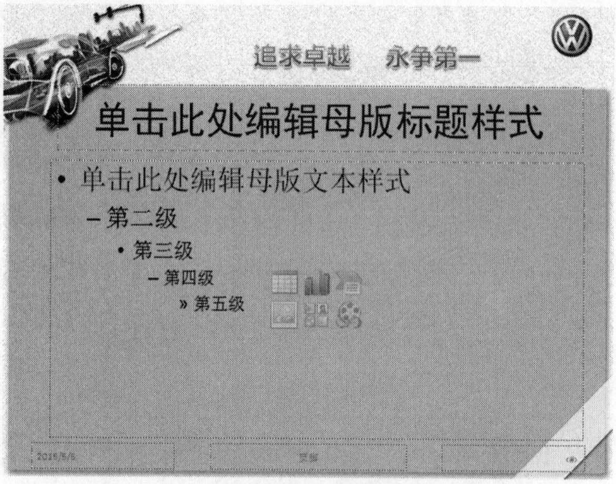

图 6-20　母版背景设置效果

③ 母版对象设置完成后，单击“幻灯片母版”选项卡右侧的“关闭母版视图”按钮，回到当前的幻灯片视图中，我们会发现每插入一张新的幻灯片，都会在右上角看到 LOGO 的图标和“追求卓越，永争第一”的艺术字字样。

任务三　汽车产品简介

任务描述

本任务中包含三张幻灯片，其中一张用组织结构图展示汽车类型的组成结构。另外两张采用文字的形式，分别对上海大众和一汽大众公司作简单介绍。通过本任务让学生掌握图形和文本对象的插入方法，以及简单的动画效果处理。

任务实施

① 插入新的幻灯片。

② 插入组织结构图。

③ 设置动画效果。

④ 轿车和旅行车类别介绍。

一、插入新的幻灯片

① 单击 PowerPoint 2010 左边的幻灯片窗格选项卡，可以看到已经有了一张幻灯片，就是我

们前面制作的大众汽车简介的封面，在这张幻灯片下面单击鼠标会看到有光标在闪动，按【Enter】键就会生成一张新的幻灯片如图 6-21 所示。

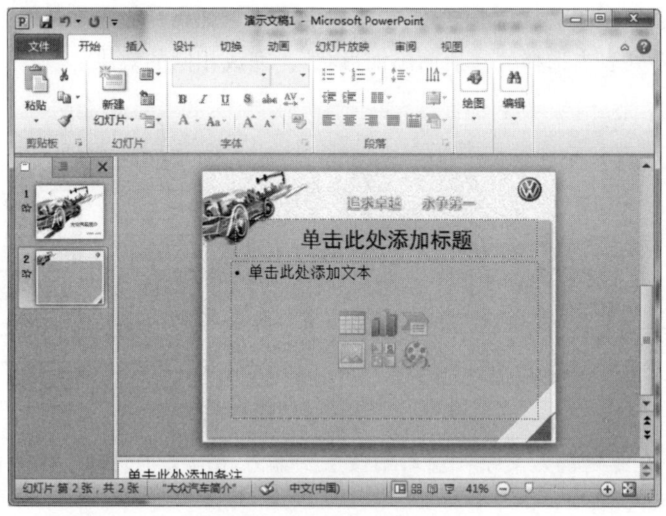

图 6-21 新建幻灯片

② 在“开始”选项卡“幻灯片”组中单击“版式”选项，在下拉列表中选择“空白”版式，这样就得到了一个空白的幻灯片，便于下一步的操作。

③ 单击“单击此处添加标题”，在文本框中输入“中国汽车分类”。选中这个文本框，在“绘图工具（格式）”选项卡“艺术字样式”组中选择“快速样式”，在列表中选择最后一个样式。

二、插入组织结构图

① PowerPoint 2010 的组织结构图是一个可以用来表达层级关系内容的图形展示，特别适合用于直观的表示一个组织结构及职责关系。在项目中为了使各对象层级隶属清楚，使用了组织结构图。

② 在新建的幻灯片中，在“插入”选项卡“插图”组中单击“SmartArt”按钮，弹出“SmartArt 图形”对话框，如图 6-22 所示。选择左侧的【层次结构】，在右侧列表中选择层次结构（第 2 行第 1 个），插入组织结构图。

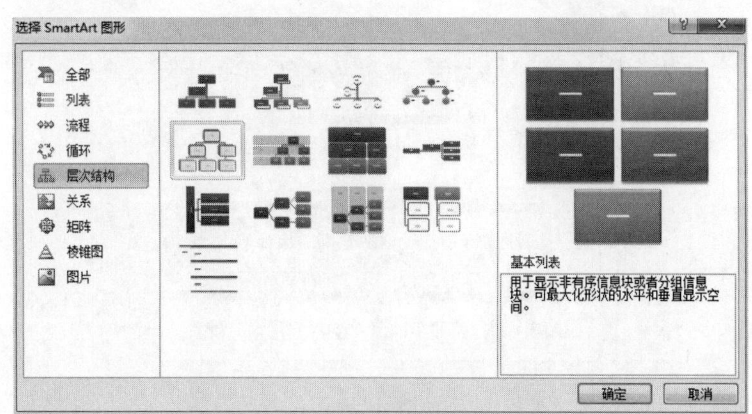

图 6-22 插入组织结构图对话框

③ 结构图共分三级，如图 6-23 所示。现在要在轿车和旅行车下级各添加两种类型。选中第二级右侧的形状，在“SmartArt 工具（设计）”选项卡“创建图形”组中单击“添加形状”，在列表中选择“在下方添加形状”，可在第三级新建一个形状。如果开始选中的是第三级右侧的形状，则需在“添加形状”列表中选择“在后面添加形状”，完成相同的效果。

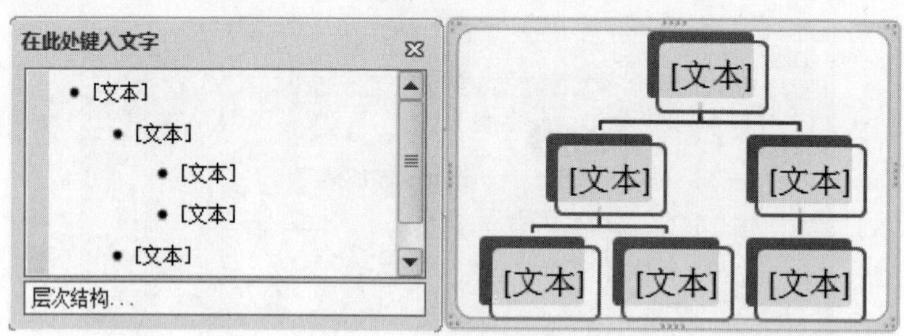

图 6-23　层次结构样式图

④ 在左侧的“在此处键入文字”窗口中按层次输入相应文本，内容在右侧组织结构图中显示，如图 6-24 所示

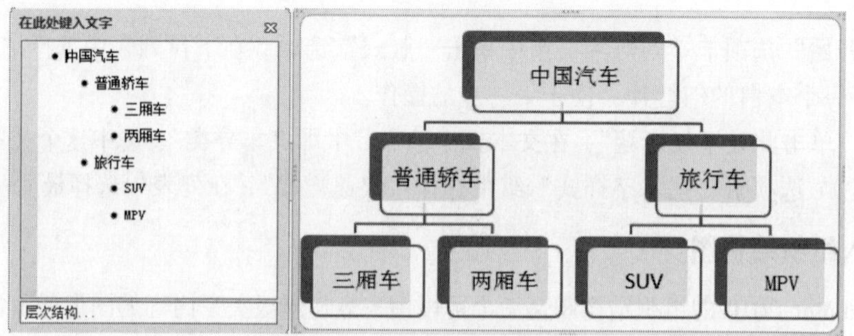

图 6-24　组织结构图效果

⑤ 最终的效果如图 6-25 所示。

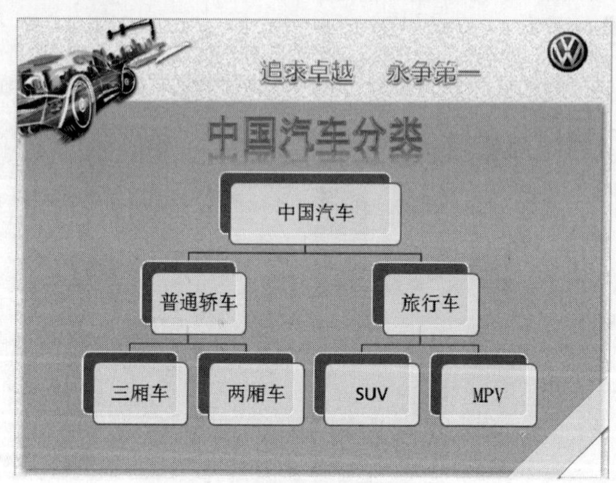

图 6-25　最终效果图

三、设置动画效果

① 选中“中国汽车分类”标题，在“动画”选项卡“动画”组中选中“擦除”，并在“计时”组的“开始”下拉列表中选择“上一动画之后”，图 6-26 所示。

图 6-26　动画选项卡

② 选中制作完成的组织结构图，在“动画”选项卡“动画”组中选中“浮入”，在右侧“效果选项”列表中选择“一次级别”。同样在“计时”组的“开始”列表中选择“上一动画之后”，如图 6-27 所示。

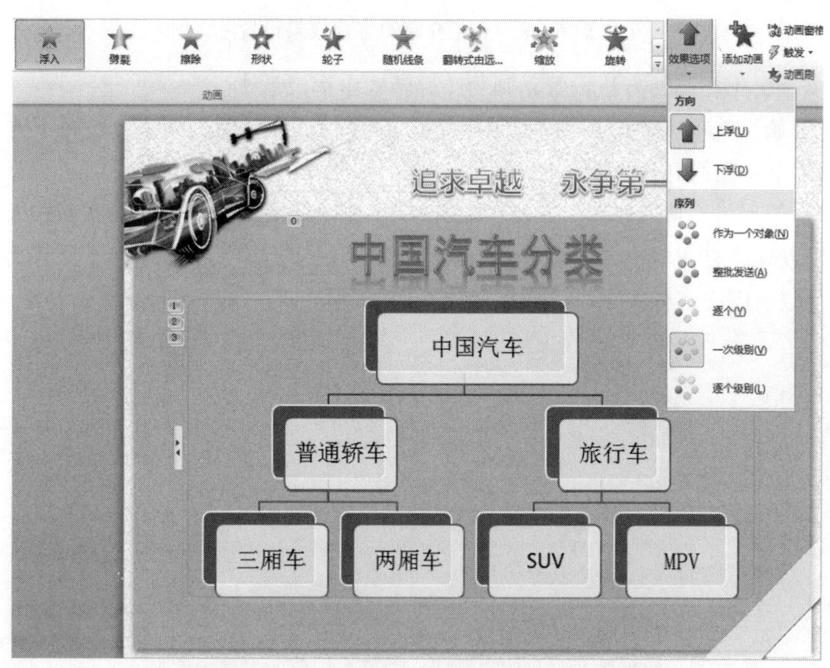

图 6-27　组织结构图动画设置

四、轿车和旅行车类别介绍

① 在“开始”选项卡“幻灯片”组中单击“新建幻灯片”，插入一个新幻灯片。单击“单击此处添加标题”，输入“普通轿车”。单击“单击此处添加文本”，输入介绍文字内容。

② 选中标题，在“绘图工具（格式）”选项卡“艺术字样式”组中选择“快速样式”，在列表中选择第 4 行第 1 个样式。

③ 选中类型介绍文本框，在“开始”选项卡“字体”组中设置字体为“隶书”，字号为“32”，颜色为“蓝色，深色 25%”。结果如图 6-28 所示。

④ 动画设置：

- 选中标题“普通轿车”，在“动画”选项卡“动画”组中选中“缩放”，在“计时”组的“开始”列表中选择“上一动画之后”。

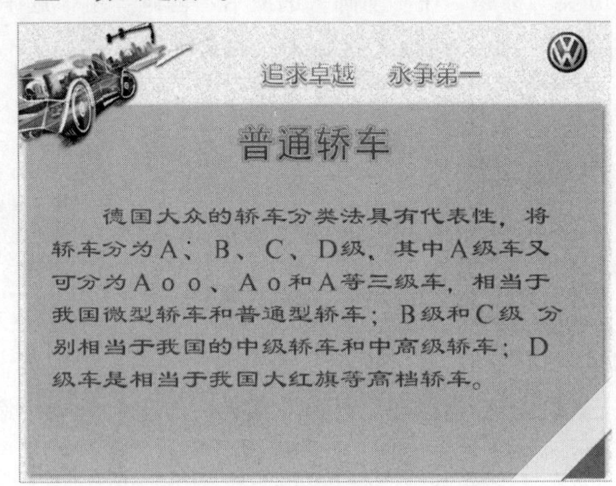

图 6-28　类型介绍幻灯片效果设置

- 选中文字，用相同的方法设置动画为【翻转式由远及近】。

⑤ 在“开始”选项卡“幻灯片”组中单击“新建幻灯片”下拉列表，选择下方的“复制所选幻灯片”，将上一张幻灯片复制一张。

⑥ 编辑标题，将“普通轿车”改成“旅行车”。删除原来的介绍文字，重新输入旅行车的类型介绍，可以发现原有文本格式及动画效果依然保留。由于新输入的文字多于原有文字，系统会自动缩小字号以适应文本框的大小。结果如图 6-29 所示。

图 6-29　复制并修改幻灯片

任务四　不同类别汽车产品展示

本任务制作介绍几款不同车型的幻灯片，通过图片和文字的组合，图文并茂地展示各种类型的汽车。这几张幻灯片在布局上相似，重点是重复练习幻灯片的编辑技巧。

任务实施

① 插入产品图片。

② 设置图片和文本动画。

③ 制作其他车型幻灯片。

一、插入产品图片

① 插入新幻灯片，在“单击此处添加标题”中输入“车型名称”，如“三厢轿车”。

② 在“单击此处添加文本”框中单击“来自文件的图片”，如图 6-21 所示。在弹出的“插入图片”对话框选择相应的素材图片文件，如图 6-30 所示。

图 6-30 “插入图片”对话框

单击“打开”按钮将图片插入到幻灯片中，然后调整图片大小并移动到合适的位置，在这里对图片的编辑操作方法基本和 Word 的操作一致。

③ 在“插入”选项卡“文本”组中单击“文本框”，选择“横排文本框”，在插入的图片旁边单击鼠标插入文本框，并输入说明文字。在【开始】选项卡中设置文本字体和段落格式，这部分操作与 Word 2010 操作方法相同。最终效果如图 6-31 所示。

图 6-31　车型介绍幻灯片

二、设置图片和文本动画

用和任务三中设置动画效果的方法相同，依次选中图片和文本，在“动画”选项卡“动画”组中选择动画效果，在“效果选项”或“计时”组设置参数。这里不再一一讲解了，同学们可自行选择喜欢的效果。

三、制作其他车型幻灯片

① 在“开始”选项卡“幻灯片”组中单击“新建幻灯片”打开列表，选择下方的“复制所选幻灯片”，将制作完成的“三厢轿车”幻灯片复制一张。

② 标题和说明的文字内容修改为新车型内容。

③ 在图片上右击，在弹出的快捷菜单中选择“更改图片…”命令，如图 6-32 所示。打开如图 6-30 所示的对话框，选择新车型的图片。

④ 其他车型幻灯片用相同的方法制作，原幻灯片的格式和动画效果依然保留在新幻灯片中，省去了许多重复设置步骤。

图 6-32 替换图片

任务五 各种车型的销量分析

任务描述

本任务制作一张包括表格和图表的幻灯片，介绍在 PowerPoint 2010 中如何处理表格数据，以及创建和修饰图表。

任务实施

① 插入新幻灯片。

② 插入表格。

③ 设置表格样式。

④ 插入图表。

⑤ 设置动画效果。

一、插入新幻灯片

在“单击此处添加标题”文本框中输入“各种车型销量分析”。在“绘图工具（格式）”选项卡“艺术字样式”组中选择“快速样式”，在列表中选择最后一个样式，修饰标题。效果与图 6-25 相似。

二、插入表格

在“插入”选项卡“表格”组中单击“插入表格”，选择表格的列数为 5，行数为 3，单击“确认”按钮，如图 6-33 所示。

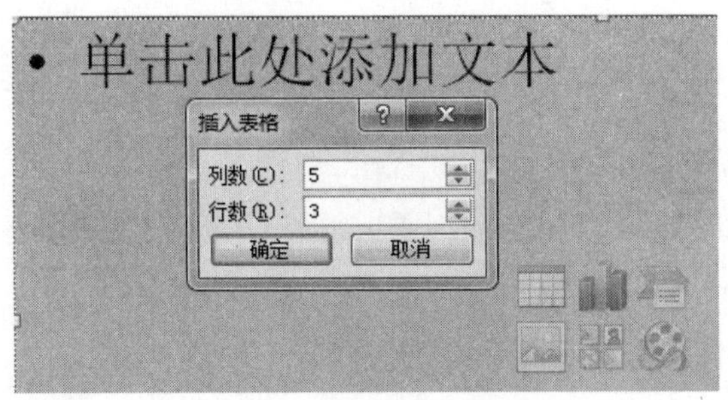

图 6-33　选择表格行列界面

三、设置表格样式

在插入的表格中输入数据，在“表格工具（设计）”选项卡“表格样式”组中选择“中度样式2–强调 1”。利用表格的预设格式和布局来修饰表格，结果如图 6-34 所示。

各种车型销量分析

月份	一月	二月	三月	四月
普通轿车（万两）	11.2	13.7	9.8	11.3
旅行车（万两）	15.4	13.8	10.1	8.7

图 6-34　标题和表格效果

四、在幻灯片中插入图表

① 单击“插入”选项卡“插图”组中的“图表”按钮，在打开的“插入图表”对话框中选择“柱形图”中的“镞状柱形图”。类似于 Excel 2010 中图表的插入方法。

② 单击“确定”按钮，这时可以看到计算机屏幕被分为两部分，分别是 PPT 和 Excel 窗口。其中在幻灯片中出现一个柱形图，Excel 窗口中有一些数据列，与 PPT 中的图表对应，但数据是错误的。

③ 对照表格给出的数据在 Excel 中进行数据的编辑，输入正确的数据，PPT 中的图表随之变化，最终结果如图 6-35 和图 6-36 所示。

提示：在 PPT 中对图表的编辑修改方法和在 Excel 中的方法相同。

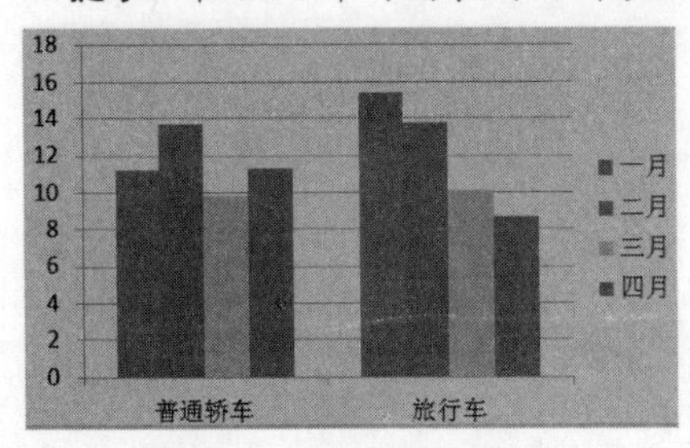

图 6-35　PPT 中的图表

		一月	二月	三月	四月
2	普通轿车	11.2	13.7	9.8	11.3
3	旅行车	15.4	13.8	10.1	8.7
4					
5	若要调整图表数据区域的大小，请拖拽区域的右下角。				

图 6-36　Excel 数据编辑窗口

根据在 Excel 中所学的知识修饰图表，并将其放在幻灯片中合适的位置，最终幻灯片效果如图 6-37 所示。

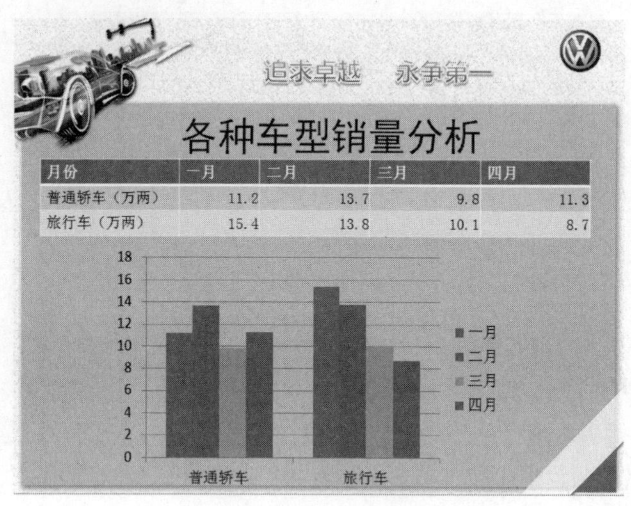

图 6-37　幻灯片效果

五、设置动画效果

① 按住【Shift】键，同时选中“各种车型销量分析”文本框、表格和图表三个对象，在“动画”选项卡“动画”组中选择“浮入”，并在“计时”组的“开始”列表中选择“上一动画之后”。

② 按住【Shift】键，同时选中“表格”和“图表”，在“计时”组中将“持续时间”修改为“2.00s”，“延迟”修改为“1.00s”。

任务六　交互式动作

任务描述

本任务通过添加超链接或动作设置，改变幻灯片的播放顺序，可根据用户需要快速地定位到自己所感兴趣的内容。其中，包括对组织结构图添加超链接，可快速播放感兴趣的车型。在母版中设置返回组织结构图的动作，让每一张幻灯片都能返回到第 2 张幻灯片重新定位。

任务实施

① 制作组织结构图的超链接。

② 在母版幻灯片中制作返回链接。

一、制作组织结构图的超链接

① 通过左侧窗格的“幻灯片”选项卡选中在前面做的组织结构图。在这里需要给除了“中国汽车”方格外的其他内容做超链接。

② 以“三厢车”为例，用鼠标选中“三厢车”方格，在“插入”选项卡“链接”组中单击“超链接”按钮，弹出如图 6-38 所示的对话框。

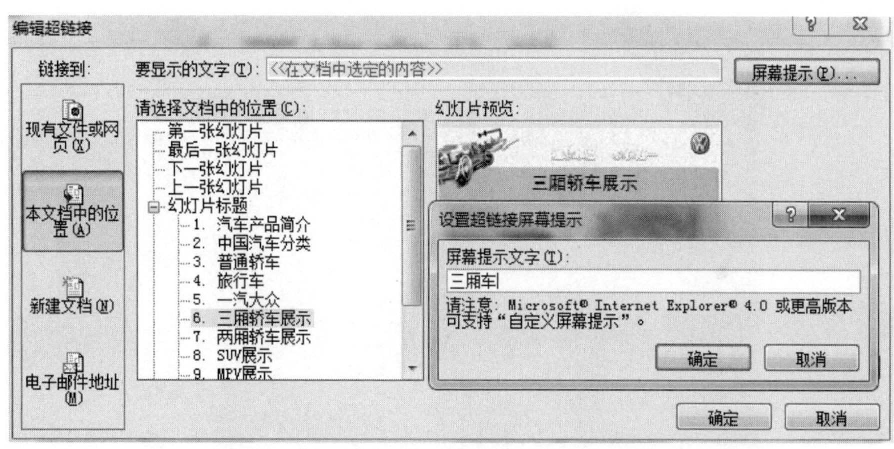

图 6-38　插入超链接对话框

③ 在对话框左侧选中“本文档中的位置”，在中间幻灯片列表中选择第 6 张“三厢轿车展示”的幻灯片，在右侧可显示幻灯片预览。单击“确定”按钮完成超链接设置。

④ 单击“屏幕提示”按钮，输入要提示的信息，单击“确定”按钮。

⑤ 其他内容链接方式同上，选择对应的幻灯片即可。播放时效果如图 6-39 所示，当鼠标移动到“三厢车”方格上时，出现“☝”图标，说明是链接，同时显示“三厢车”的提示信息。

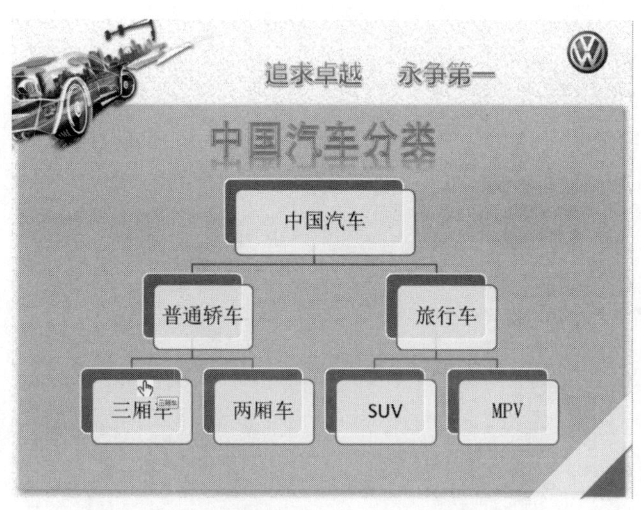

图 6-39　组织结构图的超链接最终效果图

二、在母版幻灯片中制作返回链接

在这里还需要给每张幻灯片制作能返回到组织结构图的链接，这样才能使所有的幻灯片都具有返回的功能。

① 选择“插入”选项卡，在“插图”组中单击“形状”，在下拉列表中选择“基本形状”中的“直角三角形”，然后在母版幻灯片上拖动鼠标使其成为一个等腰直角三角形。

② 利用在 Word 2010 所学的图形操作方法，将等腰直角三角形调整到如图 6-40 所示位置。

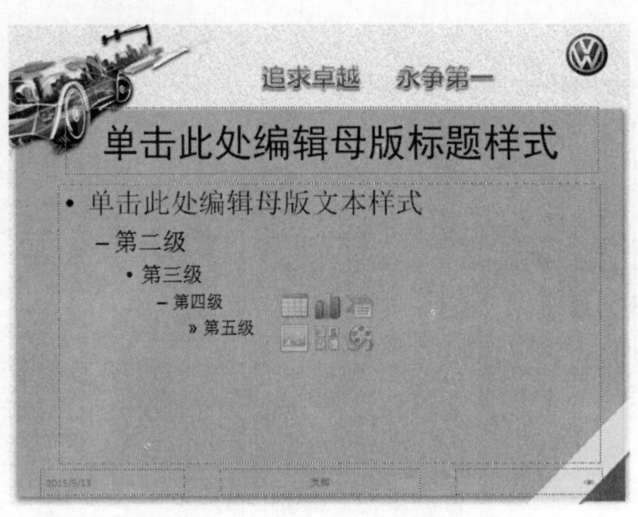

图 6–40 等腰直接三角形位置

③ 在“开始”选项卡中设置等腰直角三角形的“形状填充”为“橙色”，“形状轮廓”为“无轮廓”。

④ 选中等腰直角三角形，在“插入”选项卡“链接”组中单击“动作”按钮，弹出“动作设置”对话框，在对话框中选择“超链接到”，在列表中选择“幻灯片…”，在弹出的“超链接到幻灯片”对话框中选择幻灯片 2（中国汽车分类，包含组织结构图），依次单击【确定】按钮完成设置，如图 6–41 所示。

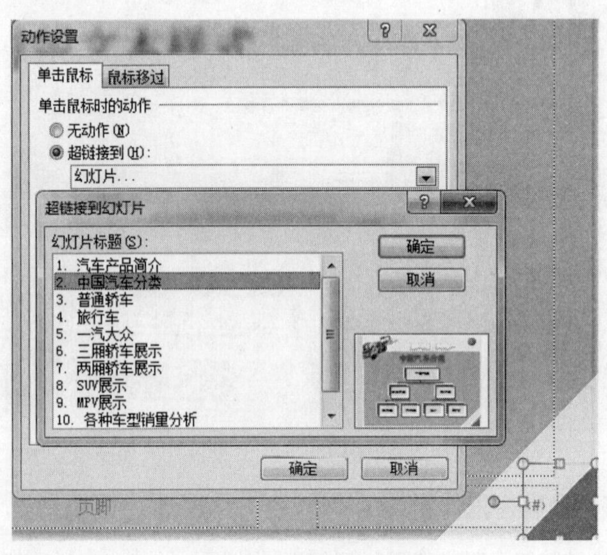

图 6–41 设置返回链接

⑤ 在“幻灯片母版”选项卡中单击“关闭母版视图”，退出母版幻灯片编辑模式。此时，可以看到，演示文稿中的幻灯片除了第一张标题幻灯片之外，右下角都有了一个橙色的直角等腰三角形，在幻灯片播放时，单击该图形，就会跳转到标题为“中国汽车分类”的幻灯片处。如图 6–39 所示。

任务七　放映和打印

任务描述

为了使演示文稿放映时更美观，并符合用户要求，需要设置幻灯片的切换方式，包括动画效果及换片方式等。

放映时，可能会根据情况需要，有选择地放映部分幻灯片，则可通过自定义放映来实现。如果需要将幻灯片的放映过程循环播放，而过程中又包含动画和超链接的应用，这时可通过“排练计时”和“录制幻灯片流离演示”来实现，在录制过程中还可以加入旁白。

演示文稿中的幻灯片、备注和大纲都可打印输出，本任务简单介绍一下演示文稿的打印方法。

任务实施

① 设置幻灯片切换效果。

② 幻灯片放映。

③ 设置放映方式。

④ 设置幻灯片放映时间。

⑤ 设置放映方式。

⑥ 设置打印输出演示文稿中幻灯片。

一、设置幻灯片切换效果

在播放演示文稿时，增加恰当的幻灯片切换效果可以让整个放映过程体现出一种连贯感，还能让观众集中精力观看。在 PowerPoint 2010 中，设置幻灯片切换效果将比以往更加简单和自由，下面通过实际的操作来了解这一新特性。

① 选中要为其设置切换效果的幻灯片，在“切换”选项卡的“切换到此幻灯片”组中，单击“其他”按钮打开“切换效果库”，并从中选择幻灯片切换效果为“推进”，如图 6-42 所示。

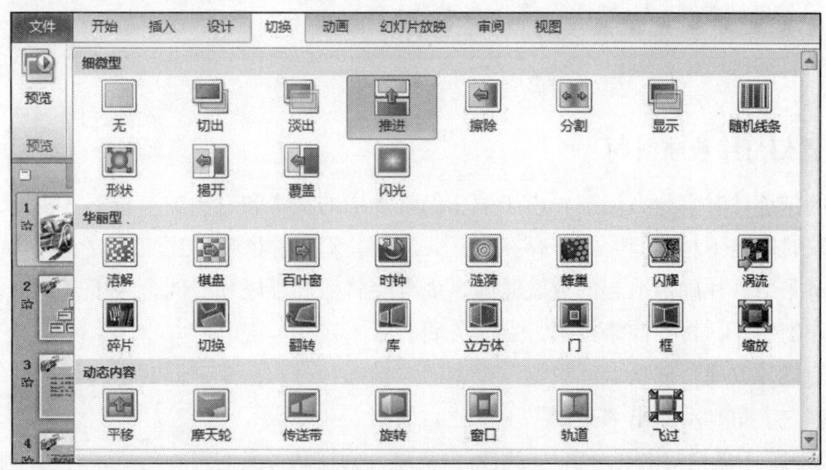

图 6-42　切换效果库

② 每个切换效果会采用默认的设置进行播放，但是，在 PowerPoint 2010 中，用户可以对当前已选定的播放效果进行进一步设置。还可在“切换到此幻灯片”组中，单击“效果选项”按钮，在下拉列表中即可为当前效果设置另一种选项。

③ 在“计时”组中可设置在切换过程中是否添加音效，“持续时间”可定义切换过程的时长。如果单击“全部应用”按钮，则切换设置应用于演示文稿中所有幻灯片。

④ 在“计时”组中还可设置换片方式，包括单击鼠标时（手动）和设置自动换片时间（自动）两种。这两种方式可以选择其一，也可都选择（则全部有效）。如果都不选择，则播放时只能通过超链接实现继续播放，如图 6-43 所示。

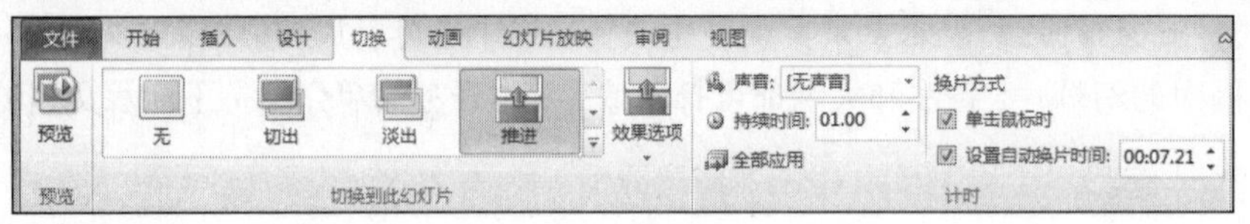

图 6-43　切换选项卡

二、幻灯片放映

常规的方法是直接按快捷键【F5】就可以从头开始放映演示文稿，按【Shift+F5】组合键可以从当前幻灯片开始播放。

三、设置放映方式

“幻灯片放映”选项卡

如图 6-44 所示，包括“开始放映幻灯片”“设置”和“监视器”三个组。

①“开始放映幻灯片”组：选择从何处开始放映，“自定义幻灯片放映”可选择有哪些幻灯片放映，并可重新调整顺序。

②“设置”组：可设置幻灯片放映方式，排练计时、录制旁白，并可定义是否应用。

图 6-44　幻灯片放映选项卡

四、设置幻灯片放映时间

PPT 中的排练计时有什么用呢？由于每张幻灯片中的文本和对象的容量不尽相同，所以每张幻灯片的放映时间也不尽相同，如果存在交互式应用，幻灯片播放顺序也会改变。我们可以通过排练计时为每张幻灯片确定适当的放映时间，而且会将播放顺序和时间记录下来，可以为实现更好地自动放映幻灯片，做到详略得当，层次分明。

选择“幻灯片放映”选项卡“设置”组中的“排练计时”命令，同时系统切换到幻灯片放映视图并在屏幕左上角自动弹出“录制”工具栏，如图 6-45 所示。

单击“录制”工具栏的“下一项”按钮可以实现人为控制每张幻灯片的放映时间，单击“重复”按钮可以重新排练当前幻灯片的放映时间。关闭“录制”按钮结束排练计时，同时系统会自动弹出一个对话框，询问是否保存时间，单击“是”按钮即可保留该演示时间，如图 6–46 所示。

图 6–45　录制工具栏

图 6–46　选择预演结束询问对话框

选择“幻灯片放映”选项卡“设置”组中的“录制幻灯片演示”命令，可选择“从头开始录制”和“从当前幻灯片开始录制”，之后会弹出“录制幻灯片演示”对话框，如图 6–47 所示。在对话框中选择“幻灯片和动画计时”，录制过程和“排练计时”一样。如果选择“录制旁白和激光笔”，则可在放映过程中添加旁白和标注过程的展示。

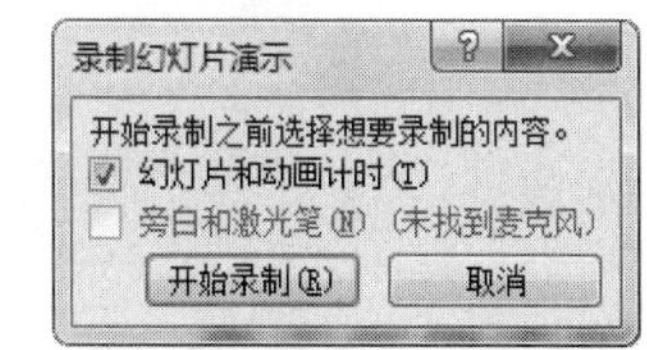

图 6–47　“录制幻灯片演示”对话框

五、设置放映方式

① 选择“幻灯片放映”选项卡“设置”组中的“设置幻灯片放映”，打开“设置放映方式”对话框，如图 6–48 所示，此对话框提供了六个选项组，分别完成不同的设置功能。

② 如果录制了排练计时，则在“换片方式”组中选择“如果存在排练时间，则使用它”。这时可在“放映选项”组中勾选“循环放映，按 ESC 键终止”复选框，实现演示文稿的循环放映。

③ 当然，还要在“设置”组中勾选“使用计时”复选框，才能让排练计时有效，如图 6–44 所示。

六、设置并打印输出演示文稿中幻灯片

PowerPoint 2010 为演示文稿提供了强大的打印功能，用户可以根据需要将演示文稿制作成投影胶片或书面文稿等，可以选择黑白方式或是彩色方式打印整份演示文稿。

1. 幻灯片的页面设置

单击“设计”选项卡“页面设置”组中的“页面设置”命令，打开“页面设置”对话框，如图 6–49 所示。可以在对话框中设置打印幻灯片的大小、方向等，备注、讲义和大纲的打印方向可以设置为与幻灯片方向不同。如果选择了自定义幻灯片大小，那么在下面的“宽度”和“高度”栏目中输入幻灯片的宽度和高度。

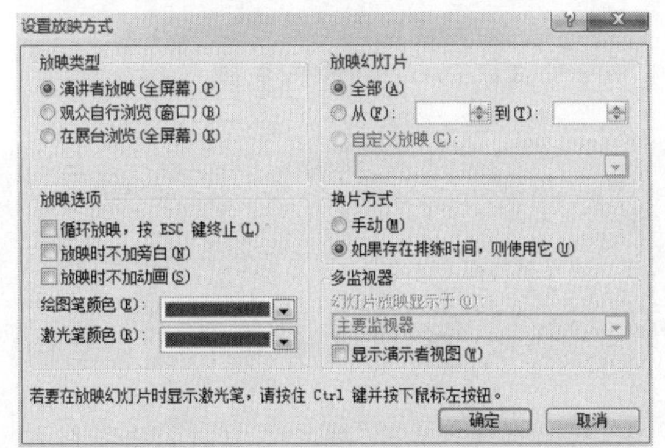

图 6–48　“设置放映方式”对话框

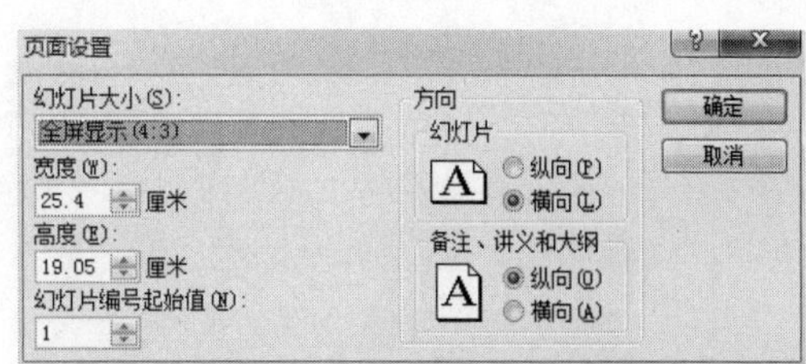

图 6–49　“页面设置”对话框

2. 打印演示文稿

完成页面设置后，单击“文件”选项卡中的“打印”命令，打开 “打印”对话框，如图 6-50 所示，在对话框中可设置打印的范围、每页打印的幻灯片张数和份数等。

图 6-50 “打印”对话框

本项目最终的完成效果如图 6-51 所示。

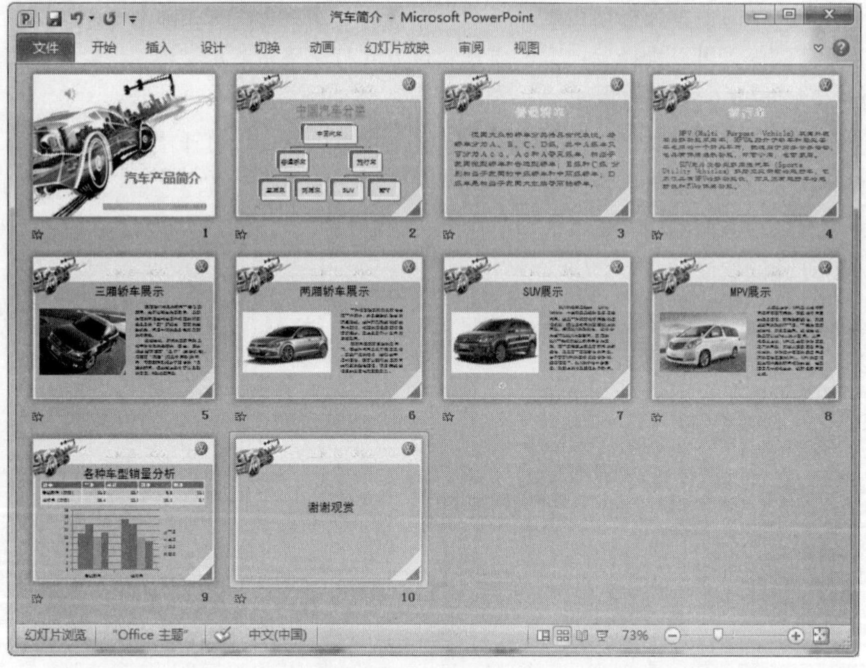

图 6-51 项目最终效果图

项目总结

本项目通过制作某汽车简介的演示文稿，向同学们展示了演示文稿的制作流程，涵盖了PowerPoint 2010 重要的知识点和操作技巧。同学们可根据对这一项目的了解举一反三，发挥想像力和创造性，制作满足自己需要的演示文稿。当同学们能熟练应用 PowerPoint 2010 这一工具软件后，还可通过自学，开发出软件更多的功能。

实训 C　制作一份简单美观的个人简历

本实训目标是制作一份简单美观的个人简历，包括封面、自我描述、个人基本信息、校内外工作经历、工作技能、其他信息和联系方式等内容。通过这一份简历的制作，复习巩固"某汽车常识简介"项目中所学习的知识点及操作技巧，熟悉 Microsoft PowerPoint 2010 工具的使用，制作出美观并富有个性的 PPT 文档。

本实训复习的知识点包括以下内容：

① 文本框的使用。

② 形状的插入和编辑。

③ 图形的插入。

④ 动画方案的使用。

⑤ 超链接。

⑥ 幻灯片切换动画。

一、封面

① 背景色设置为"蓝色"。

② 插入三角形形状，填充色为"白色"。

③ 插入直线，颜色：白色，宽度：2.25 磅，短画线类型：方点。

④ 输入文字，字体：微软雅黑，字号：48，加粗。

⑤ 效果如图 6-52 所示。

图 6-52　封面

二、自我描述

① 插入一个 1 行 4 列的表格，调整其宽、高，如图 6–53 所示。

② 选中整个表格，在“表格工具（设计）”选项卡中，设置为“无框线”，依次选中第 1 和 4 单元格，设置底纹颜色为“深蓝”。

③ 选中第 2 个单元格，设置线条颜色为“白色”，框线为“外侧框线”，输入文字“照片”，字体为“宋体”，字号为“60”，文字方向为“竖排”。

④ 在第 3 个单元格中输入文字，其中汉字的字体为“微软雅黑”，字号为“32”。英文字体为“Arial Black”，字号为“18”。

⑤ 效果如图 6–53 所示。

图 6–53　自我描述

三、个人基本信息

① 插入新幻灯片，背景设置为“蓝色”。

② 插入文本框，分别输入姓名、性别、出生年月、民族、专业和毕业院校等信息，如图 6–54 所示。

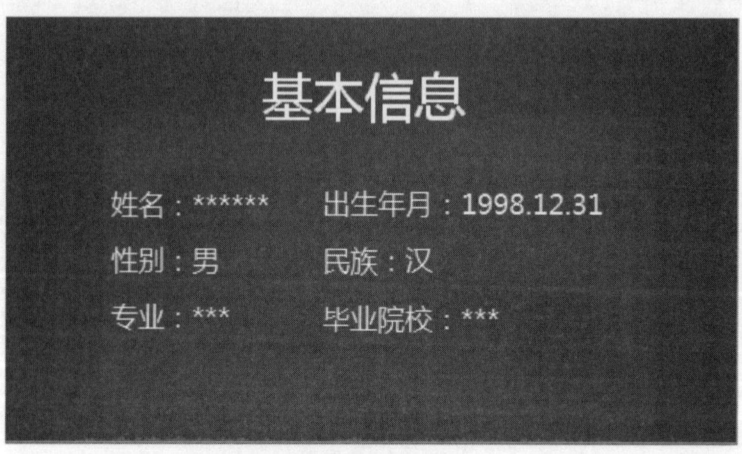

图 6–54　基本信息

四、校内外工作经历

① 新建幻灯片，设置幻灯片背景为“白色”。

② 插入形状中的“矩形”，将高度设为 4.52 厘米，宽度为 33.87 厘米，移动到幻灯片的上端。同时利用形状中的“圆形”和“三角形”制作图型“▼”，放在幻灯片的底部。

③ 插入文本框，输入“校内校外工作经历”，文本框线条颜色“无线条”。

④ 新建幻灯片插入两个矩形，背景颜色设为“蓝色”和“深蓝”，分别放置到幻灯片的上下两部分。

⑤ 插入两个文本框分别输入“某某公司实习”和“某某活动志愿者”线条颜色为“无线条”，背景色为“无填充”。

⑥ 插入线条 3 条和圆形 3 个，线条颜色为“白色”，宽度为“3 磅”，线条类型为“实线”。圆的线条颜色和背景色都设为“白色”。

⑦ 设置动画效果，小圆的动画设置为“飞入”，触发动画方式设为“单击时”，线条动画效果设置为“淡出”，开始方式设为“上一动画之后”。

⑧ 插入文本框“2012 年 9 月至 2013 年 6 月”，文本框线条颜色“无线条”，背景色为“无填充”。

⑨ 设置第二个圆的动画效果为“基本缩放”，开始方式设为“单击时”。文本框“2012 年 9 月至 2013 年 6 月”的动画效果也为“基本缩放”，开始方式设为“于上一动画同时”，文本框“担任班长”的动画效果为“擦除”，开始方式设为“于上一动画之后”。

⑩ 其他的圆和线条的动画设置方法与步骤⑨相同。最终效果如图 6-55、图 6-56、图 6-57 所示。

图 6-55　工作经历

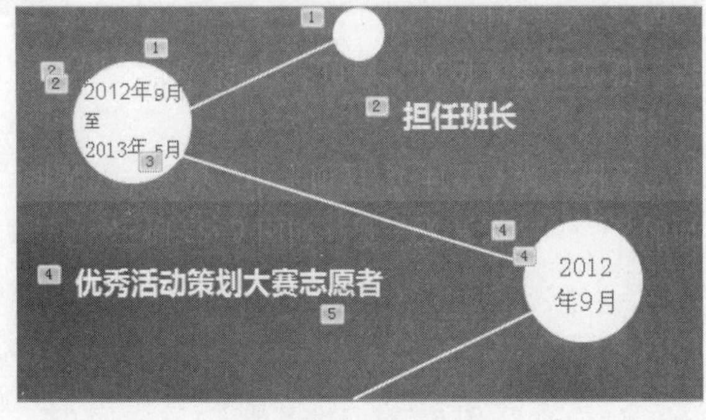

图 6-56　校内经历

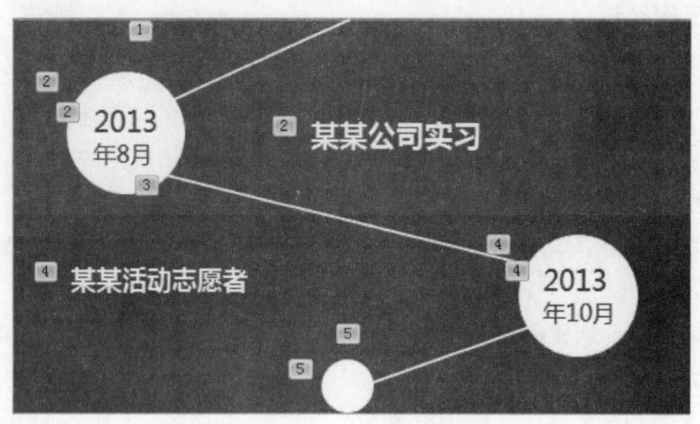

图 6-57　校外经历

五、工作技能

① 制作工作技能首页的方法同校内外工作经历首页的制作方法。

② 再新建一张幻灯片，背景设为“蓝色”。

③ 插入 1 条实线，线条颜色为“白色”，宽度为“2.25 磅”。插入 3 个圆，填充颜色为“白色”。插入 3 个文本框分别输入“2012 年 12 月”“2013 年 12 月”和“2012 年 12 月”，线条颜色为“无线条”，填充颜色为“无填充”。

④ 利用形状中的直线画出图形“⁄————”并将其组合成一个图型。

⑤ 再次插入 3 个文本框分别输入“计算机二级证书”“英语四级证书”和“普通话二级甲等证书”，线条颜色为“无线条”，填充颜色为“无填充”。

⑥ 设置动画，线条动画效果设置为“擦除”，开始方式设为“单击时”。

⑦ 设置第一个圆的动画效果为“基本缩放”开始方式设为“单击时”。文本框“2012 年 12 月”的动画效果也为“基本缩放”，开始方式设为“与上一动画同时”。图型“⁄————”动画效果设置为“擦除”，开始方式设为“上一动画之后”。文本框“浮入”的动画效果为“擦除”，开始方式设为“上一动画之后”。后面那两个圆的动画效果设置和文本框的设置同上。

最终效果如图 6-58、图 6-59 所示。

图 6-58　工作技能

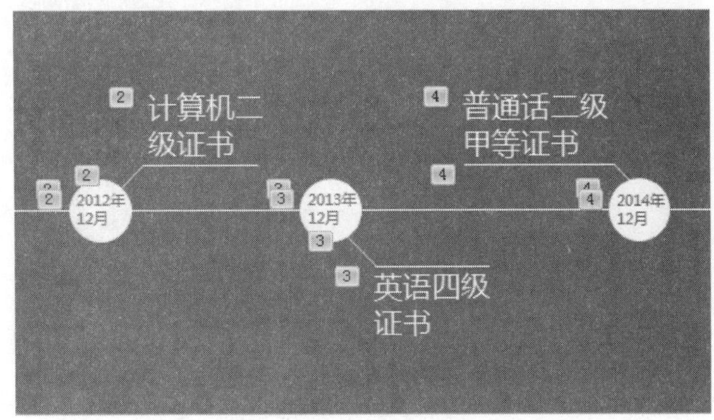

图 6–59　获得的证书

六、其他信息

其他信息如图 6–60 所示。

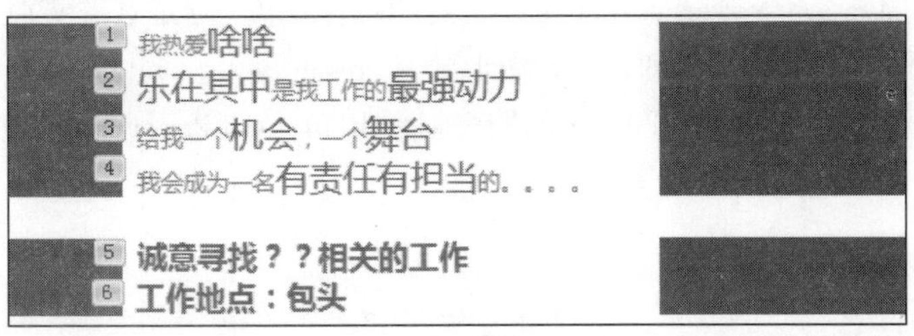

图 6–60　其他信息

① 新建幻灯片背景色为“白色”。

② 插入 4 个矩形，调整到图所示的位置处，背景色为“蓝色”，线条颜色为“无线条”。

③ 插入 6 个文本框，按照图 6–60 所示分别输入 1 到 6 的内容，其中 1 到 4 行的字体都为“微软雅黑”，其中小一点的字号为 24，颜色为“蓝色”；大一点为 36，颜色为“深蓝”。第 5、6 行的字体为“微软雅黑”，字号为 32。

④ 依次设置 1 到 6 行的动画效果为“淡出”，触发动画方式设为“单击时”。

七、联系方式

① 新建幻灯片。

② 插入 2 个矩形，填充颜色分别为“蓝色”和“深蓝”。

③ 插入文本框输入“THANKS”，字体为“Arial Black”，字号为 120。

④ 插入线条，颜色为“白色”，宽度为“2.25 磅”。放置到文本框“THANKS”的下面。

⑤ 插入文本框，输入“你，会是我的伯乐吗？”字体为“微软雅黑”，字体为 32。

⑥ 插入电子邮件和电话图标。

⑦ 插入文本框分别输入电子邮件地址和电话号码，字体为“Arial Black”，字号为 18。

最终效果如图 6–61 所示。

图 6-61　联系方式

最后，将幻灯片的切换方式设置为“平移”并应用全部。

实训小结

本实训综合了 Microsoft PowerPoint 2010 中的各项操作技巧，通过这次实训对所学知识进行了巩固和复习，同时也涉及一些新的知识点，便于对 Microsoft PowerPoint 2010 有一个更加全面和系统的认识，有利于在以后的学习和工作中能更好地使用 Microsoft PowerPoint 2010 这个工具来为我们服务。